ÉLÉMENTS

D'ORTHOPÉDIE

PAR

A. DUBRUEIL

PROFESSEUR A LA FACULTÉ DE MÉDECINE DE MONTPELLIER

Avec 84 figures intercalées dans le texte

PARIS

A. DELAHAYE et É. LECROSNIER, ÉDITEURS

PLACE DE L'ÉCOLE-DE-MÉDECINE

1882

ÉLÉMENTS

D'ORTHOPÉDIE

PARIS. — IMPRIMERIE ÉMILE MARTINET, RUE MIGNON, 2

ÉLÉMENTS

D'ORTHOPÉDIE

PAR

A. DUBRUEIL

PROFESSEUR A LA FACULTÉ DE MÉDECINE DE MONTPELLIER

Avec 84 figures intercalées dans le texte

PARIS

A. DELAHAYE et É. LECROSNIER, ÉDITEURS

PLACE DE L'ÉCOLE-DE-MÉDECINE

1882

AVANT-PROPOS

En adoptant le terme orthopédie, créé par Andry en 1742, j'ai voulu me conformer à l'usage. A le prendre dans son sens étymologique, ὀρθός παις; enfant droit, ce mot serait impropre, et celui d'orthomorphie, ὀρθή μορφή, forme droite, introduit par Delpech dans la nomenclature médicale, serait bien préférable. Mais la dénomination de Delpech n'est point passée dans notre langage, tandis que celle d'Andry est consacrée par l'habitude.

L'orthopédie, telle qu'elle est comprise aujourd'hui, peut être définie : la partie de la chirurgie qui traite des difformités des organes du mouvement, c'est-à-dire, des organes appartenant aux systèmes osseux, ligamenteux et musculaire.

Cette définition élimine une série de lésions qu'embrassaient les premiers traités d'orthopédie et qui ne pourraient, sans faire un contraste des plus choquants, être rangées avec celles qui font véritablement l'objet de cette science.

Des difformités qui doivent nous occuper, les unes sont congénitales, les autres sont acquises. Les premières rentrent dans la classe des anomalies que Geoffroy Saint-Hilaire désigne sous le nom de monstruosités. Mais il faut spécifier ici que les monstruosités de l'appareil locomoteur dont s'occupe l'orthopédie, sont celles qui sont surtout constituées par une anomalie dans les rapports des organes locomoteurs; les autres ne sont pas de son domaine.

Pour suivre un plan en rapport avec l'idée pratique qui doit présider à ce travail, j'étudierai les difformités suivant les régions du corps où elles siègent, et je décrirai parallèlement celles qui sont congénitales et celles qui sont acquises, lorsqu'elles occupent les mêmes points.

ÉLÉMENTS

D'ORTHOPÉDIE

CHAPITRE PREMIER

TORTICOLIS

CAPUT OBSTIPUM, *wry-neck* des Anglais, *schiefe hals* des Allemands.

Le torticolis est caractérisé par l'inclinaison et la rotation de la tête. L'inclinaison seule, non accompagnée de rotation, ne me paraît pas devoir être rangée dans le torticolis.

Cette maladie se présente à l'état aigu et à l'état chronique. Je n'ai pas ici à m'occuper du torticolis aigu, qui est le plus souvent symptomatique d'une lésion musculaire *a frigore* (en général du sterno-cléïdo-mastoïdien), quelquefois d'un phlegmon ou d'une adénite, et qui est justiciable des moyens employés pour la cure de ces maladies.

J'en viens donc au torticolis chronique dont on peut trouver la cause dans l'état des os, des articulations, de la peau, des muscles ou du système nerveux. J'élimine le torticolis symptomatique de l'existence d'une tumeur.

Le mal de Pott cervical, en fait d'altérations osseuses, les luxations, et bien plus souvent les arthrites de la région cervicale, surtout les arthrites des articulations occipito-atloïdienne et atloïdo-axoïdienne, en fait d'al-rations articulaires, les contractures, les rétractions, les paralysies, pour les muscles et le système nerveux, les cicatrices rétractiles, pour la peau, telles sont les origines du torticolis chronique.

De toutes ces variétés de torticolis, les seules qui rentrent vraiment dans le domaine de l'orthopédie, ce sont celles qui relèvent des systèmes musculaire et nerveux. Les autres doivent être étudiées à propos des os ou des maladies articulaires, la difformité ne consti-tuant qu'un fait secondaire et de médiocre importance en regard des phénomènes autrement graves qui peu-vent résulter surtout de la compression de la moelle. Quant au torticolis cicatriciel, son étude rentre dans la chirurgie ordinaire.

C'est dans le sterno-cléïdo-mastoïdien qu'il faut le plus souvent rechercher, sinon la cause, tout au moins l'agent du torticolis musculaire. Mais il n'est pas seul susceptible de le produire.

Tous les muscles qui peuvent déterminer l'inclinaison et la rotation de la tête, peuvent aussi, sous l'influence de certains états pathologiques, donner lieu à cette maladie. On a signalé des torticolis dus au trapèze, à l'angulaire de l'omoplate, au splénius. J'ai décrit un cas où c'était le scalène antérieur qui était en cause. On voit enfin quelquefois deux muscles s'associer pour produire le torticolis, et Duchenne (de Boulogne) m'a montré un cas où la déviation était due à l'action combinée du scalène antérieur et du splénius.

C'est le torticolis déterminé par le sterno -cléïdo-mastoïdien, de beaucoup le plus fréquent, qui servira de type à ma description, les autres ne constituant que des exceptions.

ARTICLE PREMIER

TORTICOLIS PRODUIT PAR LE STERNO-CLÉIDO-MASTOÏDIEN

Je n'insisterai pas pour le moment sur la description anatomique de ce muscle, ni sur ses rapports avec la jugulaire externe, la jugulaire antérieure, la jugulaire interne et la carotide primitive.

Albinus, Meckel, Jules Guérin, Theile, Farabeuf considèrent le sterno-cléido-mastoïdien comme formé de deux muscles distincts.

En se contractant, ce muscle incline la tête de son côté et lui imprime un mouvement de rotation en vertu duquel la face est dirigée du côté opposé. Telle est l'action du sterno-cléido-mastoïdien, lorsqu'il prend son point fixe à la partie inférieure. Si le point fixe est pris sur le crâne, il peut soulever le thorax ou le maintenir soulevé.

Ce muscle recevant des filets nerveux du plexus cervical et du spinal, Charles Bell considérait le plexus cervical comme le mettant en jeu pour les actes de la vie de relation et le spinal comme le faisant contracter d'une façon involotaire dans la respiration.

Claude Bernard regardait l'influence du spinal comme nulle dans la respiration simple, et ne faisant contracter le sterno-cléido-mastoïdien que dans la respiration complexe, comme dans l'effort, le chant.

Haller admettait que le faisceau sternal produit plus particulièrement la rotation de la tête, et le faisceau claviculaire sa flexion sur l'épaule.

Suivant Jules Guérin, le cléïdo-mastoïdien serait essentiellement inspirateur, tandis que le sterno-mastoïdien serait plus moteur de la tête que respirateur.

Les divers états du sterno-cléïdo-mastoïdien qui peuvent donner naissance au torticolis, sont la contracture, la rétraction, la paralysie.

Je dirai ici une fois pour toutes, afin de ne pas y revenir ce qu'on doit entendre par contracture et par rétraction

La contracture est l'état d'un muscle dont les fibres, soustraites à l'empire de la volonté, sont dans un état permanent de raccourcissement, sans présenter de lésion histologique prononcée. La contracture cesse, lorsque le malade est plongé dans la résolution anesthésique.

La définition de la contracture que je viens de donner, montre que c'est dans les lésions du système nerveux ou dans les névroses qu'il faut rechercher l'origine de cet état des muscles. La contracture doit donc, selon moi, être considérée comme un état actif.

La rétraction est l'état d'un muscle constamment raccourci, en dehors de toute influence volontaire, et altéré dans sa structure. Elle ne cède pas à l'action des agents anesthésiques. C'est à l'état histologique des muscles qu'il faut rattacher leur rétraction; c'est aux causes susceptibles d'apporter un trouble dans cet état qu'il faut l'attribuer.

La myosite, la scléro- adipose, quel qu'en soit le point de départ, sont les lésions musculaires qui donnent le plus souvent lieu à la rétraction.

La contracture suffisamment prolongée peut passer à l'état de rétraction.

Une position permanente qui rapproche les deux

extrémités d'un muscle peut, au bout d'un certain temps, en entraîner la rétraction.

De même, l'état de contraction tonique constante dans lequel se trouve le muscle antagoniste d'un muscle paralysé, peut devenir de la rétraction. La paralysie d'un des sterno-cléido-mastoïdiens peut donner naissance à un torticolis par le fait de la contraction tonique constante du même muscle du côté opposé, qui finit par passer à l'état de rétraction.

Le torticolis dû au sterno-cléido-mastoïdien est environ deux fois plus fréquent à droite qu'à gauche.

Il est congénial ou acquis. Congénial, il peut être, si je puis m'exprimer ainsi, d'origine intra-utérine ou d'origine obstétricale.

Dans ce dernier cas, qu'il soit dû à des tiraillements exagérés, à une lésion du muscle produite par la branche du forceps, il est, en somme, le résultat d'un traumatisme.

Quand, au contraire, l'accouchement a eu lieu sans qu'il y ait eu de manœuvres pratiquées, c'est à des causes ayant agi avant la naissance qu'il faut attribuer la difformité, et alors on peut invoquer une maladie des centres nerveux, une affection convulsive, une position vicieuse du fœtus dans la matrice, l'engagement prématuré de la tête dans la cavité, ainsi que l'indique Dieffenbach. Je ne fais que signaler ces causes, me réservant de traiter ultérieurement la question des difformités congéniales. Les symptômes du torticolis congénial sont du reste les mêmes que ceux du torticolis acquis.

Ce dernier peut être permanent ou intermittent.

Je vais d'abord m'occuper du premier, qui est de beaucoup le plus commun.

En regard des malades chez lesquels le torticolis est dû à la rétraction du sterno-cléido-mastoïdien, il en est d'autres, moins nombreux, chez lesquels il résulte de la paralysie du même muscle.

De la paralysie d'un de ces muscles résulte, en effet, une rupture d'équilibre en vertu de laquelle celui du côté opposé entraîne et fixe la tête dans une position déterminée par sa tonicité prédominante.

§ 1. — Torticolis par contracture ou par rétraction du sterno-cléido-mastoïdien.

Voici la caractéristique du torticolis dû à la contrac-

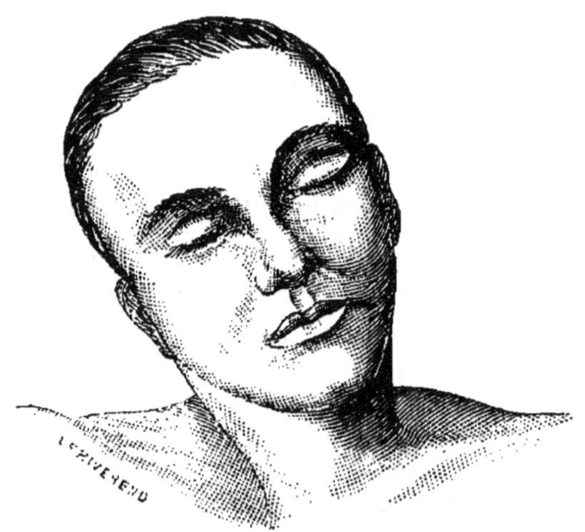

FIG. 1. — Torticolis par contracture ou par rétraction du sterno-cléido-mastoïdien droit.

ture ou à la rétraction du sterno-cléido-mastoïdien droit (FIG. 1). (Pour le gauche on n'a qu'à renverser les symptômes) : La tête est inclinée vers l'épaule droite et la face tournée du côté gauche ; l'inclinaison de la tête peut se présenter à des degrés divers. Peu prononcée dans certains cas, elle est quelquefois poussée à un point tel que l'oreille vient toucher l'épaule.

Lorsque l'inclinaison arrive à un degré aussi prononcé, on voit la peau du cou former des plis du côté de la concavité, tandis qu'elle est, au contraire, tendue du côté de la convexité.

Le menton, au lieu de correspondre au plan médian du corps, le dépasse et correspond au côté opposé au muscle qui est l'origine de la difformité.

Le sterno-cléïdo-mastoïdien malade est plus ou moins saillant, suivant que la contracture ou la rétraction sont plus ou moins intenses. Son volume va généralement en diminuant, en raison de la dégénérescence scléreuse par laquelle il finit par être envahi.

Si l'inclinaison de la tête est prononcée et déjà ancienne, la colonne vertébrale y prend part, et on peut observer que la série des apophyses épineuses des vertèbres cervicales supérieures et moyennes forment une courbe dont la convexité est dirigée du même côté que la nuque. Dans les cas anciens et surtout dans les cas congénitaux, la déformation ne reste pas limitée à la région cervicale ; les portions thoracique et céphalique du squelette y participent aussi. En examinant les apophyses épineuses, on s'aperçoit qu'au niveau de la partie inférieure du cou et de la partie supérieure du dos il existe une courbure dont la concavité est dirigée en sens inverse de celle qui est située au-dessus. Cette courbure inférieure se rattache au système des courbures de compensation que j'aurai l'occasion d'étudier plus au long en traitant des scolioses, et elle a pour but de ramener le centre de gravité dans le plan médian du corps.

L'épaule du côté malade est plus élevée que l'autre, soit par le fait de la traction musculaire constante et exagérée à laquelle elle est soumise, soit en raison de la déviation cervico-dorsale du rachis, dont la convexité regarde de ce côté.

A la face et au crâne on constate une asymétrie manifeste. Les traits s'inclinent dans le même sens que l'axe de la face, de telle sorte que la face étant redressée, les traits restent inclinés. Cet état est surtout remarquable pour les yeux et la bouche. Mais tout ne se borne pas à cette inclinaison ; on s'aperçoit aussi qu'il existe une tendance manifeste à un accroissement inégal des deux côtés de la face, celui qui correspond au muscle rétracté se développant beaucoup moins que l'autre. La joue du côté sain semble s'étaler ; les axes transversaux des deux yeux ne se trouvent plus dans le même plan oblique, et il peut en résulter des troubles de la vision et du strabisme. Le larynx est gêné dans son évolution et ses mouvements par l'inclinaison du cou, et de là quelquefois un trouble tel dans ses fonctions que le malade ne peut se livrer à des efforts de phonation.

Le crâne, lui aussi, participe à la déformation ; le côté correspondant à la rétraction s'atrophie, tandis que l'autre acquiert un développement exagéré, et il survient une disposition spéciale du crâne qui prend une forme oblique ovalaire, analogue à celle du bassin oblique ovalaire. A ce développement inégal de la boîte crânienne correspond une asymétrie correspondante des hémisphères cérébraux, celui du côté du torticolis étant moins développé que l'autre ; cette inégalité entraîne une infériorité relative dans la puissance des muscles du côté opposé à l'hémisphère atrophié.

Les phénomènes que je viens de signaler du côté de

la tête paraissent avoir pour principale cause une disposition révélée par une nécropsie pratiquée par Bouvier, cause qui consiste dans le développement inégal des artères carotides, celles du côté lésé, sans doute en raison de la compression permanente qu'elles éprouvent, présentant un calibre inférieur à celles du côté sain.

L'esquisse que je viens de tracer, peut donner une idée de l'aspect d'un individu atteint de torticolis, mais il est quelques points sur lesquels je dois insister.

A l'état de repos, le muscle contracturé ou rétracté n'est généralement pas douloureux et ne le devient que dans les tentatives de redressement.

Les mouvements volontaires ayant pour but de rétablir la rectitude de la tête sont presque ou absolument nuls, tandis que le malade peut en général exagérer l'inclinaison.

Il en est à peu près de même pour les mouvements communiqués (en l'absence, bien entendu, d'anesthésie, car, avec l'anesthésie, on peut obtenir le redressement, si l'on n'a affaire qu'à une contracture), mouvements qui sont cependant un peu plus étendus que ceux que le malade exécute spontanément. Pendant ces tentatives, on voit s'exagérer la saillie et la tension du sterno-cléido-mastoïdien malade.

Du côté de la convexité, le thermomètre accuse une température plus élevée de quelques dixièmes de degré ($0°,4$) que du côté de la concavité.

On s'est demandé si dans le torticolis les deux faisceaux du sterno-cléido-mastoïdien étaient également atteints, ou si la lésion était plus prononcée sur l'un de ces faisceaux. Il n'y a, en somme, rien d'absolu à cet égard, et on ne peut adopter la théorie trop exclu-

1.

sive de J. Guérin, qui considère la rétraction qui est l'origine de la déviation, comme localisée dans le faisceau sterno-mastoïdien.

Qu'au début, la rétraction réside le plus souvent à peu près uniquement dans le faisceau sternal, la chose est admissible, mais il n'en est pas moins vrai qu'au bout d'un certain temps, et par le seul fait de la position permanente de raccourcissement à laquelle il est condamné, le faisceau cléïdo-mastoïdien doit s'accommoder à cette position, c'est-à-dire se raccourcir, et son volume lui permet d'opposer un obstacle sérieux aux tentatives de redressement. La dualité du sterno-cléïdo-mastoïdien n'a donc pas une très grande importance à ce point de vue. Suivant les recherches les plus autorisées, on trouve les deux faisceaux rétractés dans la moitié des cas; pour l'autre moitié, le faisceau sternal est rétracté quatre fois plus souvent que le faisceau claviculaire.

J'ai déjà indiqué les traits les plus importants de l'anatomie pathologique du torticolis. Je dois signaler, en outre, le raccourcissement des ligaments articulaires du côté vers lequel la tête est inclinée.

Quand à l'état des vertèbres cervicales, je ne puis m'associer à la réaction manifestée contre l'opinion de Boyer qui considérait le torticolis musculaire datant de longtemps comme entraînant une déformation consécutive de ces vertèbres.

La plupart des auteurs se fondent, pour repousser l'opinion de Boyer, sur le résultat d'une autopsie publiée par Bouvier dans le journal l'*Expérience* (1838, t. I, p. 510).

Bouvier faisant l'autopsie d'une jeune fille de vingt-deux ans qui, depuis son enfance, était atteinte d'un torticolis du côté droit, ne trouva en effet rien autre chose sur le rachis qu'un amincissement du corps de l'axis à droite.

Mais en revanche, sur le cadavre d'un vieillard qui, depuis l'âge de dix-huit ans, était atteint d'un torticolis d'origine traumatique et chez lequel l'autopsie montra les lésions caractéristiques de la rétraction du faisceau sternal du sterno-cléido-mastoïdien gauche, le même orthopédiste a signalé des lésions importantes des vertèbres. Non seulement l'axis était, du côté gauche, réduit au tiers de sa hauteur, mais encore on put constater les lésions suivantes : une production osseuse accidentelle unissait les lames gauches de l'axis et de la troisième vertèbre cervicale. Cette dernière était soudée en arrière avec la quatrième et la cinquième par une production analogue, mais beaucoup plus considérable, qui masquait entièrement les lames et les apophyses de ces vertèbres. Un prolongement de cette masse osseuse irrégulière allait se continuer avec l'apophyse transverse gauche de la troisième vertèbre, disposition qui rendait tout à fait impossible la rotation de la tête à gauche, parce que, dans ce mouvement, l'apophyse transverse gauche de l'atlas arcboutait contre ce prolongement osseux. Enfin la branche droite de bifurcation de l'apophyse épineuse de l'axis, extraordinairement développée, descendait jusqu'au niveau de l'apophyse épineuse de la cinquième vertèbre cervicale avec laquelle elle s'était soudée.

Malgré la persistance des ligaments intervertébraux dans toute la colonne vertébrale, il ne restait de mobile que les deux dernières articulations. De petits mouvements pouvaient se produire entre l'atlas et l'axis.

Une étude attentive de ce qui se passe du côté du

rachis dans les différents cas de torticolis, peut jusqu'à un certain point nous rendre compte de la divergence des opinions sur ce point, divergence qui pourrait avoir pour base les dispositions complètement différentes constatées par le même chirurgien.

Il est, en effet, certains cas de torticolis où l'inclinaison est limitée à la tête, la colonne cervicale gardant sa rectitude, tandis que dans d'autres, cette colonne présente une incurvation plus ou moins prononcée. Chez les premiers malades, la difformité ne doit guère retentir sur le rachis, tandis qu'il serait contraire aux notions les mieux établies d'anatomie pathologique que, chez les autres, le rachis ne s'en ressente pas.

Pour la jeune fille dont les vertèbres, sauf l'axis, ne présentaient rien d'anormal, Bouvier rapporte que le torticolis était caractérisé par une forte inclinaison de la tête sur l'épaule droite et par la rotation de la face en sens opposé. Il ne signale pas l'inclinaison du cou, tandis qu'en décrivant l'état de l'homme dont la colonne cervicale offrait des altérations si évidentes, il spécifie que le cou était renversé en arrière, fortement recourbé latéralement.

Le torticolis chronique permanent, le seul qui m'occupe en ce moment, peut être la suite d'une lésion musculaire se rattachant soit au rhumatisme, soit à une myosite, laquelle peut s'être développée consécutivement à un traumatisme. Dans une observation de Salomon, on trouve signalée, comme cause du torticolis, une tumeur syphilitique du sterno-cléido-mastoïdien.

Pour les cas où la cause initiale du torticolis doit être attribuée au système nerveux, on rencontre tantôt des lésions matérielles des centres, tantôt des névroses telles que l'hystérie, l'éclampsie infantile.

On a vu parfois le torticolis survenir à la suite de névralgies.

Le torticolis est quelquefois héréditaire. Dieffenbach et Vidal (de Cassis) ont cité à ce sujet des faits fort remarquables.

C'est généralement dans l'enfance qu'il se développe, et il est alors le plus souvent d'origine nerveuse; celui qui survient à un âge plus avancé peut, dans la plupart des cas, être rapporté au rhumatisme.

Le torticolis dû au sterno-cléïdo-mastoïdien doit être différencié, lorsqu'on établit le diagnostic, des inclinaisons de la tête produites par une tumeur du cou inflammatoire (adénite, phlegmon, abcès) ou non inflammatoire, par une arthrite cervicale.

Il faut, d'autre part, rechercher si c'est le muscle sterno-cléïdo-mastoïdien qui est en cause, ou bien si c'est un autre muscle du cou; s'il est seul atteint ou si la déviation est produite concurremment par un autre muscle.

Le chirurgien doit en outre reconnaître si c'est le raccourcissement du muscle ou sa paralysie qui détermine la difformité, et quand c'est le raccourcissement, il doit rechercher si le muscle est atteint de contracture ou bien de rétraction.

On tâchera enfin, lorsque faire se peut, de découvrir la cause qui a été le point de départ initial de la maladie. On distinguera le torticolis simulé à ce que le muscle du côté opposé à l'inclinaison de la tête sera aussi contracté.

Dans la majorité des cas, il sera facile de reconnaître le torticolis dû à une tumeur du cou. L'existence, le volume de la tumeur, les phénomènes inflammatoires lorsqu'ils existeront, ne laisseront généralement pas de

place au doute. J'en dirai tout autant du torticolis cicatriciel. Il suffira de constater l'existence de la cicatrice.

Il est, par contre, quelquefois assez difficile de distinguer les déviations de la tête d'origine articulaire de
celles dues aux muscles, surtout lorsque l'arthrite en
est encore à son début ou qu'elle touche à sa fin, ou
bien lorsqu'elle est terminée et qu'il n'en reste que les
suites[1]. Je rappellerai que l'arthrite cervicale affecte
surtout les articulations occipito-atloïdienne et atloïdo-
axoïdienne, qu'elle détermine des douleurs siégeant,
non sur les muscles, mais au niveau des articulations et
des os, qu'elle produit une tuméfaction, quelquefois des
abcès, tuméfaction et abcès qui apparaissent soit à la
partie postérieure, soit sur les parties latérales du cou
et qui, dans certains cas, viennent faire saillie derrière
la paroi postérieure du pharynx et sont alors reconnus
par l'examen de cette cavité. S'il y a luxation ou subluxation, on pourra constater un changement dans les
rapports des os.

Tantôt les arthrites déterminent une flexion ou une
extension directes, tantôt une inclinaison latérale qui

1. Delore de Lyon a publié, en 1878, sur le torticolis postérieur
un travail dans lequel il préconise le redressement forcé et l'application d'un bandage silicaté enveloppant la tête, le cou et le
thorax. En examinant les observations présentées par Delore, on
ne tarde pas à se convaincre qu'il a eu affaire, non pas à des
rétractions musculaires, mais à de simples contractures ou à des
arthrites. Rien d'étonnant à ce que, dans ces cas, il ait pu par
l'anesthésie et des manœuvres énergiques arriver au redressement.
Je laisse de côté les arthrites dont je n'ai pas à m'occuper ; quant
aux contractures, je ferai observer que l'anesthésie comme moyen
de les faire cesser n'a rien de neuf, et qu'anesthésier les malades
dans la position assise est quelque peu imprudent.

peut s'accompagner de rotation de la face. Généralement, en pareil cas, la face est dirigée du côté vers
lequel la tête est inclinée et il est tout à fait exceptionnel de rencontrer dans l'arthrite l'attitude produite par
le sterno-cléido-mastoïdien, qui dirige la figure du côté
opposé à celui vers lequel il incline la tête.

Bien que dans l'arthrite les muscles puissent être
raccourcis, soit en raison de leur envahissement par le
travail phlegmasique, soit, ce qui est beaucoup plus
fréquent, par action réflexe, ils sont généralement moins
saillants et moins durs que lorsqu'ils sont l'origine de
la lésion. A l'aide des mouvements communiqués, il est
plus facile d'obtenir un léger redressement dans le cas
de maladie articulaire que dans le torticolis musculaire. Je n'ai pas besoin de spécifier que pour peu que
l'on soupçonne une lésion avancée de l'articulation,
on devra rigoureusement s'abstenir de ces tentatives de
redressement, qui pourraient avoir les plus fâcheux résultats. Enfin, dans les arthrites, on observera quelquefois des paralysies dues à la compression de la moelle
ou des nerfs.

C'est en étudiant la position de la tête et du cou, le
degré de rigidité, de saillie des muscles, en se rappelant leurs fonctions, que l'on arrivera, dans le cas de
torticolis musculaire, à préciser quel est le muscle ou
quels sont les muscles qui produisent la déviation. Je
rappellerai ici l'action des muscles autres que le sterno-
cléido-mastoïdien qui sont signalés comme ayant produit le torticolis.

La portion supérieure ou occipito-claviculaire du
trapèze, prenant son point fixe en bas, incline la tête de
son côté, l'étend légèrement et dirige la face du côté
opposé..

L'angulaire agissant par sa partie supérieure incline la tête en arrière et de son côté.

Le splénius étend la tête, l'incline de son côté et lui imprime un mouvement de rotation en vertu duquel la face est dirigée du même côté.

Le grand complexus étend la tête et tourne la face du côté opposé.

Les scalènes, tant antérieur (FIG. 2) que postérieur, en prenant leur point fixe sur le thorax, inclinent la tête de leur côté.

FIG. 2. — Torticolis par contracture du scalène antérieur gauche.

En dehors de son action sur la peau du cou et sur la lèvre inférieure, action complexe pour cette dernière qu'il abaisse par sa portion principale, tandis que par sa portion accessoire il relève la commissure et la porte un peu en dehors, le peaucier incline la tête de son côté. Si les deux peauciers se contractent en même temps, la tête est inclinée directement en avant.

On doit se rappeler, quand on cherche à établir le diagnostic d'un torticolis musculaire, que la difformité peut être produite par l'action synergique de deux muscles. C'est ainsi que l'on voit quelquefois la portion supérieure du trapèze associer son action pathologique à celle du sterno-cléido-mastoïdien, le splénius se contracturer en même temps que l'angulaire. Dans les cas cités, c'étaient les muscles du même côté qui étaient rétractés. On a vu, d'autre part, la contracture envahir simultanément les deux peauciers.

Il sera facile de différencier le torticolis résultant d'une contracture ou d'une rétraction musculaire de celui qui est dû à une paralysie.

Pour ce dernier, l'impuissance du malade à imprimer à sa tête les plus légers mouvements du côté paralysé, ou même à produire ce durcissement du muscle qui en accompagne la contraction, ajoutée au peu de résistance que l'on éprouvera à redresser la tête à l'aide de mouvements communiqués, suffira pour établir la nature de la maladie. Si cependant la lésion dure depuis longtemps, les muscles antagonistes de celui qui est paralysé, peuvent être atteints de rétraction par adaptation et s'opposer au redressement. Quand on veut savoir si un muscle est rétracté ou simplement contractnré, ce qu'il y a de mieux à faire, c'est de recourir à l'anesthésie qui fait céder la contracture et laisse persister la rétraction.

Les antécédents, l'histoire de la maladie, les symptômes concomitants permettront, dans certains cas, de reconnaître quelle est l'origine de la lésion, mais souvent on ne pourra se former à ce sujet une opinion bien arrêtée.

Quoique n'entraînant jamais la mort et ne troublant pas les principales fonctions de l'organisme, le torticolis musculaire apporte une gêne absolue aux mouvements de la tête, constitue une difformité choquante et peut produire des troubles dans la vision, la phonation, un certain degré d'acinésie des muscles d'un côté du corps.

D'autre part, lorsqu'il est dû à une véritable rétraction, il n'est curable qu'au moyen d'une opération, inoffensive, il est vrai, dans l'immense majorité des cas, mais qui, une fois au moins, a été suivie de mort, bien qu'elle eût été pratiquée par un chirurgien d'une incontestable habileté (Robert). Le pronostic ne peut donc pas être considéré comme absolument exempt de gravité.

Traitement. — Pour instituer d'une façon convenable le traitement du torticolis qui résulte d'un état pathologique du sterno-cléïdo-mastoïdien, il faut être, aussi exactement que faire se peut, renseigné sur cet état, et c'est d'après ces données que le traitement devra être institué.

Si, par exemple, on a affaire à une myosite, on devra, par l'emploi des antiphlogistiques et des émollients, s'efforcer de triompher de cet état, avant d'en venir à des moyens d'une autre nature ; quand c'est la syphilis qui est en jeu, on instituera un traitement antisyphilitique.

Dans le torticolis paralytique, on emploiera tous les moyens propres à ranimer la vitalité du muscle paralysé, on aura recours à l'électrisation, soit par les courants interrompus, soit par les courants continus (ascendants). Si ces moyens sont impuissants, il faudra se résigner à redresser et à soutenir la tête à l'aide d'un collier.

Quand le muscle du côté opposé, atteint de rétraction par adaptation, oppose aux tentatives de redressement une résistance sérieuse, on en pratique la ténotomie.

Dans les cas où l'on a affaire à une contracture, il faut agir contre la cause première, si elle est reconnaissable et curable. Lorsque ce traitement sera impuissant ou insuffisant, on aura recours au traitement de la contracture elle-même.

Les moyens qui peuvent être employés en pareil cas rentrent dans les catégories suivantes : médicaments, électricité, kinésithérapie, appareils.

En fait de médicaments, j'en signalerai deux dans l'efficacité desquels je n'ai du reste pas une très grande confiance : je veux parler des injections sous-cutanées d'atropine faites sur le trajet du muscle et des pulvérisations d'éther faites également sur le muscle contracturé.

Une médication autrement active, c'est l'emploi des anesthésiques en inhalation. En poussant l'anesthésie assez loin, on obtient la cessation de la contracture, qui malheureusement se reproduit, dès que le malade se réveille. On peut néanmoins profiter de la résolution anesthésique pour redresser la tête et appliquer, avant le réveil, un appareil propre à la maintenir redressée.

Quant à l'électricité, on peut en user de deux façons différentes, ou bien en se servant des courants interrompus, suivant les préceptes de Duchenne, ou bien en recourant aux courants continus, selon la pratique de Remak.

Le *modus faciendi* de Duchenne consiste à produire, avec des courants à intermittences rapides, des contractions énergiques dans le muscle antagoniste de celui qui est contracturé ; il est bon de compléter la guérison, lorsqu'on l'obtient, en faisant porter au malade un appareil à tractions élastiques agissant en sens inverse du muscle contracturé. Ce mode d'électrisation me paraît bien inférieur à l'emploi des courants continus.

Pour mettre en usage ce dernier moyen, il faut, autant que possible, recourir à une pile ne possédant qu'une faible action chimique, afin d'éviter la brûlure, et douée, par contre, d'une forte tension. Le courant continu ou stabile le plus propre à produire la cessation de la contracture est le courant descendant Le pôle positif sera placé sur la partie supérieure de la colonne vertébrale et le pôle négatif sur le muscle. La moelle se trouvera ainsi comprise dans le circuit. On se servira d'une pile appropriée, et le nombre des éléments employés sera en raison inverse de la durée de l'application.

Pour peu que ce nombre soit considérable, il faudra avoir soin de promener les électrodes de façon à éviter la chaleur et la rubéfaction qu'ils produisent lorsqu'ils sont laissés à poste fixe. Lorsqu'on promène ainsi les électrodes, on doit maintenir le contact entre l'électrode et la peau, pour éviter la secousse qui se produit à l'ouverture et à la fermeture du courant.

Quant aux manipulations, elles devront consister d'abord en pressions exercées avec les doigts sur le muscle contracturé. On imprimera ensuite une série de mouvements tendant à exagérer l'action de ce muscle, puis des mouvements analogues à ceux que produirait le muscle antagoniste. Il faut toujours, dans ces manœuvres, éviter de déployer de la violence et de faire par trop souffrir le patient.

Conjointement aux manipulations, il est utile d'employer les appareils à redressement, colliers et minerves, qui en renforcent l'action ou ont au moins l'avantage d'en maintenir le résultat.

En somme, ce qui me paraît le plus efficace dans le cas de torticolis par contracture, c'est l'emploi des cou-

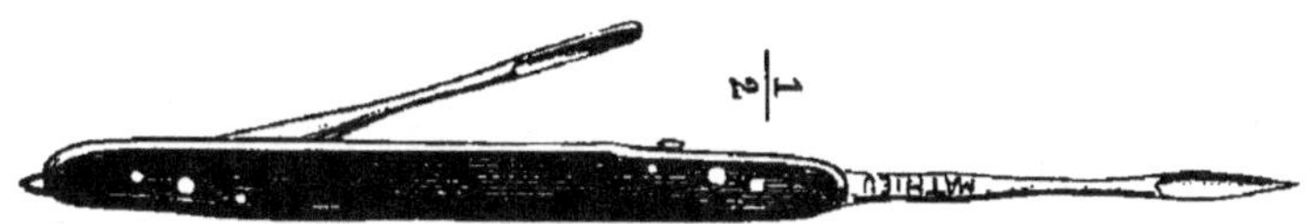

FIG. 3. — Ténotome pointu et ténotome boutonné droit
montés sur le même manche.

rants continus, aidés des manipulations et secondés par l'application d'un appareil à tension graduable.

Lorsque le torticolis est dû à une véritable rétraction du sterno-cléido-mastoïdien, le traitement doit consister essentiellement dans la ténotomie et dans l'application des appareils.

Les mouvements communiqués seront aussi utilisés, mais le fait initial du traitement doit être la ténotomie.

Le torticolis congénial pourra être traité à partir du sixième mois; je crois que, pour faire la ténotomie, il faudra attendre que l'enfant ait un an ou un an et demi.

La ténotomie se pratique à l'aide d'instruments appelés ténotomes (Fig. 3) et qui ne diffèrent du bistouri qu'en ce que la lame est étroite, courte et unie à la tige par une portion arrondie et assez longue. Ces dispositions ont pour but d'éviter que l'on divise la peau en cherchant à couper le tendon. Il y a des ténotomes droits, et ce sont les plus usités ; il y en a aussi de convexes et de concaves. Il sont pointus ou boutonnés à leur extrémité. Quelques chirurgiens ne se servent que d'un seul instrument, pointu, pour faire la ponction et la section, mais en général on emploie un ténotome pointu, pour ponctionner, et un ténotome boutonné, pour couper le tendon.

Le plus souvent les ténotomes sont montés sur un manche fixe ; on en fait cependant qui se ferment comme un bistouri.

V. Duval se servait, pour les deux temps, d'un ténotome pointu dans lequel le plan de la lame était à angle droit avec celui du manche.

J'ai ici à examiner la question de savoir si l'on doit sectionner les deux faisceaux du sterno-cléido-mastoïdien ou si, comme le veut J. Guérin, il faut s'en tenir à la section de la portion sternale ; déjà, du reste, Richter avait dit que, dans la plupart des cas, il suffisait de couper le faisceau sternal. En consultant la statistique fournie par Dieffenbach dans son mémoire sur la section du sterno-cléido-mastoïdien, abstraction faite des cas où l'auteur n'indique pas d'une façon très nette s'il a coupé les deux faisceaux, ou s'il s'est borné à la section d'un seul, on trouve que sur trente cas, il a coupé vingt-quatre fois les deux faisceaux, que cinq fois il s'en est tenu à la section du faisceau sternal et une fois à celle de la portion claviculaire. De plus, la lecture des observations et l'examen de l'âge des sujets opérés semblent mettre en relief ce fait que la section devra presque toujours (sept fois sur huit) porter sur les deux faisceaux du muscle chez les sujets qui ont dépassé dix ans, et toujours chez ceux qui ont plus de quinze ans. Sans donner à cette idée une valeur absolue, on doit cependant en tenir compte, et je crois que, dans la majorité des cas, si l'opéré a plus de quinze ans, il faut laisser de côté la pratique préconisée par Guérin, laquelle consiste à ne sectionner que le faisceau sternal, pour suivre l'exemple de Bonnet et de Bouvier, qui divisaient les deux portions du muscle. On ne se décidera du reste pour l'une ou l'autre de ces méthodes qu'après avoir attentivement examiné l'état des deux faisceaux musculaires.

Quant au conseil de Malgaigne qui propose, dans les cas où on veut sectionner les deux parties à la fois, de pratiquer l'opération le plus haut possible, sous prétexte qu'à ce niveau le muscle est moins large et que les vaisseaux sont plus éloignés, on ne doit pas en tenir compte.

Le lieu d'élection, c'est la partie inférieure du muscle, car, ainsi que le fait observer Richet, en haut il est couvert de filets nerveux, et à sa partie moyenne il est traversé par le spinal. C'est à une hauteur de quinze à vingt millimètres au-dessus du sternum que l'on doit, chez l'individu qui a atteint le terme de sa croissance, pratiquer la section. Si on opère sur un enfant, il faut se rapprocher d'autant plus du thorax que le sujet est plus jeune.

Le sterno-cléido-mastoïdien est, au niveau de sa partie inférieure, c'est-à-dire, du point où doit porter la section, en rapport par sa face postérieure avec la carotide primitive et la jugulaire interne, placée en dehors de l'artère, ainsi qu'avec la jugulaire antérieure qui, à sa partie inférieure, croise les deux faisceaux du muscle pour se jeter dans la veine sous-clavière en dedans et en avant de la jugulaire externe ou bien par un tronc commun avec cette veine, laquelle, après avoir croisé de haut en bas et de dedans en dehors la face externe du sterno-cléido-mastoïdien, finit par se placer en bas, en dehors de ce muscle.

Les rapports avec la carotide primitive et la jugulaire interne ne sont pas immédiats. Entre ces deux vaisseaux et le sterno-cléido-mastoïdien se trouvent les muscles sterno- thyroïdien et omoplat-hyoïdien.

Il ne faut pas s'exagérer le danger de ces rapports. Le péril le plus à redouter n'est pas, comme on pourrait le supposer, la lésion de la carotide primitive ou celle de la veine jugulaire interne qu'il est facile d'éviter avec quelques précautions, vu que, par le fait de sa rétraction, le muscle s'éloigne d'autant de ces vaisseaux. Jamais, que je sache, ils n'ont été intéressés. Ce qu'il faut le plus craindre, c'est la blessure de la jugulaire externe ou de la jugulaire antérieure dans un point voisin de celui où ces deux vaisseaux vont s'ouvrir dans la veine sous-clavière. En général, la lésion d'une de ces veines n'a d'autre fâcheux résultat qu'un thrombus, mais on doit cependant se souvenir que Robert, dans un cas fort difficile du reste, entama la jugulaire externe et eut le malheur de voir son opérée succomber à une infection purulente.

Si l'on a affaire à un malade indocile, on devra l'anesthésier et l'opérer couché. Dans le cas contraire, on n'aura pas recours à l'anesthésie, et le malade sera opéré assis. Un aide maintiendra les épaules et abaissera celle vers laquelle la tête est inclinée. Un autre aide tiendra la tête et cherchera à l'incliner du côté opposé au muscle rétracté, en même temps qu'il s'efforcera d'exagérer la rotation déjà existante. On comprend sans peine qu'en portant la tête du côté opposé à celui vers lequel elle est inclinée, on rend le muscle plus saillant. D'autre part, en exagérant la rotation, on l'éloigne de la carotide et de la jugulaire interne.

Quand on doit couper les deux faisceaux musculaires, il me paraît plus sûr de les couper isolément, soit qu'on fasse les deux sections coup sur coup, soit que l'on mette un certain intervalle entre les deux opérations, ainsi que le prescrit Sédillot.

La pratique qui consiste à sectionner du même coup les deux portions du muscle, pratique suivie par Bonnet et Bouvier, me semble moins prudente.

Faisceau sternal. — On retrouve ici, comme pour la plupart des ténotomies, la méthode sus-tendineuse dans laquelle on divise le tendon des parties superficielles vers les parties profondes, et la méthode sous-tendineuse dans laquelle la section se fait des parties profondes vers la peau.

J. Guérin préfère la méthode sus-tendineuse qu'il pratique de la façon suivante : au côté externe du tendon sternal il fait un pli à la peau parallèlement à la direction de ce tendon, pli dont la base répond au point de la peau qui, dans le relâchement, longe le bord externe du muscle. A la base de ce pli, il plonge un ténotome pointu et légèrement concave qu'il introduit à plat.

Lorsque l'extrémité de l'instrument est arrivée en dedans du bord interne du faisceau en question, le chirurgien en applique le tranchant sur le tendon et abandonne le pli cutané qui revient sur lui-même. La section est faite en pressant et en sciant. On peut presser sur le dos du ténotome avec les doigts de la main gauche.

Faisceau claviculaire. — Si la section du faisceau claviculaire était jugée indispensable, Guérin recommande de le sectionner d'avant en arrière, à la même hauteur que le faisceau sternal.

Après avoir fait à la peau un pli parallèle à la direction du muscle, on introduirait de dedans en dehors, entre la peau et le muscle, un ténotome concave, avec lequel on diviserait le muscle d'arrière en avant.

Bouvier qui, comme je l'ai dit, coupait du même coup les deux portions, sternale et claviculaire, ne faisait pas de pli à la peau, mais il poussait avec le doigt cette dernière sous le côté externe du muscle, et, dans cette sorte de gouttière il introduisait le ténotome.

Dieffenbach saisissait le muscle avec les téguments entre le pouce et l'indicateur de la main gauche et l'attirait fortement à lui.

En somme, je dirai que, pour le faisceau sternal, couper d'arrière en avant me paraît plus prudent, tandis que, quand on veut sectionner le faisceau claviculaire, on se met mieux à l'abri de la lésion de la jugulaire externe en agissant d'avant en arrière.

Un bruit particulier, une sensation de résistance vaincue et un accroissement dans la mobilité de la tête indiquent que la section est opérée. La ténotomie terminée, on doit imprimer de légers mouvements à la tête en sens inverse de l'inclinaison et de la rotation vicieuses, pour s'assurer que la section a été complète et, au besoin, rompre quelques portions minimes de tendon qui auraient échappé à l'action de l'instrument

franchant; mais il faut bien se garder d'exagérer ces
mouvements. On chasse par la pression le peu de sang
qui a pu s'épancher et on fait un pansement par occlu-
sion, c'est-à-dire, on applique sur la petite plaie un
morceau de taffetas emplastique ou mieux un morceau de linge bien imbibé de collodion. Par dessus on
place une lame de ouate, et on fixe le tout avec une
bande.

Pour opérer le redressement après la section du tendon ou des tendons, il faut recourir à l'application d'une
machine.

On a imaginé une série de bandages destinés à
fixer la tète dans la position où la placerait le sterno-
cléïdo-mastoïdien du côté sain. Le huit de la tète et
d'une aiselle peut, entre autres, produire ce mouvement. Mais ces bandages ne donnent pas une fixité
suffisante.

Je ne suis pas non plus partisan, pour le cas qui
m'occupe, des bandages dans lesquels on emploie les
bandes élastiques. Il est infiniment préférable d'employer des forces à tension fixe.

Quant aux appareils inamovibles, ils me paraissent
ne pas devoir être employés, et voici pourquoi : Ces appareils condamnent la tète et le cou à une immobilité
absolue; or, après la ténotomie, il est à peu près impossible de ramener immédiatement la tète et le cou dans
la situation normale. En supposant qu'on pût le faire,
on s'exposerait à produire une inflammation qui pourrait avoir des suites fàcheuses, et à ne pas obtenir la
réunion des deux bouts du tendon. On ne peut donc pas
immobiliser la tête dans une situation convenable. Si,
d'autre part, on applique l'appareil inamovible quand la
tête est encore déviée, on n'aura à peu près rien obtenu.

En somme, il faut recourir à une machine ; mais comme cette machine ne peut être appliquée que deux ou trois jours après l'opération, on doit, en attendant, apporter une certaine entrave aux mouvements à l'aide d'un simple bandage, le huit de la tête et de l'aisselle dont j'ai déjà parlé, ou le bandage temporo-axillaire de Mayor.

Il n'est plus question aujourd'hui d'employer les lits

Fig. 4. — Collier de Charrière.

orthopédiques pour le redressement du torticolis. Je ne citerai que pour mémoire les cravates raides, les colliers de carton, sur lesquels on ne peut fonder aucune confiance. Les seules machines usitées sont les colliers et les minerves.

Les colliers prennent leur point fixe sur les épaules

et la partie supérieure du thorax. Il y en a de deux genres : ou bien ils sont invariables dans leur forme, ou bien ils sont susceptibles de variation.

Les colliers à forme invariable sont confectionnés en feutre durci, en cuir moulé, en gutta-percha. On prend le moule des parties sur lesquelles le collier doit être appliqué, et, sur l'épreuve coulée en plâtre, on modèle ensuite le collier.

Ces appareils sont généralement renforcés à l'aide de quelques lamelles d'acier. Ils se lacent en arrière. Je citerai le collier de Charrière (Fig. 4) et celui de Mathieu. Dans ce dernier, le bord supérieur est plus élevé du côté de la déviation que de l'autre.

Ces appareils sont recouverts en dedans d'une peau suffisamment douce pour que leur contact n'irrite pas les parties.

Les colliers, en général, présentent cet inconvénient que les mouvements exécutés par le thorax et les épaules sont transmis par eux à la tête et au cou. De plus, on comprend sans peine que ceux qui sont à forme invariable peuvent être utiles comme agents d'immobilisation, mais ne peuvent guère servir au redressement.

Les colliers à inclinaison variable sont des colliers en partie métalliques.

Dans celui de Charrière, la partie mentonnière est composée de deux demi-cercles en fer bien rembourrés et réunis à la portion thoracique par quatre supports pourvus d'un mécanisme à écrou et susceptibles d'allongement et de raccourcissement. La partie thoracique de l'appareil est formée de deux plaques en métal, matelassées en dedans et moulées sur les épaules ainsi que sur la partie supérieure de la poitrine. Ces plaques s'articulent en arrière à l'aide d'une charnière et sont main-

tenues en avant par une patte fixée sur des boutons.
Le collier à inclinaison de Mathieu (FIG. 5) est en

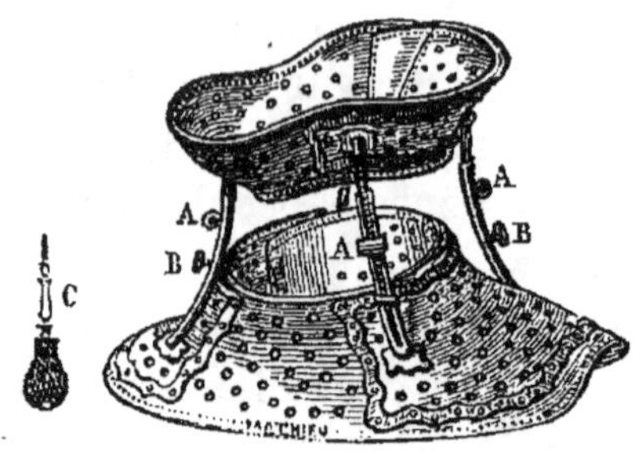

FIG. 5. — Collier à inclinaison de Mathieu.

cuir moulé consolidé par des barrettes d'acier; celui
de Bonnet (FIG. 6) présente deux montants en fer doux

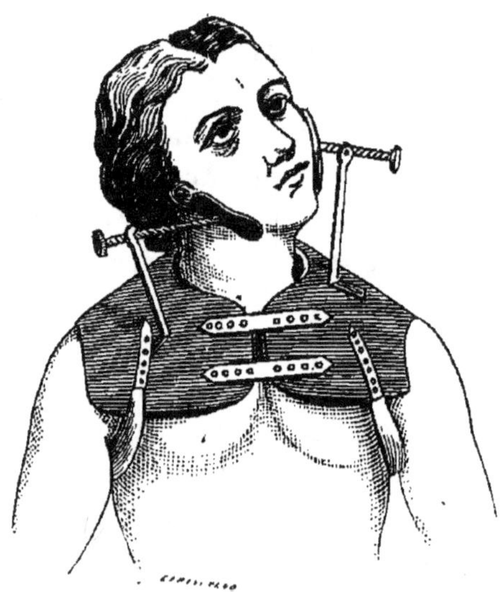

FIG. 6. — Collier à inclinaison de Bonnet.

implantés sur la portion thoracique et supportant eux-
mêmes des tiges horizontales susceptibles d'avancer et

de reculer. Ces tiges sont terminées à leur extrémité interne par une pelote ovalaire bien rembourrée.

Les deux pelotes viennent s'appliquer sur la figure du patient à des hauteurs inégales. Si c'est, par exemple, le sterno-cléïdo-mastoïdien gauche dont il faut combattre l'action, la pelote droite s'appliquera sur le menton, la gauche au-dessus de l'apophyse mastoïde.

Cet appareil de Bonnet à l'avantage d'agir sur la tête sans comprimer le cou, mais il ne peut guère être gardé au-delà de quelques heures.

Le meilleur de tous les colliers me paraît être le collier à inclinaison variable de Charrière. Comme les colliers moulés, il a l'avantage de pouvoir facilement être gardé la nuit.

Les minerves, beaucoup plus compliquées que les colliers, sont constituées par une série de pièces destinées, les unes à fournir un point d'appui, les autres à produire le redressement.

Les pièces fixes sont représentées par une ceinture pelvienne et des montants latéraux terminés par des crosses à la hauteur des aisselles; dans certains appareils, au lieu de montants latéraux, il y a une tige qui monte en arrière du rachis et sur laquelle viennent s'attacher des épaulettes. Sur cette portion fixe s'articule la partie mobile ou cervico-céphalique.

Je n'ai pas l'intention de donner ici une description détaillée de ces appareils. Je préfère indiquer en quelques mots les principes suivant lesquels ils sont construits et signaler sommairement les dispositions qu'affectent les plus usités.

Pour qu'une minerve remplisse convenablement les conditions auxquelles elle doit satisfaire, il faut qu'elle réalise les trois ordres de mouvements dont jouit la tête, c'est-a-dire, la flexion et l'extension, l'inclinaison latérale, la rotation.

Quant à la portion de l'appareil destinée à saisir la tête, elle consiste tantôt en deux embrasses, dont l'une, métallique en arrière et formée par du cuir en avant, entoure circulairement le crâne au niveau du front et de l'occiput, tandis que l'autre, tout en cuir, passe sur le vertex et sous le menton, tantôt en un cercle aplati, métallique en haut, formé en bas par du cuir et disposé verticalement. Enfin la tête peut être saisie latéralement par deux pelotes supportées par des leviers.

Mellet, dans sa minerve, a utilisé, comme Venel dans son appareil à pied bot, la flexibilité du fer doux, flexibilité qui permet de supprimer les articulations mobiles, car on peut facilement imprimer au levier en fer doux toutes les inflexions désirables.

Dans la minerve de Bouvier, la tête est embrassée par un cercle, métallique en arrière et en cuir en avant. Ce cercle présente des prolongements au niveau des apophyses mastoïdes et en avant de l'oreille du côté opposé à la déviation. Il est maintenu par une embrasse verticale en cuir, qui entoure la tête en passant sur le vertex et sous le menton. La portion fixe de l'appareil est constituée par une ceinture embrassant le bassin et supportant une plaque dorsale, en acier, à laquelle sont fixées des crosses à coulisses; des courroies attachées à ces crosses passent sur les épaules. La tige cervicale destinée à relier la couronne à la partie dorsale de l'appareil est composée de pièces multiples réunies par trois articulations qui permettent de reproduire tous les mouvements normaux de la tête et du cou.

La minerve de Charrière présente, comme la précédente, une plaque dorsale. Il n'y a pas de crosses, mais simplement des courroies destinées à embrasser les aisselles. Le levier est constitué par une tige cervico-céphalique qui passe au-dessus de la tête et se termine au-dessus du front. Derrière la nuque, le levier présente trois brisures correspondant aux mouvements de la tête et du cou. La tête est fixée à l'aide d'un cercle, en métal en arrière, en cuir en avant, qui passe sur l'occiput, les tempes et le front. Les chefs de cette embrasse s'entrecroisent au niveau du front et vont s'attacher en arrière sur des boutons dont le levier est garni.

De chaque côté de son extrémité antérieure la portion métallique de la couronne donne insertion à un des chefs d'une mentonnière en cuir, que deux courroies verticales rattachent encore au levier céphalique.

L'appareil de Charrière est plus léger et un peu moins compliqué que celui de Bouvier, mais tous les deux ont des inconvénients communs : ils exercent sur la tête une compression circulaire et ils déplacent les centres de mouvement, attendu que les axes autour desquels se produisent les mouvements communiqués par l'appareil, sont situés en arrière de ceux autour desquels s'exécutent les mouvements naturels. Dans la minerve de Collin (Fig. 7) ce dernier inconvénient n'existe pas, grâce à l'incurvation donnée à la tige cervico-céphalique.

Drutel et Blanc (de Lyon) ont évité le double écueil que je viens d'indiquer. Leur appareil (Fig. 8) est composé d'une demi-cuirasse, d'un levier cervico-céphalique et d'un demi anneau en fer, aplati, avec mentonnière. La demi-cuirasse s'applique sur le dos et les épaules; des courroies la fixent au bassin et aux épaules. Le levier, qui se termine au-dessus du vertex, présente au niveau du cou deux brisures correspondant, l'une à la flexion et à l'extension, l'autre à l'inclinaison latérale. Le demi-anneau en fer rembourré, continué par la mentonnière, embrasse la tête verticalement. Une vis avec

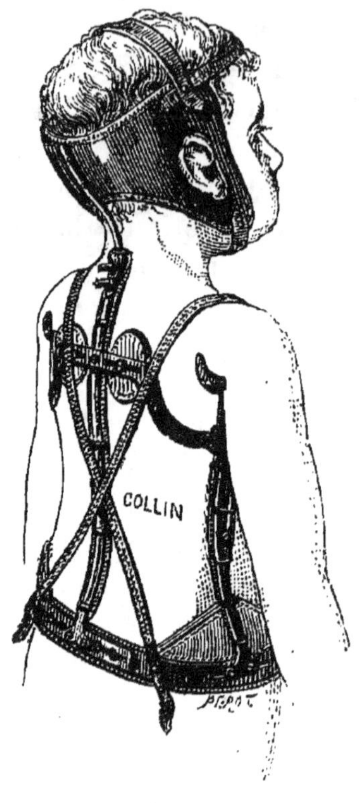

Fig. 7. — Minerve de Collin.

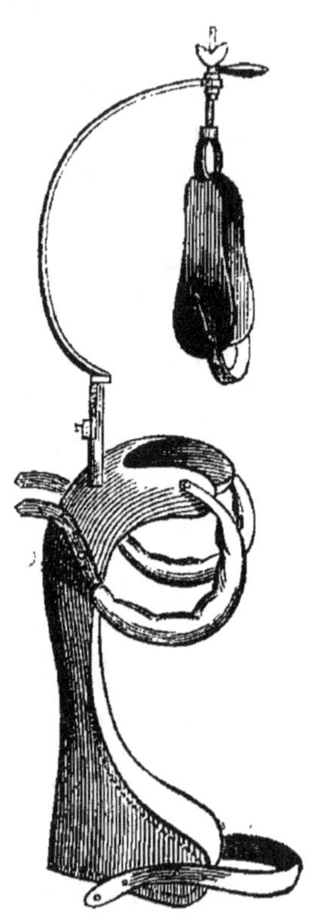

Fig. 8. — Minerve de Drutel et et Blanc.

manivelle le relie au levier et permet d'élever ou d'abaisser la tête. Enfin, à l'aide d'un écrou qui court sur la vis, on peut imprimer au collier un mouvement de rotation.

Dans la minerve de Bigg, incontestablement plus

légère que la précédente, nous trouvons une tige dorsale verticale, fixée en bas par un cercle pelvien et en
haut par deux prolongements sous-axillaires. Cette tige

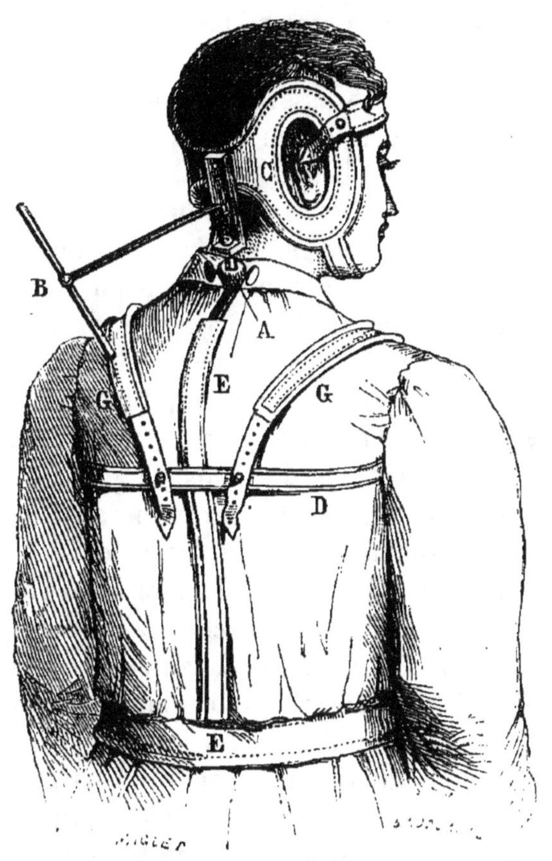

Fig. 9. — Appareil de Richard.

dorsale en supporte en haut une très courte, sur laquelle
viennent se fixer les deux leviers destinés à agir directement sur la tête. La tige supérieure présente une
brisure correspondant aux mouvements antéro-posté-

rieurs du cou. Les deux leviers se réunissent isolément à l'appareil, à l'aide d'une articulation qui permet de les écarter et de les rapprocher. L'un d'eux, celui qui correspond au muscle rétracté, est à peu près vertical et s'applique sur la tempe ; l'autre, formé de deux portions, une postérieure verticale et une antérieure horizontale, vient presser sur la partie antérieure de la mâchoire. Cette minerve permet d'agir avec plus de force que celle de Drutel.

A. Richard avait fait fabriquer un appareil (Fig. 9) destiné à permettre d'imprimer tous les jours des mouvements à la tête et à l'immobiliser ensuite. Ce résultat est obtenu au moyen d'une articulation en noix que présente le levier cervical au niveau de la nuque. Une pièce métallique bien rembourrée, appliquée sur l'occiput et pourvue d'une embrasse frontale, ainsi que d'une mentonnière, fixe la tête. Je n'insiste pas sur la portion thoracique de l'appareil, qui ne présente rien de bien original. Les mouvements sont imprimés par l'intermédiaire d'un grand levier à deux branches fixé à l'aide d'une douille sur la partie cervicale de la tige pos'érieure. Trois vis de pression adaptées à la noix permettent d'immobiliser la tête dans la position voulue. Les minerves, surtout celles de Drutel et Blanc, de Collin de Bigg, constituent en somme de bons appareils. J'en dirai autant de l'appareil de Richard, qui présente cet avantage qu'on n'est pas forcé de le retirer pour imprimer des mouvements à la tête. Il faut, autant que possible, que les malades les gardent, non seulement le jour, mais encore la nuit. Leur emploi devra être continué jusqu'à ce que la tête soit complétement redressée.

Lorsque le torticolis est de longue date, on n'est pas trop en droit de compter sur un résultat complet, en raison des déviations consécutives subies par le rachis. Je rappellerai cependant que Fischer a publié dans *The Lancet* (1878) un cas de torticolis congénial chez un sujet de vingt et un ans, opéré avec un résultat favorable.

§ 2. — Torticolis intermittent.

On trouve signalés dans les auteurs un certain nombre de cas de torticolis intermittent. Les uns, franchement périodiques, sont justiciables du sulfate de quinine, et je ne m'en occuperai pas plus longuement; les autres doivent être rangés dans la classe des névroses convulsives et se présentent sous différents types.

Wepfer a rapporté l'histoire d'un homme qui était affecté de torticolis toutes les fois qu'il éprouvait du chagrin. Ici c'est une influence morale qu'il faut accuser.

Quelquefois la contracture ne paraît pouvoir être rattachée à aucune cause bien nette; mais il est certains cas de torticolis intermittent qui doivent être rangés dans cette catégorie de spasmes que Duchenne a décrits sous le nom de spasme fonctionnel et dont je dois dire un mot ici.

Le spasme fonctionnel est une affection caractérisée, soit par des contractions pathologiques, continues, douloureuses ou indolentes, soit par des contractions cloniques ou des tremblements, affection qui se manifeste seulement pendant l'exercice de certains mouvements volontaires ou instinctifs, et qui peut siéger dans toutes les régions. Telle est la définition donnée par Duchenne, qui se montre disposé à rattacher ces troubles fonctionnels à un état morbide quelconque d'un point des centres nerveux.

DUBRUEIL. Orthopédie. 3

Cet auteur relate l'observation d'une demoiselle de vingt-quatre ans atteinte d'un torticolis par spasme fonctionnel. La contracture apparaissait pendant la station et disparaissait aussitôt que la tête avait un point d'appui, soit dans le décubitus dorsal, soit quand elle était renversée sur le dos d'un fauteuil.

Il cite aussi le cas d'un entrepreneur de pavage, âgé de soixante ans, chez lequel, lorsqu'il était debout ou assis, les deux muscles sterno-cléido-mastoïdiens se contracturaient et fléchissaient directement la tête avec une force telle que le menton s'enfonçait dans la partie supérieure de la poitrine. Lorsque le malade se renversait et tenait sa tête appuyée en arrière, la contracture cessait pour revenir aussitôt que la tête n'était plus appuyée.

Je dois signaler aussi le tic rotatoire, dans lequel la tête exécute une série de mouvements de rotation et d'inclinaison, quelquefois d'une manière continue, d'autres fois par sortes d'accès. Les mouvements ont lieu souvent d'une façon rythmique et avec une régularité parfaite.

Le sterno-cléido-mastoïdien seul, ou bien associé au trapèze et au splénius, tel est l'agent de ces mouvements dont l'origine paraît devoir être recherchée dans le système nerveux central. Le tic rotatoire constitue une maladie chronique.

Le torticolis intermittent, sauf celui qui est curable par les préparations de quinine, est une maladie rebelle.

Bien qu'on cite quelques cas de succès obtenus par la ténotomie, je crois qu'en général on doit s'en abstenir. Les antispasmodiques administrés localement et à l'intérieur, l'usage interne du bromure de potassium, sont ici parfaitement de mise. Les courants continus descen-

dants me paraissent aussi pouvoir rendre d'utiles services.

Pour le spasme fonctionnel, Duchenne signale l'i-
nefficacité presque constante de la faradisation. Il préconise une gymnastique consistant à faire exécuter des
mouvements à la tête luttant contre une résistance
élastique. Je crois que les courants continus descendants eussent donné à Duchenne de meilleurs résultats.

Dans un cas de torticolis intermittent, devenu par
la suite à peu près continu, Morgan, après avoir sectionné sans résultat le sterno-mastoïdien, eut recours
avec succès à l'excision d'un quart de pouce de la branche externe du nerf spinal. Cette pratique a été imitée
par d'autres chirurgiens. Tillaux, dans un cas de
spasme fonctionnel, après avoir eu recours sans succès
à la résection du faisceau sternal du sterno-cléïdo-mastoïdien, à l'emploi des courants électriques interrompus et continus, a fini par exciser trois centimètres du
spinal au moment de son passage dans le muscle sterno-
cléïdoma-stoïdien. Voici les points de repère qu'il indique : ce sont deux lignes horizontales partant l'une de
l'angle du maxillaire inférieur, l'autre du bord supérieur du cartillage thyroïde. Ces lignes forment avec
les bords antérieur et postérieur du sterno-cléïdo-mastoïdien, faciles à sentir sous la peau, un parallélogramme. Le nerf spinal représente assez fidèlement la
diagonale allant de l'angle supérieur et interne à l'angle
inférieur et externe. Pour arriver sur le nerf, on pratique une incision de 6 à 7 centimètres parallèle au
bord postérieur du sterno-cléïdo-mastoïdien et très rapprochée de ce bord. Cette incision qui commence à
deux centimètres au-dessus de la ligne horizontale supérieure se termine au niveau de la ligne inférieure.

Si l'on rencontre la branche cervicale transverse du plexus cervical, on l'abaisse. On sectionne ensuite l'aponévrose, et on écarte petit à petit les fibres musculaires, en se rapprochant du bord antérieur du muscle. Lorsqu'on est arrivé à la face profonde de ce dernier, on aperçoit le nerf.

Quant à l'élongation du nerf spinal, je la considère comme trop périlleuse pour la faire entrer en ligne de compte, malgré le succès de Mosetig.

Pour le tic rotatoire, J. Guérin recommande, non pas la ténotomie, mais la myotomie qui a, selon lui l'avantage de diviser en même temps les nerfs présumés malades.

§ 3. — Torticolis paralytique.

Dans les cas où le torticolis est dû à la paralysie d'un des muscles sterno-cléido-mastoïdiens et à la tonicité prédominante de l'autre, on doit chercher par les moyens *ad hoc* (massage, douches, électricité, strychnine) à ranimer la contractilité du muscle paralysé. Un appareil, collier ou minerve, pourra servir à combattre l'attitude vicieuse. Enfin, si le redressement présentait trop de difficulté, et si le muscle non paralysé, atteint de rétraction consécutive, opposait au redressement une résistance trop considérable, on pourrait recourir à la ténotomie faite de ce côté, comme on pratique la section du tendon d'Achille dans le pied équin résultant de la paralysie des fléchisseurs du pied.

ARTICLE II

TORTICOLIS PRODUIT PAR D'AUTRES MUSCLES QUE LE STERNO-
CLÉIDO-MASTOÏDIEN.

J'ai dit plus haut que le sterno-cléido-mastoïdien n'était pas le seul muscle dont la contracture ou la rétraction pouvaient produire le torticolis, et j'ai signalé quelques muscles auxquels on pouvait faire remonter l'origine d'une pareille difformité.

La contracture de la portion claviculaire du trapèze s'ajoute quelquefois à celle du sterno-cléido-mastoïdien, ce qui est d'autant moins étonnant que ces deux muscles reçoivent tous les deux des filets de la branche externe du spinal. Dans ce cas, le bord antérieur du trapèze fait une saillie anormale, et, d'autre part, la tête est plus renversée en arrière et plus tournée de côté.

On voit aussi le splénius ou l'angulaire de l'omoplate se contracturer en même temps que le sterno-cléido-mastoïdien du côté opposé et produire, dans le premier cas, une exagération de l'extension et de la rotation de la tête, dans le second, une augmentation de l'inclinaison latérale et de la rotation.

Duchenne signale un fait de contracture simultanée du splénius et de l'angulaire de l'omoplate, des faits de contracture isolée de la portion claviculaire du trapèze, du splénius.

J'ai observé chez une jeune fille une contracture du scalène antérieur (Fig. 2), et chez une autre, j'ai vu le scalène antérieur et le faisceau céphalique du splénius contracturés en même temps.

On trouve aussi signalée dans les auteurs la contracture du peaucier déterminant l'inclinaison latérale de la tête. Dans un cas de Gooch, la commissure labiale correspondante était fortement attirée en bas. Lorsque, comme cela avait lieu sur un malade de Dieffenbach, les deux peauciers sont contracturés en même temps, la tête est attirée directement en bas. J'ai eu trois fois l'occasion d'observer la contracture du peaucier consécutivement à une adénite cervicale. Une fois le muscle était pris à peu près en totalité, mais les deux autres, la contracture était limitée à sa partie postérieure.

Dieffenbach a signalé chez son malade un plissement des téguments qu'il compare au froncis qu'offre la peau que couvre les ressorts des bretelles élastiques ou aux rides qu'on observe chez certaines vieilles femmes.

Les contractures et les rétractions musculaires que je viens de passer en revue sont justiciables des mêmes modes de traitement que celles du sterno-cléido-mastoïdien, à cela près que la ténotomie n'est pas applicable à tous les muscles.

La portion claviculaire du trapèze a été sectionnée après le sterno-cléido-mastoïdien. On a aussi coupé le peaucier. Gooch le divisa à ciel ouvert, et Dieffenbach sectionna les deux peauciers par la méthode sous-cutanée. Si l'impuissance de tous les autres moyens curatifs conduisait le chirurgien à employer la section, c'est bien entendu à la méthode sous-cutanée qu'il devrait recourir.

CHAPITRE II

DÉVIATIONS DU RACHIS

Je n'étudierai que les déviations idiopathiques du rachis, c'est-à-dire, celles qui peuvent être considérées comme constituant des entités pathologiques, et je laisserai de côté les déformations symptomatiques, celles qui sont le résultat du mal de Pott ou du rachitisme.

Avant d'entrer dans l'étude du sujet, il est nécessaire d'établir en quelques mots quelle est la disposition normale du rachis au point de vue des courbures.

Le rachis normal chez l'adulte, en laissant de côté la portion pelvienne ou sacro-coccygienne, présente trois courbures successives dans le sens antéro-posté rieur.

La colonne cervicale est convexe en avant, de même que la colonne lombaire, tandis qu'à la région dorsale la convexité est dirigée en arrière.

Ainsi qu'il résulte des recherches et des mensurations des frères Weber, ces courbures, pour le cou et les lombes, proviennent surtout de la forme des cartilages intervertébraux, plus hauts en avant qu'en arrière, tandis que la plupart des vertèbres de ces régions ont la même hauteur en avant et en arrière. Au dos, au contraire, l'inégalité de hauteur est moins prononcée sur les disques intervertébraux que sur les vertèbres, le corps de ces dernières ayant des dimensions plus étendues en arrière qu'en avant.

Pendant longtemps on a considéré le rachis du nouveau-né et de l'enfant, jusqu'à l'âge de cinq ou six ans, comme ne présentant que des courbures ántéro-postérieures temporaires et susceptibles de disparaître dans la position horizontale.

A la suite de longues et laborieuses recherches, P. Bouland a établi qu'à l'époque de la naissance la colonne vertébrale présente :

Une courbure cervicale convexe en avant, dont la corde est en moyenne de $0^m,042$ et la flèche de $0^m,0025$; une courbure dorsale convexe en arrière, ayant une corde de $0^m,078$ et une flèche de $0^m,00425$; quelquefois, mais rarement, une courbure lombaire convexe en avant.

Ces courbures sont appréciables seulement sur la colonne antérieure constituée par la série des corps vertébraux, tandis que la colonne postérieure ou apophysaire est tout à fait droite dans la position horizontale.

Chez le nouveau-né et dans les premières années qui suivent la naissance, la courbure cervicale est due, tantôt à l'inégalité de hauteur en avant et en arrière des cartilages d'ossification des corps vertébraux, tantôt à celle des noyaux osseux. Les fibro-cartilages intervertébraux n'ont pas encore un rôle bien déterminé.

A partir de la seconde année, l'importance des ménisques intervertébraux commence à s'accentuer, et à quatre ou cinq ans, c'est l'inégalité de hauteur de ces ménisques qui est la cause de la courbure cervicale. Pour la région dorsale, la courbure, à la naissance, tient à la fois à l'inégalité de hauteur des noyaux osseux

et à celle des fibro-cartilages interarticulaire. Quant
aux cartilages d'ossification, ils ne présentent rien de
régulier dans les rapports de leur épaisseur en avant
et en arrière.

La courbure lombaire qui n'existe généralement pas
à la naissance, est due dans les cas où on l'observe, à
la prépondérance de hauteur en avant des disques
intervertébraux.

Je ferai observer que mes recherches m'ont démontré que chez l'adulte, quoi qu'en ait écrit Hirschfeld
dont les assertions ont été reproduites par des auteurs
qui n'ont pas pris la peine de contrôler ses expériences,
la séparation de la colonne formée par les corps des
vertèbres et de celle qui est constituée par les arcs vertébraux postérieurs, séparation obtenue par la section
des pédicules, ne modifie en rien les courbures. Bouland a de même été conduit par ses recherches à nier
chez l'enfant l'influence de la section des ligaments
jaunes sur les courbures du rachis.

Il existe aussi une courbure dans le sens transversal,
courbure convexe à droite et existant au niveau des
troisième, quatrième, cinquième vertèbres dorsales.
On n'en voit pas de traces, suivant Bouvier, jusqu'à
l'âge de sept ans.

Peu à peu il se forme une dépression qui, à un âge
avancé, finit par se transformer en courbure. Pour
expliquer cet aplatissement latéral des corps des vertèbres à gauche, les uns ont invoqué la présence de
l'aorte de ce côté, les autres l'usage habituel du membre
supérieur droit.

La déviation du rachis peut se faire en différents sens
(on désigne la déviation d'après le sens dans lequel
est portée la convexité de la courbure) : en arrière,

c'est la cyphose; en avant, c'est la lordose; de côté c'est la scoliose.

ARTICLE PREMIER

CYPHOSE (DE κῦφος, BOSSE)

(VOUSSURE) DOS VOUTÉ, *excurvation* des Anglais *cyphosis* des Allemands.)

La cyphose idiopathique est rare dans l'enfance, tandis qu'elle est au contraire commune à cet âge comme expression symptomatique du mal de Pott ou du rachitisme.

Je n'ai à traiter ici que de la cyphose essentielle, qui comprend une cyphose juvénile se développant à l'âge de l'adolescence, une cyphose sénile et une cyphose professionnelle.

Anatomie pathologique. — La cyphose peut être limitée à la région dorsale (Fig. 10) et c'est le cas le plus commun ; elle peut être générale, et par ce terme on désigne une cyphose occupant la région dorsale et empiétant sur les portions lombaire et cervicale du rachis.

On comprend sans peine quelle énorme différence il existe entre une cyphose générale et une cyphose bornée à la région dorsale et s'accompagnant de courbures de compensation. (On appelle courbures de compensation des courbures secondaires développées au-dessous et au-dessus de la courbure pathologique initiale et ayant pour résultat de rétablir l'équilibre.)

D'une manière générale, la cyphose est caractérisée par l'affaissement de la partie antérieure des corps des vertèbres et des disques intervertébraux, affaissement qui s'accompagne de l'écartement des apophyses transverses, ainsi que du raccourcissement et de l'élargissement] des lames; dans certains cas, les apophyses épineuses s'écartent aussi les unes des autres.

On voit que la partie essentielle de la lésion, c'est-à-dire, la diminution de hauteur en avant de la colonne formée par les corps des vertèbres, n'est que l'exagération de ce qui existe normalement à la région dorsale.

Les vertèbres déformées sont, par ordre de fréquence, les sixième, cinquième, septième dorsales, puis les quatrième, neuvième, dixième et troisième dorsales, et en dernier lieu, les sixième et septième cervicales. (J'emprunte cette énumération à l'excellent article de Bouvier et Bouland dans le *Dictionnaire des Sciences médicales*.) L'excédant de hauteur de la région postérieure sur la région antérieure, borné dans certains cas à quelques millimètres, peut aller jusqu'à

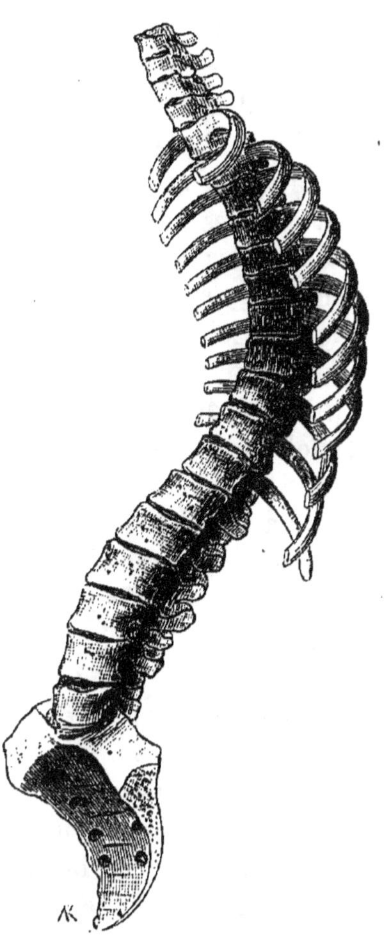

FIG. 10. — Cyphose dorsale.

la moitié de la hauteur totale du corps de la vertèbre; très-rarement il va au delà.

J'ai dit plus haut ce qu'on observe du côté des arcs vertébraux postérieurs; quant aux ménisques intervertébraux, on en voit dans certains cas dont la partie antérieure ne mesure pas plus de deux ou trois dixièmes de millimètre de hauteur.

La cyphose qui dure depuis longtemps peut, chez les individus avancés en âge, s'accompagner d'ankylose du corps des vertèbres, et cette ankylose se présente sous deux formes, périphérique et centrale. Dans la première, c'est le ligament vertébral commun antérieur qui s'ossifie; dans l'autre, les corps vertébraux se soudent par leurs faces supérieure et inférieure et les ménisques disparaissent à ce niveau. La soudure osseuse s'observe aussi au niveau des apophyses articulaires, des lames et des apophyses épineuses.

La cyphose imprime des changements importants à la conformation du thorax. On peut dire, d'une façon générale, qu'elle en diminue les diamètres vertical et transverse, tandis qu'elle augmente l'antéro-postérieur. Ces modifications sont, on le comprend, plus ou moins prononcées, suivant le siège, la forme, l'étendue de la courbure. Une cyphose peu prononcée occupant toute la colonne dorsale n'entraîne que peu de changement dans la conformation du thorax, tandis qu'il en est autrement si la courbure occupe un nombre de vertèbres moindre et a une flèche plus longue. (La flèche de la courbure est la perpendiculaire abaissée du point culminant de la courbure sur une ficelle tendue entre le point d'origine et le point de terminaison de la déviation, en un mot, sur la corde de l'arc décrit par la courbure.)

Une coupe transversale du thorax cyphotique tend à se rapprocher de la forme d'un ellipsoïde à grosse extrémité antérieure.

Les espaces intercostaux sont diminués, la courbure de torsion des côtes disparaît et, tandis que les premiers arcs costaux sont à peu près perpendiculaires au rachis, les derniers sont au contraire très obliques. En général, le sternum devient convexe en avant ; dans certains cas plus rares, il est déprimé à sa partie moyenne.

Quant au bassin, il ne présente pas de notables modifications dans la cyphose idiopathique.

Symptomatologie. — Le sommet de la courbure dans la cyphose juvénile (Fig. 11) correspond à peu près au milieu de la région dorsale ou un peu au-dessus. Le dos présente une voussure exagérée. Les enfants dirigent la tête en avant et rapprochent le menton du sternum ; leurs épaules sont portées en avant et en haut et le bord postérieur des omoplates, abandonnant la paroi thoracique, devient assez saillant pour qu'on puisse passer le doigt entre ce bord et les côtes correspondantes.

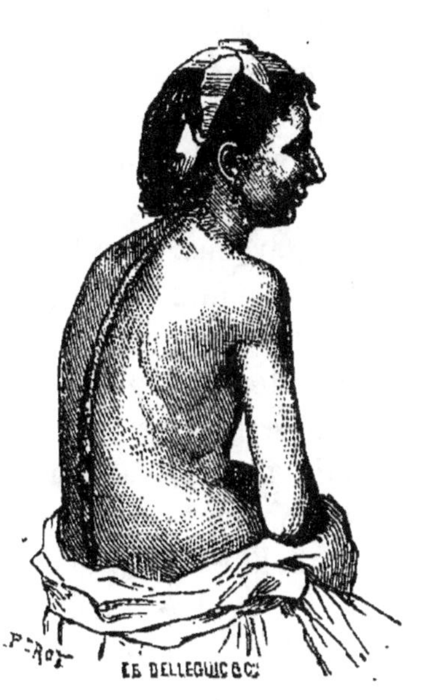

Fig. 11. — Cyphose juvénile.

Tamplin a signalé comme se produisant quelquefois en pareil cas, lorsqu'on imprime des mouvements à l'omoplate, une crépitation tout à fait analogue à celle que produisent les os fracturés.

On voit souvent survenir du côté de la région lombaire une exagération de la convexité antérieure normale, qui projette le ventre en avant et ressemble à de la lordose. Certains enfants cyphotiques reportent le tronc tout entier en arrière.

Arrivée à un certain degré, la cyphose entraîne un peu de dyspnée et quelques palpitations pendant l'effort; mais ces phénomènes sont moins prononcés que dans la scoliose, avec laquelle la cyphose coïncide du reste quelquefois.

C'est à l'époque de l'adolescence que se développe la cyphose, qui est plus fréquente chez les filles que chez les garçons. Une faiblesse générale du système musculaire pendant cette période de développement, l'attitude voûtée que prennent souvent les sujets de cet âge pendant leurs études, les filles dans leurs travaux d'aiguille, telles sont les causes productrices de la cyphose juvénile, dont l'évolution est encore facilitée par toutes les circonstances qui débilitent l'économie. Il faut aussi noter l'hérédité.

La cyphose sénile est en général poussée bien plus loin que la juvénile. Chez les vieillards on voit les vertèbres se souder, et chez eux la déviation rachidienne produit des résultats d'autant plus pénibles que leur âge s'oppose au développement des courbures compensatrices.

C'est dans la vieillesse que la déformation cyphotique arrive à son maximum et que quelquefois la tête vient se poser sur le sternum. Si la déviation n'est pas trop prononcée, le sujet peut arriver à maintenir l'équilibre en pliant les articulations de la hanche et du genou et en reportant ainsi le bassin en arrière; mais quand elle est plus avancée, il ne peut marcher qu'avec un ou deux bâtons. Cette cyphose sénile dans laquelle la débilité des muscles de la région postérieure du tronc joue le rôle important, est favorisée dans son évolution par les habitudes ordinaires de la vie. Le militaire, le maître d'armes, habitués à se tenir raides, conservent en général cette attitude jusque dans une vieillesse avancée. Ceux, au contraire, qui, dans leurs occupations journalières, inclinent le tronc en avant, sont prédisposés à être atteints de cyphose dans leur vieillesse.

Quant à la cyphose professionnelle, il est certaines professions qui y prédisposent singulièrement, telles sont celles de paveur, de graveur, etc.

Je n'ai pas à m'occuper ici, je l'ai déjà dit, de la cyphose symptomatique. Je signalerai seulement, en passant, comme donnant lieu à cette déviation de la colonne vertébrale, le rachitisme, le mal de Pott, certains états du système musculaire, tels que la paralysie des muscles de la région postérieure du tronc, la contracture des muscles de la région antérieure, le rhumatisme qui peut déterminer la cyphose en agissant soit sur les muscles, soit sur les articulations.

Diagnostic. — Il n'y aucune difficulté à établir d'une façon générale l'existence de la cyphose; mais il n'en est plus de même lorsqu'on veut différencier la cyphose idiopathique de la cyphose symptomatique. C'est surtout avec les déviations résultant du mal de Pott ou du rhumatisme qu'on est exposé à confondre l'excurvation essentielle. La forme de la courbure est arrondie dans la cyphose idiopathique, tandis que dans le mal de Pott elle présente généralement une forme anguleuse et l'on peut observer la saillie d'une ou de plusieurs apophyses épineuses. Cependant ce caractère de la déviation du mal de Pott n'est pas absolu et, dans quelques cas rares, on voit cette maladie déterminer une excurvation tout aussi arrondie que celle de la cyphose essentielle.

Les symptômes que, dans le mal de Pott, on observe concurremment avec la gibbosité, abcès par congestion, paraplégie, douleurs, mouvements réflexes, serviront à élucider le diagnostic.

La déviation rachitique se reconnaîtra à ce que, dans un assez grand nombre de cas, elle s'accompagne d'autres altérations du squelette, entr'autres de déformation des membres inférieurs ou au moins de nouure, de gonflement des extrémités articulaires.

Le rachitisme paraît quelquefois se localiser et se borner à la colonne vertébrale ; le diagnostic différentiel est alors plus difficile. On pourra dans ce cas utiliser cette observation que, dans le rachitisme, le thorax rétréci à sa partie moyenne s'élargit et s'évase au niveau de la partie inférieure. Au début de la cyphose idiopathique, la voussure disparaît pendant le décubitus.

Chez certains petits enfants, surtout chez ceux qui sont gros et lourds, on observe une sorte d'inclinaison du rachis en avant, qui n'est pas de la cyphose et qu'on ne doit pas confondre avec elle. Cette inflexion ne persiste pas pendant le décubitus ; elle est due à ce que, chez ces jeunes enfants, les muscles et les ligaments n'ont pas toujours assez de puissance pour maintenir le rachis dans la rectitude.

C'est là un phénomène transitoire qui disparaît à mesure que l'enfant se développe et dont on ne doit pas se préoccuper outre mesure. On peut du reste y remédier facilement à l'aide d'un petit corset s'étendant jusqu'à la crête iliaque et pourvu en arrière de barrettes d'acier suffisamment fortes.

Pronostic. — La cyphose essentielle est rarement portée assez loin pour troubler ,les fonctions de la circulation et de la respiration. Il n'en est pas de même de la cyphose symptomatique qui peut être poussée à un point tel qu'elle gêne considérablement la déambulation et même la station assise.

J'étudierai le traitement de la cyphose lorsque j'aurai décrit la lordose et la scoliose.

ARTICLE II

LORDOSE de λορδός, penché en avant.

ENSELLURE, *incurvation* des Anglais, *Lordosis* des Allemands.

La lordose s'observe moins fréquemment que la cyphose. Elle est essentielle ou symptomatique, et beaucoup plus souvent symptomatique qu'essentielle.

La lordose idiopathique qui doit surtout m'occuper et que j'étudierai en premier lieu, se montre presque toujours aux régions lombaire et lombo-sacrée, très rarement à la région cervicale ; il est probable qu'elle n'existe jamais à la région dorsale.

Anatomie pathologique. — La prédominance de hauteur des corps des vertèbres et des disques intervertébraux en avant s'accentue davantage. Les apophyses épineuses diminuent de hauteur, ainsi que les apophyses articulaires et les lames, dont la face postérieure devient convexe ; il se produit un rapprochement des apophyses transverses. On observe quelquefois dans la lordose, quoique moins souvent que dans la cyphose, l'ankylose portant, soit sur les arcs, soit même sur les corps des vertèbres, ankylose périphérique et même par fusion.

La lordose idiopathique n'atteint jamais un degré aussi prononcé que la cyphose essentielle.

Dans la lordose lombo-sacrée, le sommet du sacrum se relève en arrière et l'angle sacro-vertébral fait une saillie exagérée. Par suite, le bassin tout entier décrit un mouvement de bascule en bas et en arrière. Le détroit supérieur acquiert la forme d'un cœur de carte à jouer, et son diamètre antéro-postérieur est rétréci, sans que ces modifications du pelvis soient assez prononcées dans la lordose idiopathique pour apporter un obstacle sérieux à l'accouchement. Les organes contenus dans le bassin suivent le mouvement d'inclinaison auquel il obéit. L'anus et les organes génitaux externes se portent en arrière, l'utérus est prédisposé à l'antéversion.

Symptomatologie — Les sujets atteints de lordose cervicale portent la tête en arrière.

Ceux qui ont une lordose lombaire ou lombo-sacrée (Fig. 12) renversent le tronc en arrière; leur démarche a quelque chose de raide et d'embarrassé. Lorsqu'on en vient à l'examen direct, on voit que la concavité de l'arc décrit par le rachis dans cette région est exagérée, que les fesses sont relevées et saillantes en arrière, tandis que le ventre acquiert une proéminence exagérée. Les épaules sont rejetées en arrière, à moins qu'il ne soit survenu une cyphose dorsale compensatrice. Si le sujet est dans le décubitus dorsal, on constate qu'il existe une ensellure au niveau de la région lombaire.

Étiologie. — Certaines familles, certaines races, entr'autres les habitants de quelques provinces espagnoles, surtout les femmes, présentent une exagération

de la courbure lombaire qui n'est cependant pas encore
la lordose pathologique.

Les professions qui obligent à tenir le tronc renversé
en arrière, celles, par exemple,
des marchandes qui portent un
éventaire devant elles, peuvent
déterminer la lordose.

La grossesse produit une lordose physiologique que, dans
quelques cas, on a vu persister.

Un mot maintenant des causes
qui peuvent donner naissance à
une lordose symptomatique.

Les tumeurs volumineuses de
l'abdomen peuvent être rangées
parmi ces causes.

Une lordose de compensation
se développe à la suite de la
cyphose.

La contracture des muscles
de la région postérieure du rachis peut aussi déterminer la
lordose, et, chose étrange au
premier abord, la paralysie de
ces muscles donne lieu à la
même déviation.

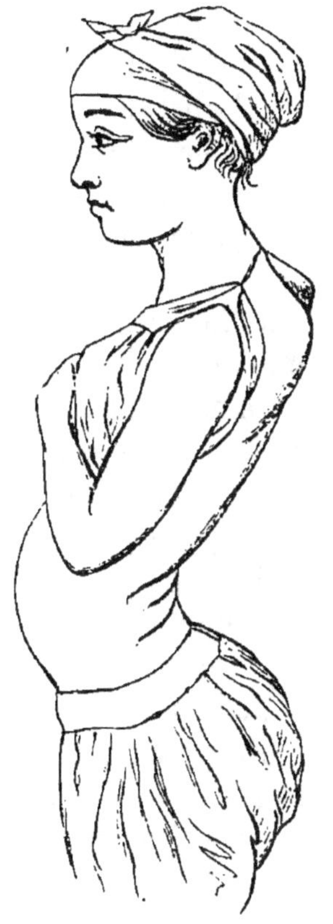

Fig. 12. — Lordose lombo-sacrée due à la paralysie des
muscles de l'abdomen.

La paralysie des muscles des
gouttières vertébrales a pour
résultat d'obliger le malade à renverser le tronc en
arrière pour éviter qu'il ne tombe en avant sous l'influence de la traction exercée par les fléchisseurs qui
ont conservé leur action. Dans ce cas, les fesses sont
effacées, le bassin est porté en avant. Un fil à plomb

partant de la protubérance occipitale externe passe en arrière du sacrum.

La paralysie des muscles abdominaux, fléchisseurs du rachis, détermine aussi la lordose ; mais alors cette déviation est limitée à la région lombaire, ou lombo-sacrée et le fil à plomb, partant de l'occipital, tombe sur le bassin qui est renversé en avant.

La paralysie portant sur les muscles du cou conduit à la lordose cervicale, soit qu'elle siége sur les fléchisseurs, soit qu'elle ait envahi les extenseurs, et cela en vertu d'un mécanisme analogue à celui que je viens d'indiquer à propos de la paralysie des muscles abdominaux et de ceux des gouttières vertébrales.

Je ne cite que pour mémoire la lordose congéniale ; c'est presque toujours sur des monstres qu'on l'observe, et, en général, elle coïncide avec le spina-bifida.

Diagnostic. — L'existence de la lordose est des plus faciles à constater. On ne peut éprouver de difficulté que pour en discerner la cause. Je rappellerai que la lordose paralytique disparaît dans le décubitus et dans la position assise, lorsque le dos est soutenu.

Pronostic. — La lordose idiopathique ne présente guère de gravité.

Pour le traitement, voir à la suite de la *scoliose*.

ARTICLE III

SCOLIOSE (DE σκολιός, TORTU)

Lateral curvature, distortion of the spine des Anglais, *scoliosis* des Allemands.

La scoliose est incontestablement la plus fréquente des déviations idiopathiques du rachis ; elle peut aussi survenir consécutivement à différents états morbides.

La vraie scoliose, la seule dont j'ai à m'occuper en ce moment, doit être soigneusement différenciée d'états qui ne sont que des scolioses apparentes et doivent être rangés dans la catégorie des attitudes vicieuses. Je veux parler de ces attitudes vicieuses que prennent souvent les enfants et qui entraînent des inclinaisons latérales de la colonne vertébrale ; la position hanchée peut être regardée comme étant de ce nombre.

Bien que les inclinaisons latérales du rachis tenant à ces attitudes puissent être considérées comme favorisant singulièrement le développement de la scoliose, elles n'en doivent pas moins être complétement et rigoureusement séparées, et la distinction est très facile à établir. La vraie scoliose est permanente, quelle que soit la position du sujet, parce qu'elle s'accompagne de déformations vertébrales que la position ne modifie pas, tandis qu'au contraire l'inclinaison temporaire, qui n'est due qu'au relâchement d'un certain ordre de muscles, cesse dès qu'on change la position du malade.

On ne doit donc comprendre sous la dénomination de scoliose que la déviation latérale permanente de la colonne vertébrale.

La scoliose peut être congéniale, symptomatique, idiopathique. C'est cette dernière que je vais étudier. Avant d'entrer en matière, je renverrai le lecteur à ce que, en parlant des incurvations normales du rachis, j'ai dit de la dépression et de la courbure latérales de la colonne vertébrale, au niveau de la région dorsale. Il y a, en effet, trop d'analogie entre la courbure physiologique et la courbure pathologique la plus commune pour qu'on ne doive pas établir entr'elles un rapprochement.

Je rappellerai en outre les recherches de Weber (E.-H.), recherches qui l'ont conduit au résultat suivant :

Les vertèbres cervicales sont les plus mobiles de toutes, tant au point de vue de la flexion dans tous les sens que sous celui de la torsion de la colonne sur son axe vertical.

Les vertèbres lombaires peuvent se ployer en avant, en arrière et sur les côtés, mais sont presque dépourvues de la faculté de tourner sur leur axe, tandis que la majorité des vertèbres dorsales tournent sur leur axe, mais ne peuvent se ployer.

La flexion antéro-latérale s'opère d'une manière plus marquée dans la région située entre les vertèbres dorsales et les lombaires, ainsi qu'entre le sacrum et les vertèbres lombaires.

La scoliose peut être oblique ou verticale. Elle est oblique (Fig. 13), lorsque la protubérance occipitale externe et les apophyses épineuses sacrées ne se trouvent pas sur la même ligne verticale. Quand ces saillies se trouvent sur la même verticale (Fig. 14), la scoliose est dite verticale.

La colonne scoliotique est susceptible de plusieurs variétés de déviation. La courbure peut être unique (ce qui n'arrive guère que dans les scolioses symptomatiques); elle peut être double (serpentine, sigmoïde), triple et même quadruple.

Les combinaisons des différentes variétés de courbure sont très nombreuses, et je ne puis les passer toutes en revue.

La courbure principale, de beaucoup la plus fréquente, est la courbure dorsale, et elle apparaît comme une exagération de la dépressionou de la courbure normale, c'est-à-dire qu'elle correspond à cette portion du

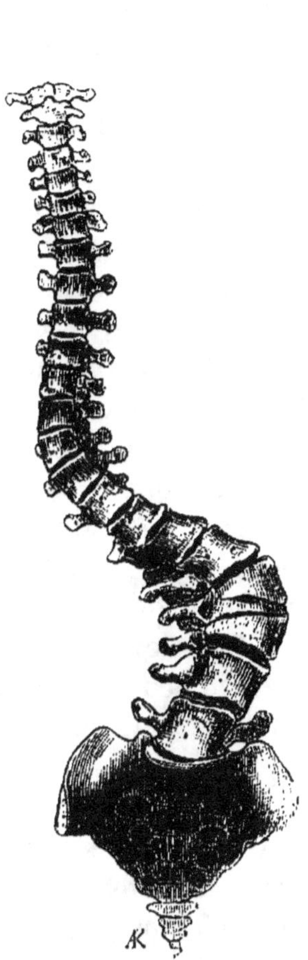

FIG. 13. — Scoliose oblique, à trois courbures; courbure lombaire dominante.

FIG. 14. — Scoliose verticale à trois courbures; courbure dorsale dominante et convexe à droite.

rachis dont la partie latérale gauche est en rapport avec

l'aorte, et elle a sa convexité tournée à droite (Fig. 14).

Dans la scoliose, la convexité de la courbure dorsale tournée à gauche (Fig. 15) ne s'observe qu'exceptionnellement, à moins que la déviation ne se soit produite au-dessous de l'âge de sept ans. Dans ce cas, la convexité de la courbure est aussi souvent dirigée d'un côté que de l'autre.

Quand il y a deux courbures, tantôt l'une occupe la région dorsale et l'autre la région lombaire, tantôt toutes deux siègent à la région dorsale. Dans certains cas enfin, l'une est bornée à la région dorsale ou empiète à la fois sur la région dorsale et sur la région cervicale, tandis que l'autre est dorso-lombaire.

S'il existe trois courbures, il y a toujours au moins une courbure dorsale et quelquefois toutes les trois occupent cette région, tandis que, dans d'autres cas, les régions cervicale et lombaire participent à la déviation ; ces courbures peuvent être plus ou moins prononcées. Les formes qu'affecte en pareil cas le rachis ont été comparées, tantôt à une spirale, tantôt à un vilebrequin.

Fig. 15. — Scoliose dorso-lombaire, courbure dorsale dominante et convexe à gauche.

Anatomie pathologique. — Pour donner une idée des déformations qui se produisent sur un rachis scoliotique, il faut examiner successivement les différentes parties constituantes des vertèbres.

Sur les corps vertébraux et les disques interarticulaires on constate les phénomènes suivants : diminution de la hauteur du corps des vertèbres et des disques du côté de la concavité, affaissement qui est plus ou moins prononcé, suivant le degré de la déviation ; formation d'une gouttière sur la face latérale des vertèbres du côté concave de la courbure.

Ces changements dans la hauteur respective des deux faces latérales des corps des vertèbres se rapportent à ce que Delpech appelait l'écrasement ou la dépression perpendiculaire, déformation qui tend à donner à ces corps un aspect cunéiforme ; ils s'accompagnent forcément de modifications dans la configuration des faces supérieure et inférieure des vertèbres qui perdent leur forme parabolique pour se rétrécir d'un côté et s'élargir de l'autre. L'élargissement correspond à la convexité de la courbure. L'affaissement du corps vertébral du côté de la concavité peut aller jusqu'à la disparition.

Je dois encore signaler la dépression losangoïde, ainsi dénommée par Delpech et due à ce que l'une des faces, supérieure ou inférieure, du corps de la vertèbre s'est portée de côté, à droite ou à gauche. En pratiquant sur une vertèbre ainsi déformée une coupe verticale et transversale, on n'obtient pas la figure que donne la même coupe sur une vertèbre normale, c'est-à-dire, celle d'un parallélogramme rectangle. On a, non pas un losange, mais un parallélogramme obliquangle (ayant deux angles aigus, sans avoir les quatre côtés égaux).

A l'âge où les corps vertébraux ne sont pas complètement ossifiés, la dépression verticale porte à la fois sur les noyaux osseux, sur les cartilages d'ossification et sur les cartilages intervertébraux.

Les arcs vertébraux postérieurs présentent des modifications en rapport avec celles que l'on observe sur les corps. Du côté concave, les pédicules diminuent de longueur, et cette diminution peut être portée à un degré tel que, dans certains cas, l'apophyse articulaire entre en contact avec le corps de la vertèbre. La longueur et l'épaisseur de ces pédicules diminuent aussi, mais sans que cela présente rien de régulier.

Les trous de conjugaison, subissant le contre-coup de ces changements, se trouvent, chez certains sujets, très rétrécis du côté concave et très élargis du côté convexe de la courbure.

Les apophyses articulaires s'élargissent du côté concave, se rétrécissent et s'allongent en hauteur du côté convexe. On trouve quelquefois leurs articulations ankylosées; en raison de l'inclinaison du rachis, elles font partie de la base de sustentation qui normalement est représentée par la surface articulaire supérieure de chaque corps vertébral.

Les apophyses transverses, dans la scoliose arrivée à un degré assez prononcé, perdent la régularité de leur forme et de leur direction. On les trouve parfois soudées avec les apophyses voisines; elles m'ont paru avoir, en général, de la tendance à s'allonger du côté de la convexité. Les modifications subies par les lames n'ont rien de fixe. C'est ainsi que, tantôt elles gardent la même longueur à droite et à gauche, tantôt du côté de la concavité elles gagnent en épaisseur et perdent en hauteur, tandis que quelquefois elles subissent une diminution dans toutes leurs dimensions.

Quant aux apophyses épineuses, leur forme devient

irrégulière ; leur sommet s'incline le plus souvent vers le côté concave, quelquefois vers le côté convexe. Les trous vertébraux présentent aussi forcément des modifications. Rétrécis du côté concave, ils prennent une forme qui se rapproche du triangle.

Il me reste à signaler, en dernier lieu, une déformation présentée par l'ensemble de la vertèbre : c'est un mouvement de rotation qui paraît s'exécuter autour d'une des apophyses articulaires comme centre.

Cette rotation se produit du côté concave vers le côté convexe ; elle est moins prononcée sur l'arc postérieur que sur le corps et retentit sur les pédicules. La rotation se faisant, comme je viens de le dire, du côté concave vers le côté convexe, doit naturellement varier avec la direction de la courbure.

L'ensemble de la rotation des vertèbres se traduit par la torsion de la portion déviée du rachis. Si l'on veut se rendre un compte exact de cette torsion rachidienne, il faut marquer d'un point coloré le centre de la face antérieure des corps vertébraux. Au niveau de chaque courbure, ces points se portent d'autant plus du côté de la convexité qu'on se rapproche davantage du sommet de la courbure.

Les détails dans lesquels je viens d'entrer permettent de comprendre qu'il n'y a pas parité entre les flèches des courbures en avant et en arrière du rachis. Pour mesurer la flèche de la courbure antérieure, ce qui ne peut être fait que sur le cadavre, on marque le centre de la face antérieure du corps sur les deux vertèbres extrêmes de la courbure, c'est à-dire, la vertèbre au niveau de laquelle elle commence et celle au niveau de laquelle elle finit ; on réunit ces points par un fil, et la flèche est représentée par une perpendiculaire abaissée sur ce fil à partir du point central de la face antérieure du corps vertébral correspondant au sommet de la courbure.

Pour la mesure de la courbure postérieure, qui peut être prise sur le vivant, on procède comme ci-dessus, en prenant le sommet des apophyses épineuses pour point de repère. Dans la pratique et dans les cas où il n'y a pas de déviation du bassin, ni de la région cervicale, on place une des extrémités du fil sur l'apophyse épineuse de la septième vertèbre cervicale et l'autre au haut du pli interfessier. On peut ainsi mesurer les courbures postérieures dorsale et lombaire, uniques ou multiples. Sur le vivant, ou en est réduit à la mensuration des courbures postérieures, lesquelles diffèrent presque toujours des courbures antérieures, sans qu'il existe entre elles un rapport fixe.

Quand la scoliose est très légère, la courbe que décrivent les corps vertébraux ne se traduit pas en arrière, et les apophyses épineuses restent en série rectiligne.

Avec les déformations du rachis sus-mentionnées coïncident des changements dans la situation, la direction et la forme des côtes. D'abord, les côtes s'écartent les unes des autres du côté de la convexité, pour se rapprocher du côté concave, et dans ce dernier sens, elles arrivent quelquefois à se toucher et même à s'articuler et se souder entre elles. Du côté convexe, les côtes sont refoulées en arrière, le sinus de leur angle diminue et la partie postérieure de ces arcs vient constituer une bosse postérieure, différente de celles de la cyphose et du mal de Pott, en ce sens que ces dernières correspondent au rachis et se trouvent sur la ligne médiane, tandis que la bosse scoliotique, située à droite ou à gauche de la ligne médiane, correspond aux côtes.

Du côté concave, l'angle des côtes s'ouvre; elles se redressent, et au lieu d'une saillie, comme du côté opposé, on observe une dépression. Si l'on examine la partie antérieure des arcs costaux, on voit qu'en avant la courbure de ces arcs diminue du côté convexe et augmente du côté concave. De là, la formation, du côté concave, d'une bosse antérieure constituée par la partie antérieure des côtes dont la courbure est exagérée, et par les cartilages qui leur font suite.

Ces déformations costales et les gibbosités qui en résultent ne sont très apparentes que dans les déviations assez prononcées.

Le sternum devient, dans certains cas, convexe en avant et se trouve alors correspondre au sommet de la gibbosité. Dans d'autres cas, il est concave en avant, relevé ou déprimé au niveau de son extrémité inférieure. Ces incurvations du sternum tiennent à la diminution de la hauteur du thorax. Quelquefois le sternum affecte une direction oblique.

La forme du thorax vue en dedans, ou si l'on aime mieux, la figure donnée par la section horizontale du thorax, ne diffère pas moins de l'état normal que sa configuration extérieure. Du côté convexe de la courbure, les côtes projetées en arrière du rachis forment une gouttière développée en arrière des corps vertébraux. Lorsque l'accroissement de la courbure est portée très loin et que les côtes entrent en contact avec les corps vertébraux, cette gouttière disparaît complètement. La saillie de la colonne vertébrale rétrécit d'autant la cavité de la portion correspondante du thorax.

Deux autres ordres de causes, ainsi que l'a indiqué Bouvier, contribuent encore à diminuer cette portion

4.

de la cavité thoracique; je veux parler de l'aplatissement en avant des côtes dont la courbure augmente en arrière, et de leur obliquité plus prononcée de haut en bas.

Du côté concave, le déplacement du rachis en sens inverse tend à augmenter la cavité, mais cette augmentation est plus que compensée par la diminution que produit le redressement de l'angle des côtes.

Tous les diamètres de la poitrine sont diminués, sauf le diamètre oblique allant de l'angle des côtes du côté convexe aux cartilages costaux du côté concave. En somme, il y a diminution de la capacité du thorax.

Quant au diaphragme, sa configuration devient souvent irrégulière et ses orifices sont déplacés dans leur situation respective. Le refoulement de bas en haut que lui font subir les viscères de l'abdomen, contribue à enlever encore à la capacité du thorax.

La scoliose idiopathique ou indépendante du rachitis n'entraîne de déformation du bassin que lorsqu'elle dure depuis fort longtemps. On voit quelquefois la courbure lombaire se continuer sur le sacrum et le coccyx et ces deux os suivre la direction de la portion terminale de la colonne lombaire. Ils présentent alors des modifications correspondantes à celles des vertèbres ainsi déviées, c'est-à-dire, qu'ils sont plus développés du côté convexe que du côté concave, et il peut arriver que les os coxaux soient plus développés du premier côté que du second.

Dans certains cas, avec une courbure lombaire dominante coïncide une diminution du détroit supérieur dans le sens antéro-postérieur, et cette diminution est surtout accentuée du côté convexe de la courbure.

L'inclinaison du bassin n'existe réellement qu'à l'état

d'exception extrêmement rare ; elle n'est le plus souvent qu'apparente, ainsi que la saillie d'une hanche et l'affaissement de l'autre.

Lorsque la scoliose détermine une inclinaison très prononcée de la région cervicale, elle entraîne en général une diminution transversale de la face, mais c'est là que se bornent les modifications subies par la tête.

Du côté des membres, il n'y a pas de changement réel de longueur à noter. Je signalerai seulement l'inégalité de niveau des omoplates, celle du côté convexe se trouvant plus élevée que celle du côté concave.

La moelle épinière n'éprouve pas de compression par suite de la déviation. Elle occupe le côté le plus large du canal, celui de la concavité. Quant au rétrécissement des trous de conjugaison, il n'est jamais porté assez loin pour comprimer les nerfs qui les traversent.

Les muscles des gouttières vertébrales que certains auteurs considèrent comme le point de départ des déformations et qui, pour la plupart des orthopédistes, ne doivent être mis en cause que dans les scolioses par flexion, les muscles des gouttières vertébrales ne font que subir les effets des changements survenus du côté des os.

Relâchés, lorsque leurs points d'attache se rapprochent, tendus lorsque ces points s'éloignent, plus saillants que d'habitude quand les gouttières qui les logent se rétrécissent, ils s'accommodent à tous ces changements, mais ils n'arrivent pas à un degré de rétraction consécutive tel qu'ils ne puissent permettre quelques mouvements dans les articulations vertébrales.

Leur structure est modifiée, et on les trouve atteints de dégénérescence graisseuse, ainsi que quelques muscles du dos.

Je dois, maintenant, indiquer rapidement l'état des viscères contenus dans la cavité thoracique. C'est naturellement sur les poumons, en raison de leur volume et du peu de consitance de leur tissu, que porte le maximum de déformation, et on les voit s'accommoder à la forme de la cavité thoracique. Tous les deux sont diminués de volume, mais cette diminution ne les atteint pas à un égal degré. Elle porte surtout sur celui qui correspond à la convexité de là courbure; en d'autres termes, dans la majorité des cas, c'est le poumon droit qui est le plus petit. Il est comprimé entre les côtes et le rachis, et son bord postérieur aminci se loge dans l'étroite gouttière que forment les côtes à leur partie postérieure, au moment de se réunir au rachis. Le poumon gauche est déprimé en arrière par l'aplatissement des côtes en ce point.

Le refoulement de bas en haut du diaphragme contribue encore à diminuer le volume des poumons. Le bord postérieur du poumon droit peut présenter des lésions diverses, emphysème, carnification. Les deux poumons sont hypérémiés, et çà et là on y trouve de l'emphysème.

La trachée-artère perd de son calibre et se dévie de sa direction. Le volume de chaque bronche est proportionnel à celui du poumon auquel elle se rend. Les branches de division de l'artère pulmonaire présentent une disposition analogue.

Le cœur est généralement rapproché de la partie supérieure du thorax, mais presque toujours il est situé, comme à l'état normal, derrière le sternum. Dans les courbures dorsales à convexité gauche, il peut arriver que la place réservée au cœur soit diminuée; mais il faut pour cela que la déviation soit très prononcée, et

le plus souvent, dans ces courbures, le cœur est logé
dans la concavité du rachis.

Le volume du cœur est normal ou exagéré. La crosse
de l'aorte est moins longue qu'à l'état normal. Ce vaisseau suit les courbures et la rotation du rachis, dont il
occupe la partie gauche et antérieure; lorsque la torsion va jusqu'à 90°, il se trouve en avant. Dans les cas où
la flèche de la courbure est considérable, l'artère présente un pli du côté concave; du côté de la convexité,
on peut observer une dilatation.

Dans les scolioses à convexité gauche et à courbure
très prononcée, l'aorte croise la direction de la colonne
vertébrale pour se placer du côté droit.

Je signalerai ici les sinuosités décrites par les carotides et les modifications subies par la courbure des
sous-clavières, s'exagérant ou se redressant selon
qu'elles correspondent à l'une ou à l'autre épaule.

Les veines caves acquièrent un calibre plus considérable. L'inférieure subit des déplacements qui rappel-
lent ceux de l'aorte, bien qu'elle reste plus souvent
rectiligne. Dans les courbures très prononcées, on voit
cette veine abandonner la colonne vertébrale. La veine
cave supérieure présente un changement de direction
et une diminution de longueur.

L'œsophage accompagne le rachis dans les courbures
peu prononcées, tandis que, lorsqu'elles sont plus développées, il quitte la colonne vertébrale pour se diriger
en ligne droite.

La diminution de capacité de la cavité abdominale
refoule de tout côté les viscères abdominaux qui viennent repousser en avant la paroi abdominale antérieure.
L'estomac et les intestins sont abaissés.

Le foie, plus souvent diminué qu'augmenté de

volume, présente des déformations au niveau de ses parties postérieure et inférieure. Dans les cas où la portion abdominale du rachis a sa convexité à gauche, la rate diminue de volume, sauf lorsqu'elle descend dans la fosse iliaque.

On voit les reins cesser d'être à la même hauteur et s'élever ou s'abaisser, suivant qu'ils correspondent à l'un ou à l'autre côté de la courbure. Si la déviation de la colonne est portée très loin, le rein du côté convexe perd de son volume; celui du côté concave conserve le sien. Il se raccourcit, mais s'élargit.

Symptomatologie. — C'est généralement vers l'âge de douze ans, quelques années plus tôt ou plus tard, que se développe la scoliose. Le premier symptôme qui le plus souvent appelle l'attention des parents ou des personnes qui soignent les enfants, c'est l'inégalité des deux épaules; l'une d'elles, presque toujours la droite, paraît plus saillante. C'est ce qu'on appelle, en langage vulgaire, avoir une épaule un peu forte.

Lorsque la scoliose en est venue à produire cette inégalité de saillie entre les deux épaules, elle est déjà portée à un certain degré, et cette situation différente des deux épaules est l'effet, non seulement de l'inclinaison rachidienne, mais encore de la projection en arrière des côtes du côté de la convexité de la courbure, projection qui repousse l'omoplate en arrière; l'inclinaison pure et simple du rachis établirait entre les deux épaules une différence de hauteur, mais ne ferait pas paraître l'une d'elles plus volumineuse que l'autre. En revanche, une disposition inverse s'observe du côté des hanches, celle du côté gauche (concave) paraissant saillante, celle du côté droit, au contraire, étant effacée, et cela sans qu'il y ait en réalité une différence de hauteur entre les deux os iliaques.

Ce qui fait paraître la hanche du côté concave plus saillante, c'est le vide qui existe au-dessus, tandis que du côté convexe la hanche se continue en ligne droite avec les parties situées au-dessus d'elles, lesquelles font quelquefois même plus de relief en dehors.

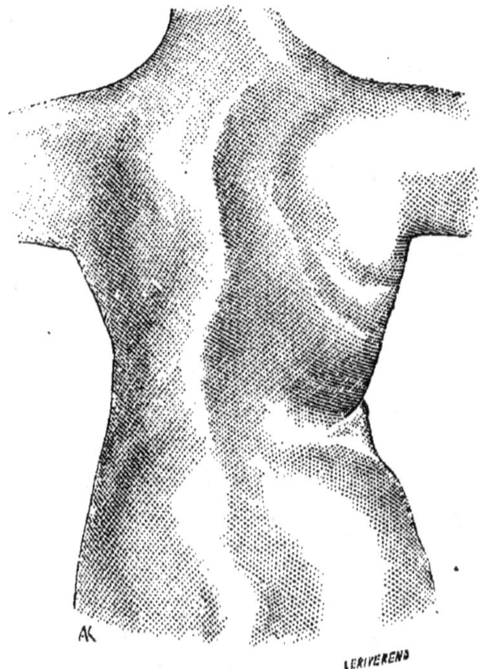

Fig. 16. — Scoliose dorso-lombaire ; courbures dorsale et lombaire à peu près égales et peu prononcées.

Tels sont les premiers phénomènes que l'on peut percevoir, lorsque l'enfant est vêtu, et qui, en général, appellent l'attention des parents et leur font consulter un médecin. Si, à cette époque, on examine le rachis à nu, on s'aperçoit qu'il existe une déviation des apophyses épineuses, déviation commençant à la région dorsale et dont la convexité est dirigée à droite. La courbure initiale de la scoliose est, en effet, presque toujours l'exagération de l'état normal, et ce n'est que postérieurement que se développe une courbure lombaire en sens inverse (FIG. 16) et quelquefois aussi une courbure cervicale ou cervico-dorsale, également en sens inverse. Ces courbures secondaires sont dites *de compensation.*

L'examen à nu de la région postérieure du tronc permettra encore de constater que les côtes droites font en arrière une saillie exagérée sur lesquelles est appliquée l'omoplate.

Du côté concave, l'omoplate est, au contraire, détachée. Dans certains cas et suivant la position qu'occupe la courbure, l'angle inférieur de l'omoplate droite est saillant ou caché ; quelquefois l'angle inférieur de cet os fait du côté gauche un relief plus prononcé que du côté droit.

En avant, on voit le sein du côté concave abaissé et plus proéminent que l'autre.

J'ai déjà dit comment on mesure la déviation des apophyses épineuses, celle des corps vertébraux échappant complètement aux recherches sur le vivant; c'est en tendant une ficelle de l'apophyse épineuse de la septième vertèbre cervicale au sommet du sillon interfessier, et en mesurant de quelle longueur s'éloigne de cette ficelle le sommet de la courbure, s'il n'y en a qu'une, ou le sommet de chaque courbure, quand il y en a plusieurs. Pour ce faire, avec un double décimètre on mesure la distance qui existe entre le fil et l'apophyse épineuse qui s'en écarte le plus. On a ainsi la flèche de la courbure. Il est rare que chez les jeunes sujets l'obésité vienne gêner la recherche des apophyses ; dans le cas où l'on éprouverait quelque difficulté, on les découvrirait facilement en promenant de haut en bas, sur leur siège présumé, la pulpe du pouce tenu transversalement, ou bien en faisant glisser de haut en bas l'index et le médius écartés d'un centimètre envi-

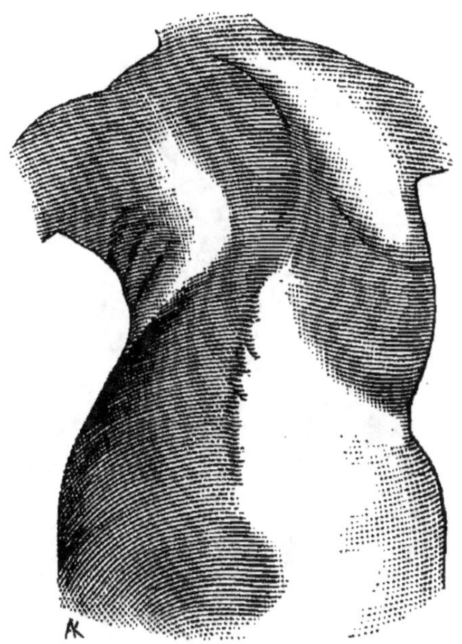

Fig. 17. — Scoliose dorso-lombaire prononcée
courbure dorsale dominante.

ron, c'est-à-dire, d'une longueur suffisante pour comprendre les apophyses épineuses dans leur écartement. Si l'on veut avoir une notion plus précise de la position relative des diverses apophyses épineuses, on peut marquer le sommet de chacune d'elles d'un point coloré.

Quand la maladie est abandonnée à elle-même, elle

va en s'aggravant tant que dure la période de croissance de la colonne vertébrale. La courbure ou les
courbures de compensation se développent, et il se
forme une véritable gibbosité correspondant, comme je
l'ai dit, à la saillie de la partie postérieure des côtes
du côté de la convexité (FIG. 17 et 18). Pour apprécier
exactement la saillie de la bosse, il faut appliquer trans-

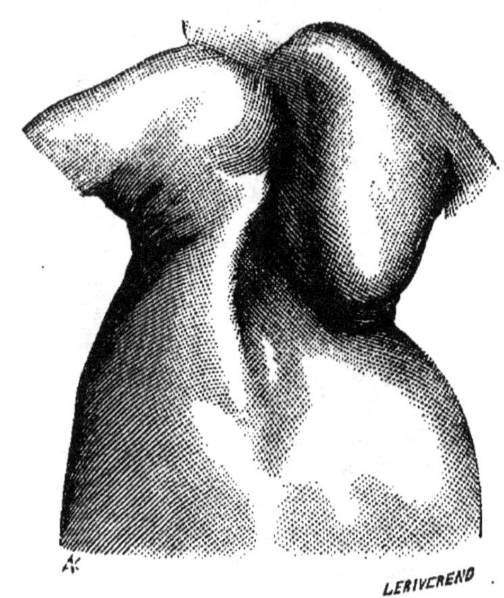

FIG. 18. — Scoliose dorso-lombaire très prononcée ;
courbure dorsale dominante.

versalement sur le point culminant de cette gibbosité
une règle assez large, de façon qu'elle soit tangente au
sommet de la convexité. Le vide qui existe entre la
règle et les côtes du côté opposé, donne une idée nette
de la saillie de la bosse.

Afin d'être plus sûr de tenir la règle bien horizontalement, on peut se servir de deux règles unies par un

montant ou deux montants. En appliquant la règle inférieure sur la partie postérieure du bassin, sauf les cas
où celui-ci est dévié, on est sûr d'arriver à l'horizontalité. Quand on veut obtenir une représentation gra-
phique de la coupe du thorax au niveau de la gibbosité,
ce qu'il y a de plus simple, c'est de se servir d'un cyrto-
mètre dont les articulations sont suffisamment serrées.

Plus tard, si la déviation s'exagère, à la bosse postérieure vient s'ajouter une bosse antérieure qui, très
rarement, correspond au sternum, mais est, en général,
située à l'opposite de la postérieure, c'est-à-dire, sur
la partie latérale et antérieure gauche du thorax. La
gibbosité antérieure est moins développée que la postérieure. Tel est, en quelques mots, l'aspect que présente l'individu atteint d'une scoliose prononcée, sans
être cependant portée à l'extrême.

Pour prendre une idée générale et exacte de la déformation, il faut non seulement examiner le malade
en se plaçant derrière lui, puis en se plaçant devant,
mais il est bon de regarder le torse de haut en bas par-
dessus son épaule droite. On apercevra très bien ainsi
la différence de saillie des deux côtés du thorax.

Dans les cas de scoliose avancée, le cou s'incline
souvent en avant, et, de plus, du côté de la concavité de
la courbure dorsale, quand cette dernière remonte haut,
ou bien il s'incline du côté opposé, si la courbure est
très prononcée.

La tête suit généralement le cou dans sa direction,
bien qu'elle s'incline parfois du côté opposé.

L abdomen est raccourci et saillant en avant. Les
flancs sont, convexe du côté de la convexité, concave
du côté de la concavité. Ils sont diminués de hauteur
à cause du rapprochement qui s'est produit entre le

thorax et le bassin. J'ai déjà dit que les hanches paraissent inégales, bien qu'il n'y ait rien de changé, ni dans leur niveau, ni dans leur volume. La hanche qui correspond à la concavité de la courbure unique ou à celle d'une courbure dominante, paraît plus développée; celle qui est située du côté convexe, semble au contraire effacée.

Telle est la disposition la plus généralement observée chez les scoliotiques, mais il y a de nombreuses modifications.

Quelquefois la courbure initiale est une courbure lombaire, et la courbure dorsale apparaît comme une courbure de compensation. Il se peut qu'avec ces deux courbures les deux épaules soient de niveau, et c'est ce qui arrive dans les cas où les deux courbures ont la même flèche.

Dans certains cas, surtout lorsque la scoliose s'est développée avant l'époque ordinaire de son début, la courbure principale est convexe à gauche.

Les courbures lombaires ne déterminent pas, à proprement parler, de gibbosité. On observe bien, il est vrai, une saillie des apophyses transverses et des muscles du côté de la convexité, mais l'absence des côtes à ce niveau ne permet pas la formation d'une véritable bosse.

On comprend que la forme du tronc des scoliotiques doive varier avec les différents types de déviation, types que j'ai énumérés. Je ne puis passer toutes ces dispositions en revue. La description que je viens de donner permet de s'en faire une idée. J'ajouterai qu'avec la scoliose coïncide quelquefois un certain degré de cyphose.

Il est facile de comprendre que les modifications

osseuses et viscérales que j'ai signalées, ne sont pas sans être accompagnées de troubles divers. C'est ainsi qu'au début on observe un état de langueur, d'inaptitude au travail, de faiblesse générale et d'anémie. En même temps surviennent des douleurs correspondant aux tiraillements produits par la déviation.

Plus tard, lorsque les désordres se sont accentués, on s'aperçoit que le malade est facilement essoufflé. La capacité vitale des poumons est diminuée, tant à cause de la réduction de volume qu'a subi l'appareil respiratoire qu'en raison du défaut de mobilité des parties constituantes du thorax. Les efforts de phonation sont généralement impossibles. Les affections des voies aériennes acquièrent une gravité spéciale, sans que les malades soient plus que les autres prédisposés à la phthisie.

A l'auscultation, on constate qu'au niveau de la gibbosité le murmure respiratoire est faible ou à peu près nul, tandis que dans le reste de la poitrine il subit une exagération qui lui donne les caractères de la respiration bronchique. La percussion donne de la matité du côté de la convexité de la courbure.

L'état des poumons retentit sur les fonctions circulatoires, et les phénomènes observés, chez les scoliotiques, du côté de la circulation, dépendent moins de l'état du cœur et des vaisseaux que des changements survenus du côté des poumons, changements qui apportent de sérieux obstacles à la petite circulation.

En somme, il y a stase du sang dans le cœur droit et dans le système veineux; de là la dilatation des cavités cardiaques du côté droit, des hémorrhagies, des palpitations, des syncopes. Un rétrécissement exagéré de la portion gauche du thorax apporte aux fonctions du cœur un trouble qui devient bientôt incompatible avec la vie.

Les fonctions digestives ne se font généralement pas d'une façon très régulière, et les bossus ne sont guère de gros mangeurs, cela probablement en raison de la compression qu'éprouve leur tube digestif.

Du côté du système nerveux, il est très rare d'observer de l'anesthésie ou de la paralysie, ou même de l'acinésie, résultant de la compression de l'axe ou des cordons nerveux. Quelquefois on voit se produire des névralgies dues à la compression des nerfs du tronc.

Le système musculaire est naturellement peu développé, et les muscles du rachis le sont moins que les autres.

Delpech a indiqué des attitudes spéciales que prennent les scoliotiques, soit lorsqu'ils sont debout, soit lorsqu'ils sont assis. Cette dernière attitude signalée par Delpech ne me paraît pas très fréquente, mais il n'en est pas de même de l'attitude dans la station verticale. Le scoliotique a habituellement la position hanchée, son bassin s'inclinant du côté de la convexité de la courbure, le membre inférieur de ce côté étant légèrement fléchi et porté en avant.

On a attribué aux bossus une intelligence hors ligne, une malignité remarquable, une aptitude toute spéciale pour l'acte vénérien. En réalité, il n'y a rien de bien fondé dans ces assertions, sauf en ce qui concerne la malignité, dont quelques-uns d'entr'eux sont doués, et qui est très probablement le résultat de leur infériorité physique, laquelle les porte à se venger à leur manière de ceux qui n'ont pas été maléficiés par la nature.

Étiologie. — La scoliose congéniale a été observée; mais elle n'existe pas à l'état d'entité, car elle est symptomatique du rachitisme ou bien elle coïncide avec de véritables monstruosités, dont l'importance la prime. Aussi n'ai-je point à m'en occuper.

J'en viens donc aux causes de la scoliose acquise, et je les diviserai en prédisposantes et en déterminantes.

Parmi les premières se présente d'abord l'âge. La scoliose idiopathique est, en effet, une maladie de la seconde enfance, et c'est de six à treize ans qu'elle débute d'ordinaire. Il arrive quelquefois qu'elle s'exagère dans la vieillesse, en raison de l'affaiblissement du système musculaire, mais ce n'est que l'exagération d'un état déjà existant et qui s'est développé à l'époque que je viens d'indiquer.

Le sexe féminin prédispose à la scoliose qui se montre beaucoup plus fréquemment chez les filles que chez les garçons, ce qui semble tenir beaucoup plus à la force moindre de ces dernières qu'à des conditions tirées de la différence d'éducation.

Les enfants issus d'un père ou d'une mère scoliotique sont sujets à être atteints de la même maladie, lorsqu'ils arrivent à l'âge où elle se développe.

La faiblesse de la constitution, qu'elle soit congéniale ou acquise, prédispose aussi à l'inclinaison latérale du rachis.

Causes déterminantes. — Les positions vicieuses que prennent les enfants dans certains exercices, notamment lorsqu'ils écrivent, ont été regardées comme pouvant donner naissance à la scoliose, surtout si les tables ou les bureaux sont bas ; les jeunes sujets inclinent alors leur rachis latéralement, et la continuité de cette inclinaison peut à la longue déterminer une déviation. Je signalerai ici l'effet produit chez les jeunes filles préposées à la garde des enfants, par le fait de les porter toujours sur le même bras et d'incliner le tronc en sens inverse pour rétablir l'équilibre.

Toutes les affections qui sont soulagées par le fait de l'inclinaison latérale du corps, peuvent engendrer la scoliose. Il en est de même de celles qui produisent la paralysie ou la rétraction des muscles du rachis et inclinent la colonne vertébrale en l'attirant ou en ne la soutenant pas.

Les brides cicatricielles, les rétractions d'un côté du thorax qui se développent à la suite de certaines pleurésies, peuvent aussi devenir l'origine de la maladie qui nous occupe.

Je citerai en dernier lieu, comme déterminant la scoliose symptomatique, les causes qui détruisent l'équilibre, soit en inclinant le bassin, comme le fait l'inégalité de longueur des deux membres inférieurs, soit en inclinant la tête, ainsi qu'on l'observe dans le torticolis, soit enfin en augmentant ou diminuant le poids d'un côté du corps. J'ai observé et décrit un cas de scoliose consécutif à une désarticulation de l'épaule.

Physiologie pathologique. — La genèse de la scoliose a été rattachée par certains auteurs au système musculaire, par d'autres au système ligamenteux, tandis qu'il en est qui en rapportent l'origine au système osseux.

Pour le système musculaire, nous avons la théorie de Mayow, qui supposait un défaut de croissance des muscles, puis la théorie de la rétraction, qui a été prônée en France par Guérin, et celle de la relaxation, qui a vu le jour en Allemagne.

Toutes les trois sont infirmées par les recherches anatomiques et physiologiques.

C'est à une lésion des fibro-cartilages consistant dans ce qu'il appelle l'engorgement de ces disques que Delpech rapportait le développement de la scoliose; mais cette hypothèse est démentie par l'anatomie pathologique.

Les seules théories qui me paraissent devoir entrer en ligne de compte, sont celles qui placent, l'une dans le système ligamenteux, l'autre dans les os, le point de départ de la maladie.

Suivant Malgaigne, c'est dans le relâchement des ligaments périphériques du rachis qu'il faudrait chercher l'origine de la scoliose. L'affaiblissement du système musculaire laissant à l'appareil ligamenteux la tâche de soutenir le rachis, cet appareil se montre insuffisant et la colonne vertébrale prend une inclinaison en rapport avec la position habituelle du corps. Les ligaments du côté concave se rétractent et maintiennent l'inclinaison. La déformation des vertèbres et des disques ne serait que consécutive.

La théorie qui place dans le système osseux l'origine de la scoliose, en comprend trois : l'une qui a été soutenue en France par Bouvier et d'après laquelle la scoliose résulterait d'un défaut de plasticité qui rendrait le rachis plus susceptible de céder à l'influence de certaines causes de déviation, notamment à l'action de l'aorte, une seconde qui attribue la scoliose au développement exagéré d'un côté du rachis, et une autre due à Hüter et suivant laquelle la déformation rachidienne serait consécutive à la déformation des côtes. Je dois dire que Hüter n'a guère convaincu personne, et que l'on considère très généralement au contraire la déformation du thorax comme consécutive à la déviation rachidienne.

Je passe sous silence d'autres théories moins importantes.

En somme, les deux entre lesquelles je crois que l'on peut hésiter, sont celle de Malgaigne et celle de Bouvier.

Des recherches anatomo-pathologiques faites dans des conditions spéciales permettraient seules de résoudre la question, et ces recherches font défaut. Il faudrait pouvoir examiner, non pas des colonnes vertébrales d'individus chez lesquels la déviation est constituée, mais des rachis sur lesquels elle commence à peine à paraître. On devrait, pour vérifier l'explication de Malgaigne, constater qu'à un moment donné la scoliose existe par le seul fait de la laxité des ligaments, sans qu'il y ait inégalité des corps vertébraux ni des disques. Or ces preuves n'existent pas.

Je me range pour mon compte à la théorie de Bouvier.

Diagnostic. — Le diagnostic de la scoliose comporte deux points : 1° reconnaître l'existence de la maladie; 2° en déterminer la nature.

Lorsque la scoliose est arrivée à un certain degré, il est facile d'en constater l'existence; mais il n'en est pas de même lorsque la maladie débute, et surtout quand elle n'a pas encore produit de déviation des apophyses épineuses. Dans ce dernier cas, on n'a pour guide que la saillie d'un côté du dos ou des lombes, et encore cette saillie est-elle loin d'être un signe certain, si elle n'est pas accompagnée d'une saillie du côté opposé, développée au-dessous ou au-dessus.

Il en est de même de la proéminence d'une des parties antérieures du thorax. Elle ne devient un indice certain de scoliose que lorsqu'on observe en arrière une saillie correspondante sur le côté opposé du thorax.

Quand la scoliose s'accompagne d'une déviation de la ligne formée par la série des apophyses épineuses, le diagnostic est plus facile.

Dans les cas où il n'y a qu'une courbure, on peut hésiter entre une simple flexion et une scoliose. La flexion occupe d'ordinaire le point où le rachis offre le plus de mobilité, c'est-à-dire, la partie inférieure du dos et la partie supérieure des lombes; elle présente une courbe à rayon plus étendu que celle de la scoliose. Dans les flexions très prononcées, la peau forme, en général, du côté de la concavité, des plis qui n'existent que bien plus rarement dans la scoliose. En faisant coucher le malade ou en le suspendant par les bras, on pourra quelquefois faire disparaître la flexion et redresser le rachis.

Le mal de Pott produit dans quelques cas rares une déviation latérale du rachis; mais cette déviation survient rapidement, son rayon est moins étendu que celui de la scoliose et elle s'accompagne de la saillie de quelques apophyses épineuses.

Lorsque la courbure est double et surtout lorsqu'elle est triple, le diagnostic ne présente plus de difficulté, car des contractures musculaires susceptibles de produire une pareille déviation s'accompagneraient d'inclinaisons céphalique et pelvienne.

L'examen direct par la palpation, en démontrant l'existence de muscles contracturés, peut encore éclairer le diagnostic, et, en dernier ressort, on peut recourir à l'anesthésie, qui mettra les muscles en résolution, s'ils ne sont encore qu'à l'état de contracture et s'ils ne sont pas rétractés.

Quand on constatera les signes de la torsion vertébrale, c'est-à-dire, qu'on verra des saillies dorsale et préthoracique unies à la déviation des apophyses épineuses, le doute ne sera plus permis.

Dans le cas de déviation simulée, on retrouvera les signes que j'ai indiqués à propos de la flexion unique, et l'anesthésie lèvera les doutes.

Pour la recherche de la nature de la maladie, on doit se préoccuper de savoir si l'on a affaire à une scoliose symptomatique ou à une scoliose essentielle.

La scoliose rachitique se reconnaîtra à l'âge auquel elle a débuté et aux signes du rachitisme.

Si la scoliose est symptomatique d'une pleurésie, l'état du poumon et les anamnestiques mettront sur la voie du diagnostic.

Lorsqu'on aura affaire à une déviation dépendant d'une inégalité de poids des membres supérieurs, il sera facile d'en trouver l'origine, *à fortiori* si un de ces membres a été amputé. Il en est de même quand on se trouve en face d'une scoliose produite par l'iné-galité de longueur des membres inférieurs. Dans ce cas, la courbure dominante siège aux lombes.

Pronostic. — Le pronostic de la scoliose doit être envisagé au triple point de vue : 1° de son influence sur les principales fonctions de la vie; 2° de la difformité; 3° de la curabilité.

La scoliose ne gêne sérieusement les principales fonctions que lorsqu'elle est portée à un degré très prononcé. En exposant la symptomatologie, j'ai mis en relief les troubles qu'elle produit alors et le danger qu'acquièrent les affections pulmonaires chez les individus dont le thorax est déformé. Mais pour cela, il faut, je le répète, une déformation très prononcée.

Au point de vue morphologique, on peut établir que

plus la scoliose siège sur un point élevé du rachis, plus elle trouble l'harmonie des formes.

La scoliose dorsale produit la déformation du thorax.

Lorsqu'il existe des courbures multiples se balançant presque complètement, les deux épaules peuvent être à peu près de niveau, et la difformité n'est alors que peu apparente.

Quant à la curabilité, on peut affirmer, d'une façon générale, que la jeunesse du sujet, l'existence d'une seule courbure sont des circonstances favorables. Ce serait presque une banalité de dire que les scolioses peu prononcées bénéficient beaucoup plus du traitement que les scolioses avancées.

La scoliose est-elle vraiment curable? Il faut ici distinguer plusieurs éléments dans la difformité scoliotique, la flexion, l'inégalité de développement des vertèbres et leur rotation, et avouer franchement que si la difformité produite par la flexion est susceptible d'une véritable guérison, celle qui résulte de l'inégalité de développement des vertèbres et de leur rotation, échappe d'une façon à peu près absolue à l'influence des moyens mis en usage.

Somme toute, la guérison de la scoliose reste encore à prouver, et on n'obtient le plus souvent d'autre résultat que la disparition de l'élément flexion et de la part de déformation qu'elle produit.

ARTICLE IV

TRAITEMENT DES DÉVIATIONS RACHIDIENNES

Je décrirai séparément le traitement des trois espèces de déviation que je viens de passer en revue, mais il est une partie de ce traitement qu'on peut, en somme, considérer comme commune à tous les genres de déviation, je veux parler de celle qui a pour but d'agir sur l'état général et sur le développement des forces. (J'en excepte bien entendu les cas où l'on a affaire à une cyphose sénile.)

On peut affirmer que toutes les déviations idiopathiques du rachis s'accompagnent d'un état de faiblesse générale de l'organisme qu'il est urgent de combattre, car c'est en relevant les forces qu'on peut arriver à cet accroissement régulier qui est le but que l'on doit chercher à obtenir.

Dans cette intention, on met en jeu des moyens hygiéniques et des moyens médicamenteux. On accordera au malade une somme de repos physique plus longue que celle qui suffit dans l'état hygide, et il devra non seulement rester plus longtemps étendu la nuit sur un lit approprié, mais encore il reprendra cette position pendant une partie plus ou moins notable de la journée.

Les conditions d'habitation et d'aération devront être les meilleures possibles; l'alimentation sera tonique et prise à des heures convenablement réglées; on combinera dans de justes proportions les aliments azotés et les aliments hydro-carbonés.

Les bains de mer en été, les bains sulfureux, les bains additionnés de chlorure de sodium seront tour à tour mis en usage. Les douches, les bains de drap mouillé seront aussi employés.

On aura recours à la gymnastique générale qui, faite avec modération, aura cet avantage considérable d'activer et d'augmenter l'hématose; par gymnastique générale j'entends non seulement celle qui se pratique dans les gymnases, mais encore l'escrime, la natation etc.

Comme médicaments, on doit employer surtout l'huile de foie de morue, les préparations ferrugineuses, l'iodure de fer, le quinquina, le phosphate de chaux.

Voyons maintenant les moyens qui s'adressent spécialement à chaque espèce de déviation et qui se rangent sous les chefs suivants : gymnastique, électricité, appareils orthopédiques.

Cyphose. — Je laisse de côté la gymnastique générale et je ne m'occuperai que de celle qui a directement pour but le redressement de la colonne vertébrale inclinée en avant. On comprendra sans peine que ces exercices doivent être très variés, depuis celui que préconisait Andry et qui consiste à placer sur la tête du sujet un corps arrondi et léger qu'on lui recommande de ne pas laisser tomber, jusqu'à ceux de la barre à dos. Ceux-ci sont au nombre de deux ; le premier se pratique de la façon suivante : le malade prend la barre à dos, (c'est-à-dire, un bâton terminé par une boule à chacune de ses extrémités et assez long pour dépasser la distance des mains du patient dans leur plus grand écartement) et la tient horizontalement devant lui avec ses mains rapprochées au contact, les bras étant étendus et abaissés. Puis, écartant les mains, il élève graduellement le bâton, le fait passer par-dessus sa tête, derrière son cou, son dos et le fait descendre en arrière aussi bas que possible.

Il lui fait décrire ensuite le même mouvement en sens inverse, en l'élevant, le faisant passer sur sa tête et le ramenant en avant et en bas. Au moment où le bâton est placé au-dessus de sa tête, le malade rapproche les mains et les tient rapprochées en abaissant le bâton au-

devant du corps. Pendant toutes les périodes de cet exercice, le bâton doit être tenu bien horizontalement. Ces
différents mouvements doivent être répétés plusieurs fois.

FIG. 19. — Appareil de Sayre.

Avec la même barre à dos on fait encore l'exercice
suivant : le bâton est tenu horizontalement en avant du
corps par les deux mains écartées et abaissées ; puis, la

main droite s'élève aussi haut que possible et le bâton se trouve placé obliquement. Il est ainsi conduit en arrière du corps en contournant l'épaule gauche. La main droite est ensuite abaissée au niveau de la gauche, et le bâton se trouve placé transversalement en arrière des reins. Puis la main gauche est relevée, et le bâton incliné contourne l'épaule droite et se trouve en avant du sujet. Alors la main gauche s'abaisse et la barre se trouve ramenée horizontalement en avant dans sa position initiale.

La *self-suspension* avec l'appareil de Sayre rendra des services en pareil cas. L'appareil de Sayre (Fig. 19) est composé d'un trépied d'une dizaine de pieds de haut, au sommet duquel est fixé un crochet qui supporte une poulie. A la partie inférieure de la

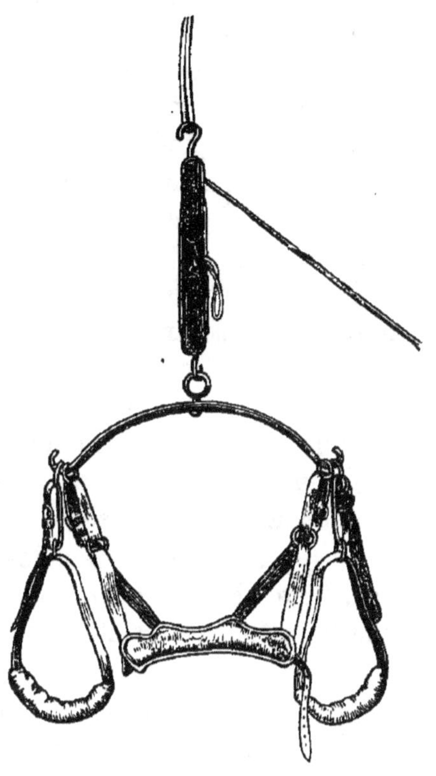

Fig. 20. — Partie de l'appareil destinée à soulever la tête et les aisselles.

poulie va se fixer une tringle en fer courbée (Fig. 20) en bas et relevée à ses deux extrémités. C'est sur cette tringle que s'attachent des lacs en cuir rembourrés dont les uns soulèvent la tête en prenant leur point d'appui sous le menton et derrière la nuque, et dont les autres passent sous chaque aisselle.

Collin a ajouté un mécanisme qui permet d'arrêter la corde à volonté et sans que l'on ait ensuite à s'en occuper. Cet appareil sert surtout à Sayre pour l'application du *plaster of Pis jacket*, mais il peut aussi très bien rendre des services dans les déviations du rachis, en tant qu'engin de gymnastique.

Pour cela, le patient devra se soulever lui-même, de façon que ses pieds quittent le sol, et se maintenir en l'air, les mains au-dessus de la tête pendant un certain temps, temps pendant lequel il fera de profondes inspirations.

La gymnastique suédoise de Ling dans laquelle le patient fait contracter isolément certains muscles ou certains groupes de muscles. (L'école suédo-allemande, considère les déviations rachidiennes comme résultant d'un défaut d'harmonie entre les muscles antagonistes); la gymnastique suédoise est ici parfaitement de mise.

Pour la cyphose, les exercices de cette gymnastique consistent, en somme, en des mouvements d'extension de la colonne vertébrale exécutés par le sujet, pendant que le gymnaste résiste avec ses mains appliquées en arrière.

S'il s'agit d'une cyphose cervicale, le sujet renverse la tête en arrière, pendant que le maître résiste avec la main appliquée contre la nuque, ou encore, ce dernier tenant une main placée de chaque côté de la tête du malade, celui-ci imprime à sa tête un mouvement circulaire en la portant en arrière, et la résistance est exercée de façon à forcer l'action musculaire.

Je n'ai pas l'intention de passer en revue tous ces exercices. Je terminerai en citant le suivant, employé dans la cyphose dorsale : le sujet est assis et incliné en avant ; il se redresse peu à peu pendant que les mains du gymnaste, appliquées sur les épaules, résistent à ce mouvement.

L'électricité peut être employée sous forme de courants interrompus ou sous celle de courants continus. C'est sur les muscles du dos et surtout sur les muscles de la masse commune qu'il faut agir, car ces muscles, pour me servir de l'heureuse expression de Bouland, sont les haubans de la colonne vertébrale.

Si l'on emploie les courants interrompus, on devra se servir de courants d'une certaine intensité pour qu'ils puissent agir sur les muscles intrinsèques du rachis, à travers la peau et les muscles extrinsèques.

Lorsqu'on se sert des courants continus, il faut recourir aux courants ascendants, c'est-à-dire, placer le pôle négatif en bas, le pôle positif en haut. On active ainsi d'une façon plus efficace la contractilité musculaire. On peut mettre en usage de nombreux éléments en faisant de courtes séances, ou bien prolonger les séances et diminuer le nombre des éléments.

La cyphose idiopathique, à moins qu'elle ne soit très avancée et très opiniâtre, ne nécessite guère l'emploi d'un lit orthopédique ; s'il fallait en venir là, on se servirait d'un lit à extension, lit que je signalerai à l'article scoliose.

Les appareils portatifs sont au contraire parfaitement applicables.

Pour les cas de cyphose cervicale, on peut se servir d'un collier en cuir battu, d'un collier mécanique comme ceux de Charrière et de Mathieu pour le torticolis, d'une minerve. Ce dernier appareil, très puissant, mais fort gênant, ne devra être mis en usage qu'en dernier ressort.

Dans les cyphoses dorso-lombaires peu prononcées, on pourra employer un simple morceau d'étoffe convenablement plié embrassant les deux épaules et dont les deux extrémités viennent se nouer en arrière, ou, en d'autres termes, la cravate dorso-bis-axillaire. Il est cependant préférable de recourir au nouvel appareil de Lebelleguic, dit *soutien hygiénique* (FIG. 21), lequel est disposé de la façon suivante :

1° Une lame d'acier verticale, flexible, correspond par son extrémité supérieure à la première vertèbre dorsale et se prolonge jusqu'au niveau de la troisième vertèbre lombaire.

2° Au niveau de la deuxième vertèbre dorsale sont fixées, par un de leurs bouts, deux lames d'acier également flexibles et disposées obliquement sur la lame verticale. Par leur autre extrémité ces lames vont passer sur la face postérieure des omoplates, où elles sont appelées à exercer une pression obtenue à l'aide d'épaulières en tissu.

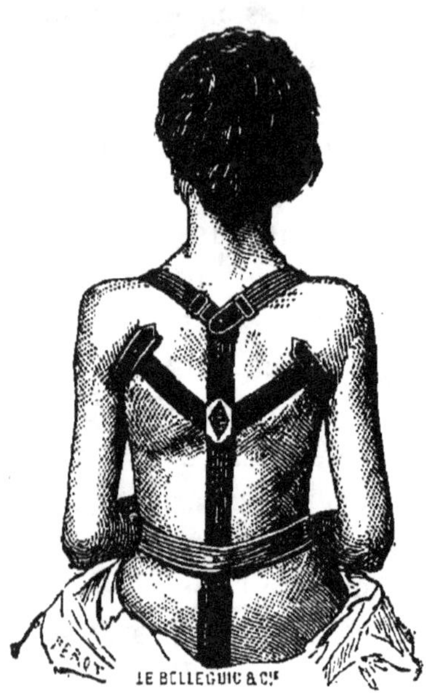

FIG. 21. — Appareil de Lebelleguic, dit soutien hygiénique.

3° Les deux épaulières, qui alternent, sont fixées par un bouton rivé au bout supérieur de la lame verticale, à la hauteur de la première vertèbre dorsale d'une part, et, d'autre part, au bout de chaque lame oblique, et elles contournent ainsi les épaules qu'elles repoussent plus ou moins en arrière, suivant le degré de la voussure dorsale.

4° Sur la lame verticale, à la hauteur des dixième et onzième vertèbres dorsales, est rivé un autre bouton servant à fixer une ceinture également en tissu, qui se boucle en avant pour maintenir la colonne vertébrale dans sa rectitude physiologique.

Si la cyphose est plus avancée, on emploiera une des

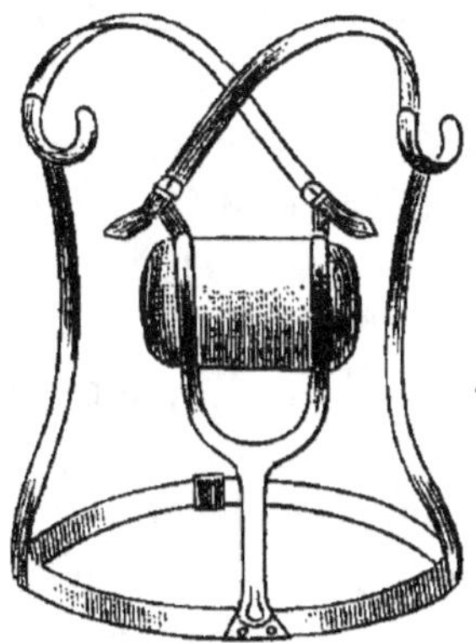

FIG. 22. — Ceinture de Bigg pour la cyphose dorso-lombaire.

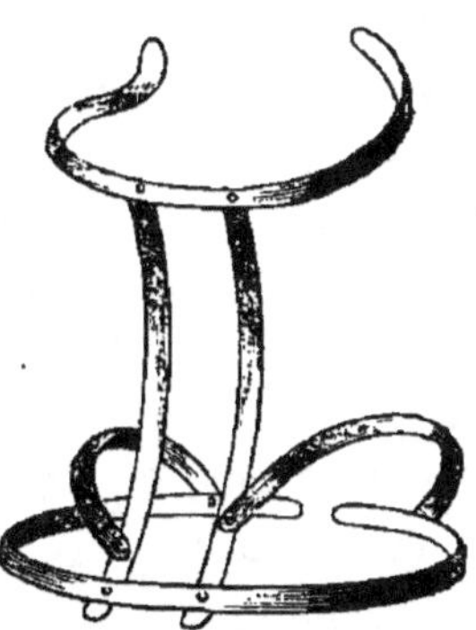

FIG. 23. — Ceinture de Bigg pour la cyphose dorso-lombaire. .

deux ceintures que Bigg a imaginées pour combattre cette déviation (FIG. 22 et 23).

Dans ces deux appareils, il y a un cercle métallique entourant le bassin et surmonté d'une ceinture en étoffe embrassant les hanches, dans le but de donner de la fixité au point d'appui.

Sur l'un de ces appareils (FIG. 22), de la ceinture s'élèvent deux tuteurs latéraux susceptibles de s'allonger, grâce à des coulisses, et surmontés par des crosses sous-axillaires munies d'épaulettes. Sur chaque tuteur est fixée en avant une large bande ; les deux bandes vont se réunir et se lacer en avant sur la poitrine.

La partie postérieure du cercle métallique porte sur la ligne médiane un levier vertical qui s'articule avec la ceinture au moyen d'une roue dentée se mouvant dans le sens antéro-postérieur. La partie supérieure de ce levier est bifurquée, afin d'éviter la pression sur les apophyses épineuses, et supporte une plaque métallique concave et rembourrée, qui s'applique, non pas sur le sommet de la courbure, mais immédiatement au-dessous.

Cette plaque ainsi disposée favorise le redressement par les tuteurs latéraux, tandis que si elle était appliquée directement sur le sommet de la courbure, elle pousserait le rachis en avant.

Dans le second appareil de Bigg (FIG. 23), employé pour les sujets qui ne peuvent supporter aucune pression sur le dos, de chaque côté de la ceinture part en arrière un tuteur présentant une concavité postérieure et correspondant aux gouttières vertébrales. A la partie supérieure, ces tiges se terminent par une pièce transversale qui entoure le dos et s'avance jusqu'en avant des aisselles.

La pièce d'étoffe qui sert à fixer le cercle inférieur, est pourvu de deux demi-cercles métalliques prenant leur point d'appui sur les hanches. Enfin des sous-cuisses et une large bande de coutil lacée en avant, comme dans l'appareil ci-dessus, servent à donner la fixité voulue.

La ceinture de Taylor pour le mal de Pott et le corset à tractions élastiques de Duchenne, légèrement modifiés *ad hoc*, peuvent aussi être mis en usage.

Pour les petits enfants, chez lesquels la cyphose est due au défaut de proportion entre le poids des parties supérieures du corps et la tonicité des muscles extenseurs du rachis, il suffit d'un petit corset en toile, dans la partie postérieure duquel on coud de chaque côté une barrette d'acier longitudinale.

Lordose. — Je rappellerai ici que la lordose idiopathique occupe presque uniquement les régions lombaire et lombo-sacrée.

Le lit du malade devra être mou et disposé de telle façon que la tête et les épaules d'une part, le bassin et les membres inférieurs de l'autre, soient plus élevés que la région intermédiaire.

En fait d'exercices gymnastiques, je recommanderai celui qui consiste à gravir les degrés d'une échelle verticale, la face dirigée vers l'échelle et les pieds aussi rapprochés que possible des mains.

On se trouve aussi très bien du suivant : le sujet étant placé debout, il élève les bras verticalement, puis s'incline en avant en abaissant les bras étendus, de façon à les rapprocher le plus possible du sol et à l'atteindre, si faire se peut, les articulations du cou-de-pied et du genou étant maintenues étendues.

Concurremment à ces manœuvres, on pourra recourir à une troisième empruntée à la gymnastique suédoise et que voici : le malade est couché sur un lit ou sur une table, les membres inférieurs pendants, et il s'efforce de résister au gymnaste qui relève ces membres jusqu'à l'horizontalité, voire plus haut.

L'électrisation des muscles grand oblique, petit oblique et grand droit antérieur de l'abdomen avec des courants interrompus ou des courants stabiles descendants pourra rendre des services.

Les lits orthopédiques ne sont guère employés dans le traitement de la lordose. Ce n'est que dans les cas très rebelles qu'on aura recours à un lit à extension.

Les appareils portatifs, corsets ou ceintures, pourront, au contraire, être fréquemment employés avec avantage. On comprend sans peine les principes d'après lesquels

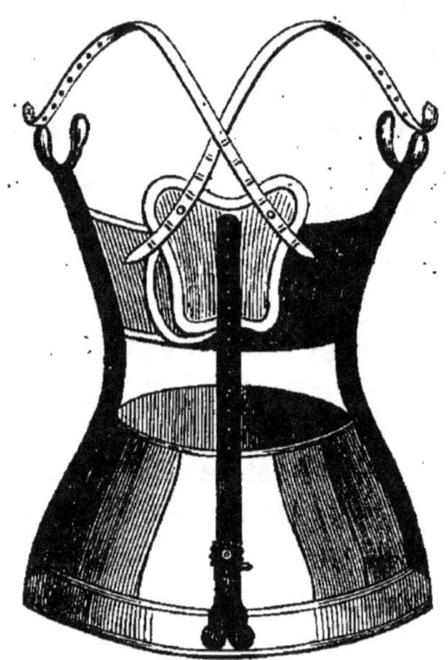

FIG. 24. — Ceinture de Bigg et d'Erichsen
pour la lordose lombaire.

ils doivent être construits ; il faut qu'ils repoussent en arrière la partie convexe du rachis et qu'ils exercent une pression en sens inverse sur les extrémités de l'arc.

L'appareil qui me paraît le plus propre à remplir ces indications est une ceinture décrite par Erichsen et par Bigg (FIG. 24). Elle est disposée de la façon suivante : un cercle métallique entourant le bassin et surmonté d'une ceinture en tissu de forme conique, pour bien emboîter les hanches, supporte deux tuteurs latéraux se terminant en haut par des crosses axillaires munies à leur partie antérieure de courroies qui contournent les épaules, et en arrière, un levier médian articulé avec la ceinture au moyen d'une roue dentée à pignon, qui lui imprime des mouvements d'avant en arrière. Ce lévier est terminé par une plaque métallique matelassée, qui peut être placée à des hauteurs différentes et qui doit s'appliquer entre les deux épaules. C'est sur cette plaque que viennent se fixer les épaulettes.

De chaque tuteur part en avant, au niveau de l'abdomen, une large bande qui va se lacer avec celle du côté opposé. Ces bandes repoussent d'avant en arrière le milieu de la courbure, tandis que la pelote dorsale et la ceinture agissent en sens inverse sur les extrémités de l'arc.

Les corsets à tractions élastiques seront utilisés dans la lordose paralytique qui, comme toutes les lordoses symptomatiques, sera traitée par des moyens en rapport avec l'origine de la maladie.

Scoliose. — De toutes les déviations du rachis, la scoliose est incontestablement celle que le praticien est le plus souvent appelé à traiter. Aussi m'étendrai-je un peu longuement sur sa thérapeutique,

Le repos dans la position horizontale constitue un moyen d'une incontestable utilité. Dans les cas (et ce sont aujourd'hui les plus nombreux) où on n'emploie pas les lits orthopédiques, on fait coucher le sujet sur un lit un peu dur. Pour cela je recommande l'usage d'un seul matelas, et je fais interposer entre le matelas et le sommier une planche ayant les mêmes dimensions et que l'on dispose de façon à avoir un plan légèrement incliné de la tête vers les pieds.

DUBRUEIL. Orthopédie. 6

Le coucher de la nuit doit durer environ dix heures, et il est bon que, pendant la journée, le sujet s'étende sur le lit à deux ou trois reprises, de façon à rester allongé pendant quatre ou cinq heures. Si l'on avait affaire à de très jeunes enfants, le décubitus sur le dos pourrait être continuel ou presque continuel.

Gymnastique. — La gymnastique comporte de nombreux exercices ; je n'ai ni la prétention, ni l'intention de les décrire tous. J'énumérerai seulement les principaux, les plus utiles. De ces exercices, les uns se font à l'aide d'appareils de gymnastique, les autres sans ces appareils. Voyons d'abord les premiers.

Un des exercices les plus usités consiste dans la suspension par les bras. Pendant cette suspension, le poids des parties inférieures du corps agit comme puissance extensive et tend à redresser le rachis.

Les engins gymnastiques qui permettent cette suspension, sont nombreux. Tels sont le trapèze, le reck des Allemands qui est formé par une barre horizontale soutenue par deux montants verticaux, les anneaux, les échelles. Il est bon que le malade, pendant qu'il est suspendu, ne laisse pas ses bras s'étendre complètement, mais qu'il cherche à fléchir les articulations du membre supérieur. Il pourra, du reste, lorsqu'il aura acquis assez de force et d'habileté, étendre et fléchir les articulations des coudes, de façon à soulever et à laisser retomber le corps alternativement.

En montant aux échelles, le sujet doit saisir les échelons avec les mains et laisser les pieds pendants. Une seule échelle permet plusieurs exercices; ainsi, on peut monter avec les bras étendus, avec les bras fléchis, en déplaçant les mains successivement ou en les déplaçant toutes les deux à la fois. Ce dernier exercice implique un certain degré de force et d'agilité.

Il faut graduer soigneusement les exercices et éviter que la fatigue arrive jusqu'à ces douleurs musculaires qui suivent les manœuvres exagérées.

Avec le trapèze et mieux encore avec les anneaux, le malade suspendu par les mains peut imprimer à son corps un mouvement de pendule qui tend à favoriser l'élongation et, partant, le redressement du rachis.

La suspension par les membres supérieurs peut se pratiquer encore de bien d'autres manières. En faisant les barres parallèles, le sujet se soutient avec les mains appuyées sur les barres.

Je signalerai la pièce suivante du gymnase de Delpech : deux cordes tendues et parallèles, fixées de manière à former avec l'horizon un angle de 45 degrés, sont garnies de bobines en bois glissant sur les cordes et disposées de façon à s'adapter sous les aisselles. Le sujet placé entre les deux cordes, la figure dirigée vers le haut de l'appareil, appuie chacune de ses aisselles sur une bobine. Puis, saisissant les cordes avec les mains, en avant des bobines, et imprimant à son corps un mouvement d'oscillation, il profite du moment où il est projeté en avant pour rapprocher les bobines des mains. Il rapporte ensuite ces dernières en avant et répète le même mouvement jusqu'à ce qu'il soit arrivé à une certaine hauteur. Pour opérer la descente, il suffit de laisser le corps, suspendu sur les bobines, descendre sous l'influence de la pesanteur, en modérant les mouvements avec les mains.

La *self-suspension* avec l'appareil de Sayre pourra être mise en usage avec avantage.

Un bon exercice consiste à tirer, avec la main correspondant à la concavité de la courbure, un anneau auquel est attachée une corde qui se réfléchit sur une poulie et se termine par un poids, ou bien un anneau attaché à un point fixe par un lacs élastique.

Les exercices de la barre à dos que j'ai signalés à propos de la cyphose sont ici parfaitement de mise.

Pour en finir avec les manœuvres gymnastiques qui se pratiquent à l'aide d'appareils, et bien que je laisse autant

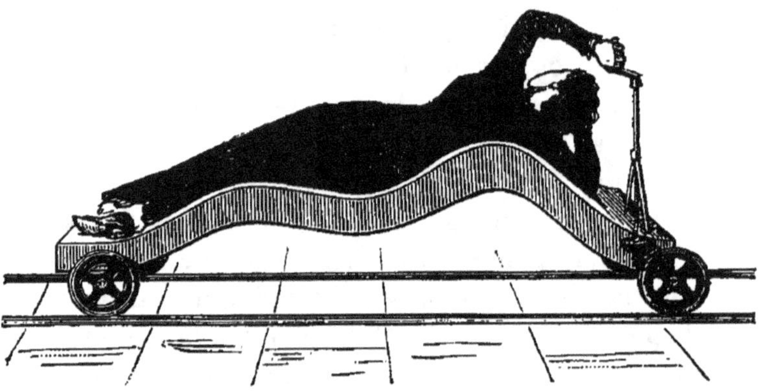

Fig. 25. — Char de Charles Pravaz.

que possible de côté les engins compliqués, je mentionnerai le char de Charles Pravaz (Fig. 25) qui réunit les avantages de la gymnastique et ceux du lit à pression. Cet appareil consiste en un cadre en bois de 1^m,80 de long sur 0^m,50 de large, décrivant sur ses côtés, dans le sens de la longueur, une courbe dont les inflexions se rapprochent de celles que l'on rencontre le plus souvent dans la scoliose. Des sangles fixées transversalement d'un bord du cadre à l'autre et recouvertes d'une peau bien tendue donnent une surface sinueuse sur laquelle repose le sujet. Le cadre lui-même est porté sur deux essieux dont l'antérieur, mobile, fait corps avec les roues qui lui appartiennent. Un système d'engrenage lie cet essieu avec un arbre vertical auquel, par l'intermédiaire d'une manivelle, le sujet peut imprimer un mouvement qui se communique à l'essieu et fait avancer ou reculer le char, suivant le sens de la rotation de la manivelle.

Le patient, couché sur le côté et légèrement renversé en arrière, est étendu sur l'appareil de telle sorte que la convexité de la courbure dorsale du rachis s'applique sur la saillie la plus antérieure du fond sanglé, et, du bras correspondant à la concavité de la courbure, il fait agir la manivelle qui communique au char ondulé un mouvement de translation sur deux rails destinés à guider sa marche.

Telle est la description de cet appareil que j'emprunte à la notice de Jean Pravaz sur l'institut orthopédique de Lyon.

La natation dans l'eau froide en été, dans des piscines chauffées, en hiver, est aussi employée.

Je dois en venir maintenant aux mouvements de la gymnastique médicale suédoise, imaginée par Ling, et qui est en si grand honneur aujourd'hui.

Ces exercices sont très nombreux et doivent se faire sans l'aide de machines, bien qu'on ait cherché à remplacer par des machines les mains du gymnaste ; mais c'est là un abus blâmé par les auteurs compétents.

Cette gymnastique comprend des mouvements libres, des mouvements doubles, des mouvements passifs.

Les mouvements libres sont exécutés par le malade tout seul.

Les mouvements doubles sont exécutés avec l'inter-

vention du gymnaste. Si le patient exécute volontaire-
un mouvement auquel le gymnaste résiste, le mouvement est double concentrique ; quand, au contraire, le
gymnaste fait exécuter au patient un mouvement auquel ce dernier résiste, c'est le mouvement double excentrique.

Les mouvements passifs sont imprimés par le gymnaste, sans que le sujet agisse par lui-même.

Je ferai observer que l'idée mère qui a présidé à la
gymnastique suédoise consiste à considérer la scoliose
comme le résultat de la *relaxation* des muscles du
côté convexe. Je tiens cette idée pour fausse.

Une théorie très analogue avait du reste déjà été
émise par Lachaise.

Quoique l'idée mère soit fausse, les applications qui
en dérivent n'en sont pas moins utiles ; l'explication
seule doit être changée. En effet, dans l'hypothèse
d'une relaxation des muscles du côté convexe des courbures, Ling et ses adeptes cherchent à rétablir l'équilibre en fortifiant ces muscles par l exercice. Or, en
faisant cela, ils mettent en jeu les muscles qui agissent
sur le côté convexe de l'arc, en le comprimant, et tendent ainsi à redresser la courbure.

Dans la gymnastique médicale suédoise ou kinésithérapie, ce qui domine, c'est en somme la localisation
du travail musculaire. Aussi rangerai-je dans cette
catégorie des manœuvres imaginées par des médecins
français, mais reposant sur le même principe.

Les exercices de la gymnastique suédoise sont très
nombreux. Je n'en citerai que quelques-uns que j'emprunte à l'article de Bouland (*Dictionnaire des sciences
médicales*), lequel a été étudier leur application en
Allemagne.

En voici un préconisé par Eulenbourg pour les courbures dorsales convexes à droite : le sujet est assis, les pieds reposant à plat; ses cuisses et ses hanches sont fixées par un aide ou par des liens. Le bras droit est étendu et élevé, la paume de la main regardant en dedans. Le bras gauche est élevé, mais à un moindre degré, et la paume de la main gauche est appliquée sur la nuque.

Le gymnaste se tient à gauche du patient; il applique sa main gauche sur le côté externe de l'avant-bras droit du sujet, et la droite sur le côté droit de la poitrine au niveau du maximum de la courbure. Le patient s'efforce de redresser la courbure du rachis, en mettant en action les muscles qui inclinent la colonne à droite, tandis que le gymnaste, pressant sur le thorax avec sa main droite, comme pour l'attirer à lui, résiste à ce mouvement. Il indique de la main au malade, à la fin du mouvement, le point culminant de la courbure, et celui-ci contracte plus spécialement ses muscles à ce niveau.

Le mouvement doit être répété trois fois de suite, en mettant entre chaque reprise un intervalle de cinq secondes; à chaque pause, le malade fait une profonde inspiration.

Avant de renouveler l'exercice, le sujet doit avoir au moins cinq minutes de liberté.

Le mouvement suivant est employé par Eulenbourg pour les courbures lombaires à convexité gauche : le sujet se tient debout sur le pied gauche; le pied droit est placé sur un tabouret, au niveau du genou gauche. Le bras gauche est élevé; la main droite repose sur la cuisse droite. Des aides maintiennent la cuisse droite et la hanche gauche. Le gymnaste se place en arrière et un peu à droite du patient. De sa main gauche il tient le bras gauche, tandis qu'il applique sa main droite sur l'épaule du même côté. Il retient le bras gauche, pendant que le malade cherche à incliner à gauche la portion dorsale de son rachis, et il tâche de diriger les efforts du sujet de façon que le maximum des contractions se produise à la hauteur du milieu de la courbure lombaire.

Ce mouvement et le précédent sont des mouvements doubles concentriques.

Berend emploie l'exercice ci-après pour une courbure dorsale droite et lombaire gauche : le malade est assis, les membres inférieurs maintenus. Le bras gauche est élevé obliquement, le droit est horizontal et latéralement placé. Le gymnaste se tenant derrière applique une de ses mains sur la convexité dorsale et l'autre sur la convexité lombaire ; il repousse avec chacune de ses mains la saillie correspondante, pendant que le malade résiste. C'est là un mouvement double excentrique.

L'exercice suivant a été imaginé par Bouland pour les courbures dorsales droites : le sujet debout fait un effort pour porter la partie supérieure du tronc en haut et à gauche, comme pour se grandir, et dirige un peu les hanches à droite. Il doit exécuter ce mouvement sans se cambrer, sans se hancher, sans baisser l'épaule gauche et sans renverser la tête.

Pour les mêmes courbures, Bouvier a recommandé l'exercice que voici, lequel peut se faire debout, assis ou couché : le patient appuie solidement sa main gauche sur sa hanche gauche. Il redresse le haut du corps, abaisse un peu l'épaule droite et porte tout le thorax à gauche, sans l'incliner, pendant que sa main appliquée sur sa hanche gauche maintient le bassin.

Je citerai, en terminant la série des exercices, la position dans laquelle Dubreuil (de Marseille) place ses malades.

Le médecin est assis sur un siège élevé; il prend le malade en travers sur ses genoux, de façon que la hanche droite du patient repose sur sa cuisse droite, et il maintient solidement les cuisses, pendant que le patient laisse pendre le haut du corps. Après l'avoir tenu pendant trois minutes dans cette position, il le relève et le place en sens inverse, la hanche gauche sur son genou gauche, la tête et le thorax pendants à gauche. Il le laisse encore trois minutes dans cette situation. Cette manœuvre rentre dans la catégorie des extensions par le poids du corps. On peut la rendre plus commode en plaçant le patient en travers sur le bord d'une table et fixant ses jambes avec une alèze.

La gymnastique, soit ordinaire, soit suédoise, occupe une place importante dans le traitement de la scoliose; que peut-on réellement en espérer?

J'ai dit plus haut ce qu'on doit attendre de la thérapeutique de cette maladie. Il ne faut donc pas se faire d'illusion à ce sujet, mais il ne faut pas non plus délaisser un ordre de moyens qui peut rendre des services en combattant surtout les attitudes vicieuses, la flexion. La gymnastique agit sur la santé générale, c'est incontestable. Elle agit aussi localement, mais il faut, pour ne pas s'exagérer la valeur de ce moyen, se rappeler que les malades ne peuvent se livrer à ces exercices que pendant un temps fort limité, et que leur action est, somme toute, en raison directe de leur durée. Aussi, tout en employant la gymnastique, doit-on se tenir en garde contre les exagérations et ne pas lui demander ce qu'elle ne peut pas donner.

Ces exagérations poussées à un degré extrême expliquent jusqu'à un certain point la réponse du ministre suédois qui, sollicité par Ling d'aider à la création d'une académie de gymnastique à Stockolm, lui dit : « nous avons assez de jongleurs et de saltimbanques, sans en mettre à la charge de l'État. »

Électricité. — L'électricité sera employée, soit sous forme de courants interrompus, soit sous forme de courants continus ; ces derniers me paraissent préférables. On agira sur les muscles du côté de la convexité, en faisant autant que possible contracter les muscles des gouttières vertébrales. Si l'on se sert des courants continus, on emploiera les courants ascendants.

Appareils mécaniques. — Les appareils mécaniques sont de deux ordres : les lits, et les appareils portatifs. Quant aux fauteuils mécaniques, ils sont depuis longtemps et avec raison laissés de côté.

Les lits orthopédiques sont très peu employés de nos jours ; peut être même sont-ils trop délaissés. Mais, en somme, ce sont des appareils en général coûteux, souvent difficiles à se procurer, et leur emploi est pour les patients toujours incommode, sinon douloureux.

Ces lits sont à extension, à pression, ou bien à la fois à extension et à pression.

Les lits à extension se composent d'un sommier, supporté par un cadre susceptible d'inclinaison, et d'appareils pour l'extension et la contre-extension.

L'extension est appliquée sur le bassin à l'aide de liens se fixant sur une ceinture lacée ou bouclée, serrée au-dessus des hanches. Elle peut s'exercer de différentes manières. Tantôt les liens vont se fixer sur un treuil ou toute autre mécanique à tension fixe adaptée au lit; tantôt elle se fait par l'intermédiaire de ressorts de métal ou de tissus élastiques.

Dans certains appareils, les liens, après s'être réfléchis sur une poulie, vont s'attacher à un poids.

Quant à la contre-extension, elle s'exécute à l'aide de liens fixés sur un collier ou mieux un casque en cuir avec mentonnière adapté à la tête du malade.

On peut encore appliquer la contre-extension à l'aide de liens axillaires, mais on sait tous les inconvénients des liens placés dans la région de l'aisselle.

Les liens contre-extensifs vont s'attacher d'autre part sur le cadre du lit.

Ils peuvent aussi servir à l'extension à l'aide d'une disposition analogue à celle adoptée pour les liens fixés à la ceinture.

Lits à pressions latérales. — Dans ces lits, la pression est exercée sur la convexité de la courbure, tandis que ses deux extrémités sont maintenues.

On ne peut évidemment pas agir directement sur les vertèbres, et on est réduit à faire transmettre la pression par les parties voisines, par les côtes, par exemple, pour les courbures dorsales.

Dans le cas de courbure dorsale unique, la pression s'exercera sur les côtes au niveau du sommet de la courbure, et elle agira d'arrière en avant et de dehors en dedans, tandis que la contre-pression portera en bas sur le bassin, en haut sur la partie supérieure de la poitrine et l'épaule.

On comprend que cette dernière s'exercera beaucoup moins efficacement que celle qui porte sur le bassin.

Dans les cas de déviation double, on pressera sur la convexité de chaque courbure et, s'il y en a trois, on agira de même.

Si l'on presse au moyen de plaques, ces plaques doivent être rembourrées et adaptées à la forme des parties avec lesquelles elles sont destinées à être en contact.

Les pressions sont exercées, tantôt par des forces à tension fixe, comme dans l'appareil de Goldschmidt où les plaques compressives sont fixées par des vis, tantôt au moyen de sangles bouclées, ainsi que cela a lieu pour l'appareil de Lonsdale et celui qu'emploie actuellement Pravaz, ou bien elles sont produites par des agents élastiques.

Heine, dans son appareil, qui est à la fois à extension et à pression, se servait de sangles supportées par des ressorts formés par des barres d'acier trempé.

On a aussi employé des plaques à soufflet, formées de deux lames réunies sur un de leurs bords par une charnière. Une de ces lames est appliquée sur le sommier, l'autre supporte la pelote compressive et, entre les deux, sont placés deux petits ressorts d'acier.

Bonnet faisait coucher les malades dans une gouttière pareille à celles qu'il employait pour les fractures de la colonne vertébrale.

Lits à extension et à pression. — Les lits dans lesquels on fait agir ces deux moyens de redressement, sont presque les seuls qui soient encore quelquefois employés de nos jours. Je signalerai le lit de Bouvier et celui de Bigg.

Le lit de Bouvier (Fig 26) n'est qu'une modification de celui de Heine; les tractions et les pressions sont exercées à l'aide de ressorts, et il peut servir, soit seulement pour l'extension, soit uniquement pour les pressions, ou bien pour ces deux modes d'action combinés.

Voici la description du lit de Bigg dans lequel tous

les agents de pression et de traction sont reliés à leurs
points d'attache par l'intermédiaire de ressorts à boudin.

Le plan destiné à recevoir le malade est convenablement matelassé et un peu incliné de la tête aux pieds.
A chacun des côtés du cadre de ce plan est adaptée, sur
une partie de sa longueur, une tringle en fer soutenue
par deux supports qui s'élèvent un peu au-dessus du
plan du lit. C'est sur les tringles que les lacs viennent

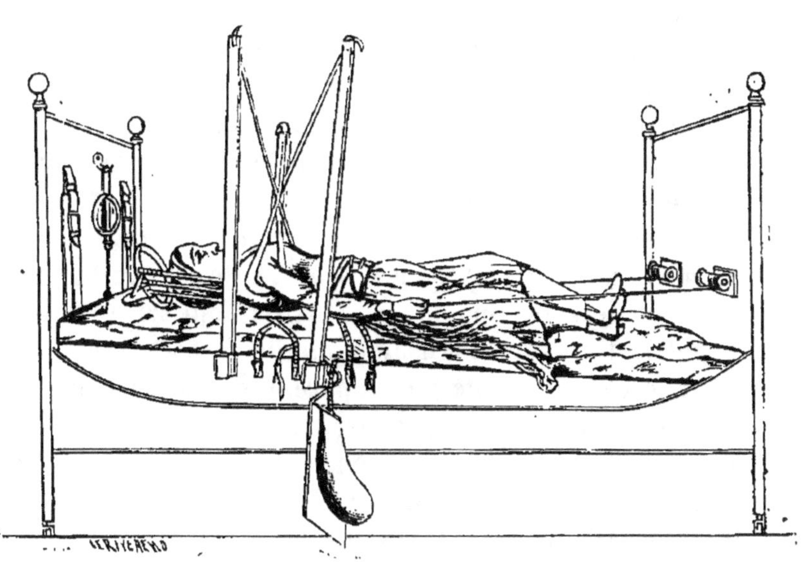

Fig. 26. — Lit de Bouvier à extension et à pression.

se fixer au moyen de crochets ouverts qui leur permettent de se porter de l'un ou de l'autre côté. Ces lacs
sont rendus élastiques par l'interposition d'un fil de fer
contourné en spirale entre le lacs et le crochet.

La tête est embrassée par une càlotte à mentonnière
sur laquelle s'attache un lacs qui, lui aussi, est pourvu
d'un ressort à boudin, de façon que la tête soit soumise

à l'extension. Autour du tronc, au-dessus du bassin, est adaptée la ceinture, de laquelle partent les deux lacs élastiques qui vont se fixer à la tringle inférieure. Ce lit est fait pour une double courbure dorso-lombaire, et le tronc est embrassé, au niveau du sommet de chacune de ces courbures, par une courroie suffisamment large qui va s'attacher à la tringle du côté opposé à la convexité de la courbure sur laquelle elle est appliquée, toujours avec interposition d'un ressort à boudin.

Le lit de Bouvier me paraît être celui que l'on doit mettre en usage, lorsqu'on se décide à recourir à cet ordre de moyens.

Le lit de Bigg est incontestablement moins gênant pour les malades, mais, en revanche, il doit agir d'une façon bien moins efficace.

Appareils portatifs. — Corsets et ceintures. — Je décrirai en même temps les corsets et les ceintures. Les vrais corsets orthopédiques, ceux qui sont construits de façon à agir avec suffisamment de force, doivent en effet se ranger à côté des appareils qu'on est convenu d'appeler, assez mal à propos, des ceintures. La différence principale, et elle n'a en réalité qu'une très mince importance, c'est que dans le corset le buste est enveloppé par l'appareil, tandis que la ceinture le laisse en grande partie découvert. Pour les ceintures, c'est une pièce de métal ou de cuir, formant une véritable ceinture, qui fournit le point d'appui, tandis que c'est généralement à l'étoffe qu'il est emprunté pour les corsets. Cependant dans ceux de Duchenne (Fig. 29) et de Mathieu, (Fig. 36) il existe un cercle métallique à la partie inférieure. En somme, il me paraît inutile de chercher à établir une séparation entre deux catégories d'appareils qui se touchent et se confondent.

Je rangerai ces appareils en quatre classes suivant leur mode d'action, et je distinguerai ceux qui agissent en produisant l'extension ou le soulèvement par les aisselles, ceux qui agissent par pression ou refoulement, ceux qui réunissent les deux modes d'action sus-mentionnés, et enfin ceux qui déterminent l'inclinaison du rachis. Je décrirai en dernier lieu le *plaster of Paris jacket* de Sayre.

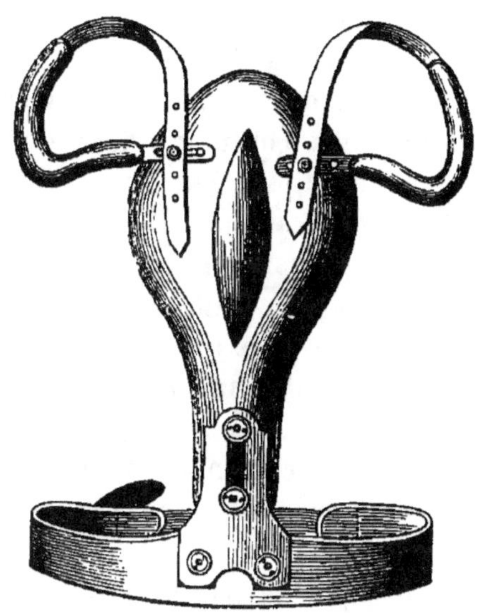

FIG. 27. — Ceinture de Bonnet.

Appareils d'extension ou de soulèvement. — Comme appareil agissant par extension ou par soulèvement je citerai celui de Ferdinand Martin composé de la manière suivante : une ceinture métallique entourant le bassin supporte un axe médian postérieur. Sur l'extrémité supérieure de cet axe vient s'articuler de chaque côté une tige rembourrée, incurvée de façon à s'engager sous l'aisselle, et donnant naissance par sa partie antérieure à une courroie qui contourne l'épaule d'avant en arrière.

L'appareil de Bonnet (FIG. 27), qui a une grande analogie avec le précédent, est formé des pièces suivantes : un cercle d'acier garni d'une ceinture de coutil matelassée en dedans et assujettie par des rubans de fil entoure le bassin. Ce cercle supporte en arrière une large plaque élastique placée sur la ligne médiane et rattachée à la ceinture par une tige à coulisse permettant de l'élever ou de l'abaisser. Sur la partie supérieure de cette plaque viennent se fixer, au moyen de vis reçues dans des coulisses, deux tiges transversales sous-axillaires munies d'épaulettes. Dans certains cas, Bonnet adaptait à cet appareil des plaques latérales.

Appareils de pression ou de refoulement. — Dans cette catégorie se rangent le corset à tractions élastique de Duchenne et celui de Ducresson.

Le corset de Duchenne (FIG. 28) est formé d'un corset divisé en deux parties, réunies par une bande de tissu de caoutchouc d'un tiers de doigt de hauteur et placée au niveau de l'union de la courbure lombaire avec la courbure dorsale.

Une ceinture placée par-dessus le corset entoure le bassin et supporte deux tuteurs métalliques, qui remontent de chaque côté de la colonne vertébrale.

Ces tuteurs se réunissent à la ceinture au moyen d'un pivot, ce qui leur permet de s'incliner latéralement. Ils s'élèvent à des hauteurs inégales, et chacun d'eux doit se terminer au niveau du sommet de la courbure siégeant du côté où il est placé (le corset est fait pour une double courbure dorso-lombaire). A leur extrémité supérieure, les tuteurs sont fixés au corset à l'aide de courroies implantées sur des plaques de pres-

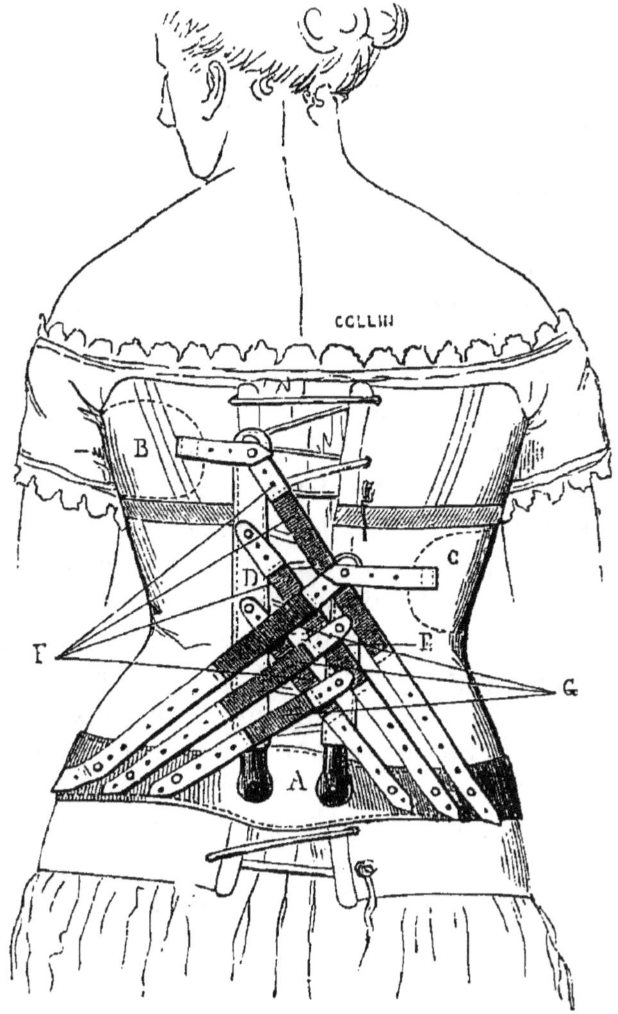

Fig. 28. — Corset de Duchenne.

sion en cuir durci ou en métal, appliquées sur la convexité des courbures. Des tractions sont exercées sur

les leviers et partant sur les plaques de refoulement, à l'aide de bretelles à ressorts métalliques en spirale, terminées à leurs extrémités par des courroies percées de trous, au moyen desquelles elles se fixent à la ceinture et à la partie supérieure des tuteurs.

On voit que dans cet appareil le refoulement s'exerce à l'aide de forces élastiques. Il était employé par Duchenne dans la scoliose paralytique, mais il peut très bien être mis en usage dans les cas légers de scoliose idiopathique.

Le corset de Ducresson est formé d'un corset ordinaire emboîtant exactement les hanches et muni de deux tuteurs latéraux avec crosses et courroies embrassant les épaules.

Les deux côtés de la partie dorsale, parfaitement symétriques, portent chacun cinq ressorts verticaux en acier larges de douze millimètres et épais de deux. Ils sont munis en outre de ressorts transversaux ou barrettes de vingt millimètres environ de largeur. Le nombre et la position de ces barrettes, dont quelques-unes s'engagent sous les ressorts verticaux du côté opposé, afin de les maintenir à une certaine distance du corps, varient suivant l'espèce de la scoliose. Si l'on a affaire à une scoliose dorsale droite et lombaire gauche, sur le côté droit on attachera deux barrettes à la hauteur de la courbure dorsale, et à gauche, au niveau de la courbure inférieure, on en fixera deux autres.

Dans le cas de courbure dorsale unique, on pourra se contenter de deux barrettes.

Appareils de pression et de soulèvement. — Cette catégorie comprend les appareils de Bouvier, de Collin, de Bigg, de Goldschmidt.

Appareil de Bouvier (FIG. 29). — La ceinture de Bouvier (FIG. 29) est constituée : 1° par un cercle d'acier rembourré formé de deux parties réunies en arrière par une plaque à coulisse, et ouvert en avant; 2° par deux tuteurs latéraux fixés sur la ceinture, susceptibles de s'allonger à l'aide d'un système de rallonge à crémaillère et supportant des crosses axillaires rembourrées; 3° par une plaque de tôle matelassée qui presse sur la convexité de la courbure.

Cette plaque, sur laquelle on applique une lame étroite en acier trempé pour en maintenir la forme, s'adapte au tuteur droit, au-dessous de l'aisselle. Elle est mise en mouvement par une vis qui traverse la tige du tuteur; 4° par un demi-corset d'étoffe chez les filles, par une bande de tissu élastique chez les garçons, pour compléter l'appareil en avant.

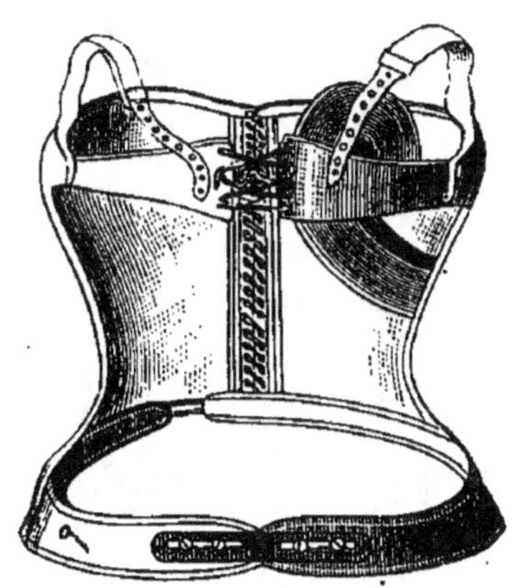

FIG. 29. — Appareil de Bouvier.

Les crosses sont unies en arrière par une courroie transversale lacée sur la ligne médiane, tandis que de leur partie antérieure naissent des épaulettes élastiques qui contournent les épaules et s'agrafent, celle du côté de la convexité (l'appareil est construit pour une courbure dorsale droite unique) sur la plaque dorsale, l'autre sur la courroie transversale. Les deux tuteurs sont de hauteur inégale.

Dans l'espèce, en raison de l'existence de la courbure dorsale droite, le tuteur droit remonte un peu moins haut que le gauche. Ces tuteurs sont inclinés obliquement de droite à gauche et de bas en haut, le gauche un peu plus que le droit.

Si l'on veut appliquer l'appareil pour une déviation lombaire principale, il faut lui faire subir quelques modifications, entre autres ajouter une plaque de compression au niveau de la convexité lombaire.

Appareil de Collin (Fig. 30). — Il se compose d'une

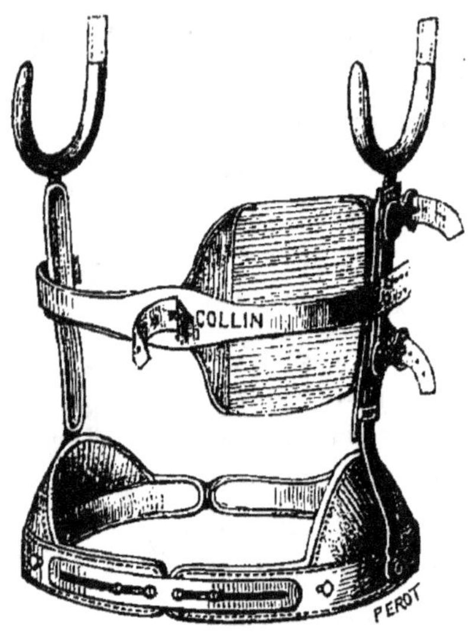

FIG. 30. — Appareil de Collin.

ceinture métallique pelvienne, de deux tuteurs latéraux de longueur variable, terminés par des béquillons, et d'un arc de métal placé en arrière et allant de la partie supérieure d'un tuteur à celle de l'autre tuteur.

Pour exercer la pression, on se sert d'une pièce en tissu élastique de forme quadrilatère, attachée en arrière sur l'arc et en avant sur le béquillon, du côté convexe de la courbure.

Appareils de Bigg (Fig. 31). — Ces appareils sont au nombre de deux. Dans l'un, la ceinture pelvienne supporte en arrière, au niveau du rachis, une tige ascendante qui suit l'inclinaison de la colonne vertébrale et qui fournit en haut insertion à une branche transversale, laquelle se termine par un croissant au niveau de chaque aisselle.

De l'extrémité antérieure de chacun des croissants part une courroie qui contourne l'épaule.

Cette tige médiane supporte aussi une plaque dorsale et une plaque lombaire destinées à exercer la compression.

Le second appareil de Bigg (Fig. 31) se compose d'un cercle pelvien rembourré et muni d'une ceinture en étoffe qui embrasse les hanches. De ce cercle partent deux tuteurs latéraux, terminés en haut par des crosses axillaires, et deux leviers remontant de chaque côté du rachis. Le

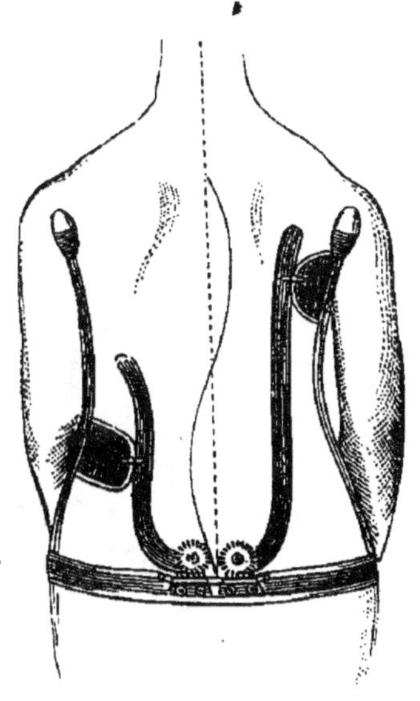

Fig. 31. — Appareil de Bigg pour la scoliose.

levier droit (l'appareil est construit pour une double courbure dorso-lombaire, dorsale droite et lombaire gauche) s'élève jusqu'au niveau de l'omoplate; le gauche ne dépasse pas la région lombaire. Chacun de ces leviers, convexe en dehors à sa partie inférieure, est fixé sur le cercle pelvien au moyen d'une articulation à roue qui permet de l'incliner en dehors ou de le

7

rapprocher du plan médian, et se termine à sa partie supérieure par une plaque de pression dont on peut faire varier la hauteur et l'inclinaison.

Sur les tuteurs est fixée une large bande de coutil lacée en avant, et de la partie antérieure des crosses

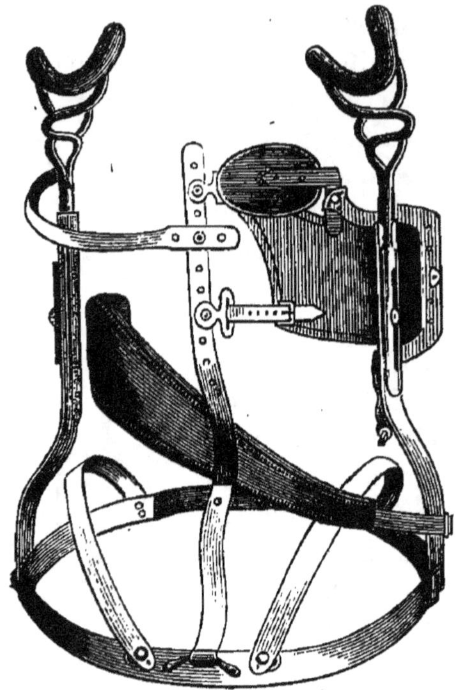

Fig. 32. — Appareil de Goldschmidt.

partent des courroies qui vont s'attacher en arrière sur leur extrémité postérieure ou bien sur le sommet des leviers, après avoir contourné les épaules et s'être entre-croisées en arrière.

Appareil de Goldschmidt (Fig. 32). — Sur le cercle pelvien ouvert en avant sont attachées deux bandes d'acier qui passent obliquement sur les hanches et fixent la ceinture. De ce cercle partent deux tuteurs latéraux, courbés pour s'accommoder à la forme du tronc, et susceptibles de s'allonger ou de se raccourcir à l'aide d'une coulisse. Une articulation à charnière placée à leur partie inférieure permet de les incliner en avant, tandis qu'une vis à écrou limite leur renversement en arrière.

Chaque tuteur se termine en haut par un ressort deux fois contourné, lequel supporte une crosse rembourrée munie de courroies.

Sur la ligne médiane, le long du rachis, se trouve une tige articulée à charnière avec le cercle pelvien et présentant une brisure au niveau de la région lombaire. Une bande d'acier formant un quart de cercle rattache au tuteur gauche l'extrémité supérieure de cette tige. Sur la partie moyenne du tuteur gauche s'attache une large courroie qui contourne la partie postérieure du tronc et vient s'attacher à la base du tuteur droit.

Le tuteur droit (l'appareil est construit pour une courbure dorsale droite) supporte au niveau de sa partie moyenne un levier courbe convexe en dehors, fixé à l'aide d'une jointure à vis. A ce levier sont adaptées une pelote de préssion et une plaque molle en cuir matelassé qui s'attachent d'autre part sur la ligne médiane.

Appareils à inclinaison. — Parmi les appareils de ce genre, dont Delpech avait déjà fait fabriquer un spécimen, je citerai ceux de Hossard (FIG. 33), de Guérin (FIG. 34) de Mathieu (FIG. 35).

Ceinture de Hossard (FIG. 33). — La ceinture de Hossard, construite pour une courbure dorsale droite dominante (FIG. 33) se compose d'une large ceinture rembourrée, fixée autour du bassin et maintenue par un sous-cuisse. En arrière, la partie médiane supporte un cadran à crémaillère disposé de façon à recevoir l'extrémité d'un levier en acier bruni qui, grâce à la disposition de cette pièce, conserve l'inclinaison qu'on lui donne.

Ce levier ou busc remonte au-dessus des épaules. Sur des boutons placés en arrière du busc vont s'attacher les deux chefs supérieurs d'une grande courroie dont les deux chefs inférieurs se fixent sur des boucles placées à la partie antéro-latérale gauche de la ceinture. Pour appliquer l'appareil, on attache la ceinture, on incline la tige au degré voulu vers le côté concave de la courbure, et alors, faisant incliner le malade dans le même sens et au même degré que le busc, on fixe plus ou moins haut sur celui-ci les chefs supérieurs de la courroie, qui contourne le côté droit du thorax.

Fig. 33. — Appareil de Hossard.

Ceinture à flexion de Guérin (Fig. 34). — Cet appareil, destiné surtout aux cas de courbure dorsale convexe à droite, est construit de la façon suivante : la ceinture pelvienne, pourvue de sous-cuisses, supporte deux leviers, un en avant et un en arrière. Ces leviers sont composés de deux segments articulés au niveau des lombes à l'aide d'articulations munies d'arrêt et susceptibles de s'incliner au degré voulu. Une large courroie passe sur la portion droite de la poitrine et va

s'attacher sur la partie supérieure des deux leviers,
tandis qu'une autre courroie réunit la partie inférieure
de ces mêmes leviers, en passant à gauche sur la région

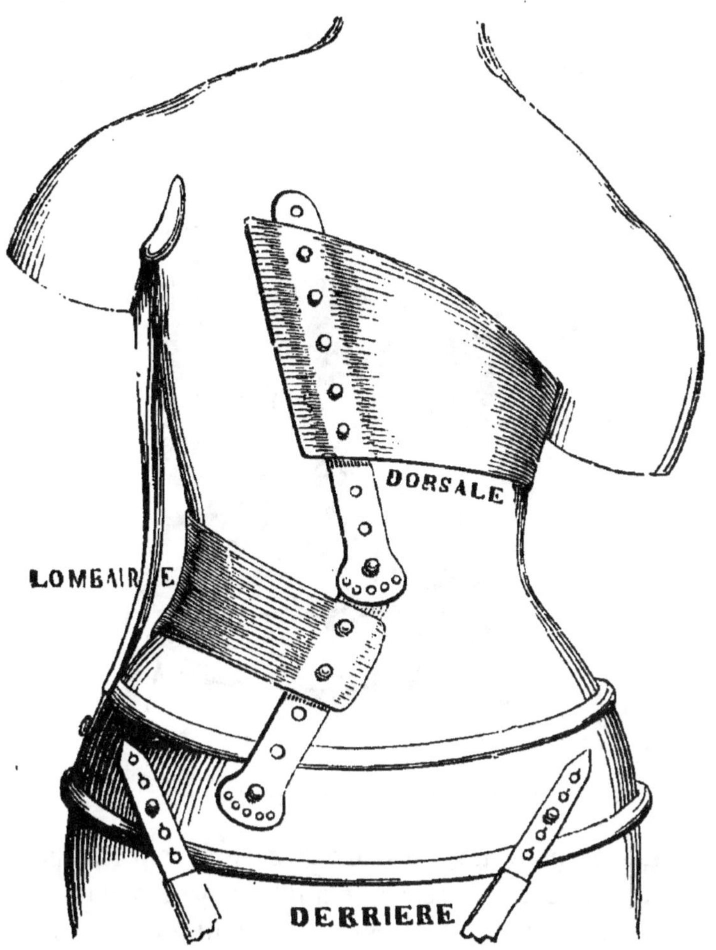

FIG. 34. — Ceinture de Guérin.

lombaire. A gauche, un tuteur avec crosse se fixe sur
la ceinture et remonte jusqu'à l'aisselle.

Appareil de Mathieu (FIG. 35). — Ici le levier s'articule avec le cercle pelvien au moyen d'un pivot, lequel est maintenu incliné du côté de la concavité par cinq ou six bretelles élastiques ; l'appareil est, en outre, pourvu de deux tuteurs latéraux susceptibles de se raccourcir ou de s'allonger à volonté et terminés en haut par des crosses sous-

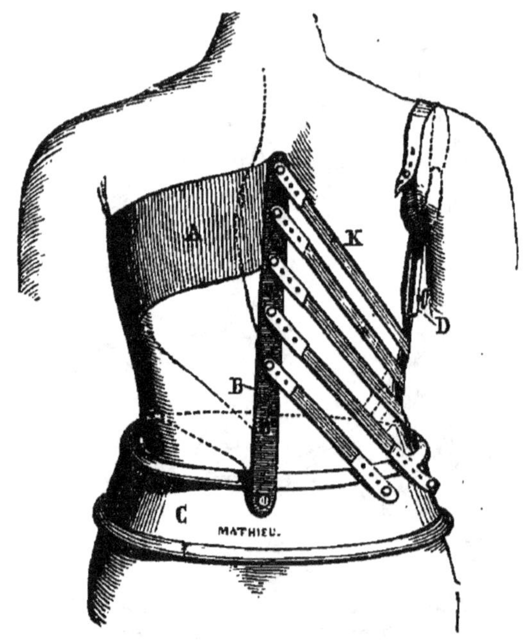

FIG. 35. — Appareil de Mathieu.

axillaires pourvues de courroies entourant les épaules.

La bande compressive a une disposition analogue à celle de l'appareil de Hossard. Quant aux bandes élastiques, elles s'attachent en haut aux boutons supérieurs du busc et vont, du côté de la concavité de la courbure, se fixer en bas sur la ceinture ou sur la partie inférieure du tuteur correspondant.

Sayre préconise contre la scoliose l'application de son *plaster of Paris jacket* (Fig. 36). Voici comment s'applique ce bandage : le malade revêtu d'un corsage collant, sans manches, mais avec des pattes passant sur les épaules, est soulevé à l'aide de l'appareil déjà décrit.

On place alors un coussin de coton à la partie supérieure de l'abdomen, de façon qu'en le retirant, on facilite l'ampliation de cette partie. On protège également avec du coton les seins, chez les jeunes filles, et toutes les parties au niveau desquelles la pression pourrait avoir des inconvénients.

Cela fait, on entoure le torse de circulaires faits avec des bandes empruntées à un tissu à larges mailles, tel que la crinoline. Ces bandes doivent avoir environ trois mètres de longueur et de deux pouces et demi à trois de largeur, suivant la taille

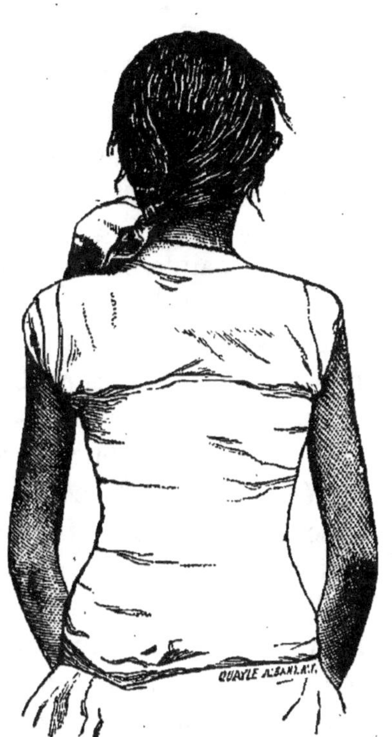

Fig. 36. — Plaster of Paris Jacket de Sayre.

du sujet. Elles sont imprégnées de plâtre à mouler non éventé. Au moment de leur application, elles sont trempées dans l'eau.

Entre les tours de bande, on place de chaque côté de la colonne vertébrale une mince attelle de fer-blanc qui donne de la solidité à l'appareil, sans en accroître le poids.

D'une façon générale, les appareils portatifs me paraissent avoir une grande importance dans le traitement de la scoliose, mais pour qu'ils soient réellement utiles, il faut les choisir avec discernement et les faire exécuter convenablement.

J'ai donné ci-dessus une description sommaire des appareils les plus usités.

Il en est dont l'utilité est à peu près illusoire. Telles sont les ceintures qui agissent uniquement par extension ou soulèvement. J'en dirai autant du bandage de Sayre qui peut maintenir un redressement déjà obtenu, mais ne peut l'accroître.

Les appareils à inclinaison reposant sur ce principe qu'en inclinant le tronc du côté vers lequel il s'incline naturellement et en pressant sur le sommet de la convexité de la courbure, on force la partie du rachis située au-dessus de ce point à se redresser, paraissent excellents en théorie. La pratique démontre qu'il ne sont utiles que pour les scolioses légères et commençantes. Si l'on applique la ceinture de Hossard aux déviations bien accentuées, le busc se redresse et entraîne la ceinture ; il faut, pour la maintenir en place, un sous-cuisse dont l'application est très gênante. La pression de la bande est douloureuse ; bref, cette ceinture est avec raison laissée de côté.

Dans l'appareil de Mathieu, la ceinture est aussi exposée à être entraînée par le levier, et les bretelles élastiques se relâchent facilement. En somme, cette ceinture est d'une mince efficacité et d'une surveillance difficile.

Les appareils qui me paraissent préférables, sont ceux

qui agissent par extension et par pression. L'extension seule n'a qu'une action presque illusoire, mais, réunie à la pression, elle a pour effet de maintenir le tronc.

De tous ces appareils, celui que je préfère c'est le corset de Ducresson; il s'applique facilement, exerce une pression convenable, se dérange fort peu et a en outre l'avantage de dissimuler la difformité.

CHAPITRE III

LUXATION CONGÉNITALE DE LA HANCHE

(Je ne m'occuperai ici que des luxations siégeant sur des sujets non monstrueux).

La luxation de la hanche est de beaucoup la plus fréquente des luxations congénitales.

Elle est tantôt simple, tantôt double, et la luxation simple, quoiqu'on en ait dit, est au moins aussi fréquente que la double.

Bien qu'on ait cité des exemples de luxation iléo-pubienne et sus-cotyloïdienne, c'est presque invariablement la variété iliaque que l'on rencontre.

Anatomie pathologique. — Les phénomènes observés du côté des parties articulaires et péri-articulaires varient suivant que l'on pratique l'examen au moment de la naissance ou à une époque voisine, ou bien à une période plus avancée de l'existence.

Chez l'enfant de naissance, la capsule est seulement allongée, amincie et repoussée en haut par la tête du fémur, qui déprime le bourrelet cotyloïdien à sa partie supérieure et externe ; le ligament rond est intact.

La cavité cotyloïde, conservant une conformation à peu près normale, est diminuée dans ses dimensions. Le col du fémur est plus court et la tête moins développée. On trouve de la synovie dans la capsule.

Tel est l'état que l'on observe le plus souvent, mais je dois indiquer des lésions qui ont été signalées à titre exceptionnel. C'est ainsi qu'on a trouvé quelquefois

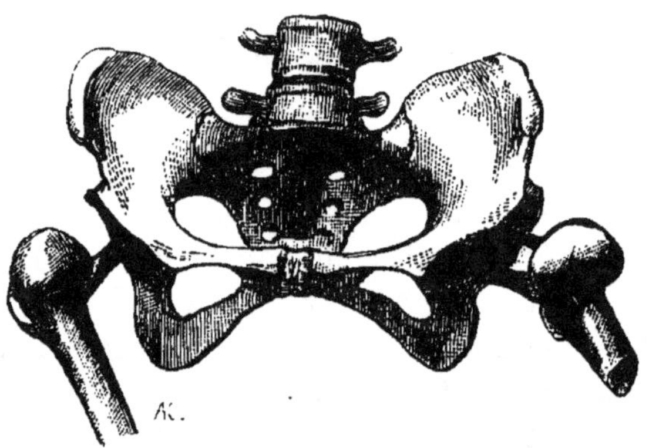

FIG. 37. — Double luxation congénitale de la hanche.

une augmentation de la quantité de synovie, qu'on a observé un gonflement du paquet adipeux cotyloïdien, un épanchement purulent, un épanchement séro-purulent avec des fausses membranes développées dans le fond de la cavité cotyloïde, des fausses membranes recouvrant le fond de cette cavité ainsi que la synoviale. On a rapporté également des cas où il y avait absence de la tête et du col du fémur et du ligament rond.

Si l'on examine la luxation à une période plus avancée de l'existence (FIG. 38), on trouve des déformations beaucoup plus accentuées. Le ligament capsulaire se rétrécit dans sa portion moyenne et affecte la forme d'un sablier dont la partie cotyloïdienne offre un aspect ligamenteux; elle est cependant toujours tapissée en dedans par la synoviale.

Quelquefois, la capsule disparaît au niveau du point où la tête fémorale vient presser sur l'os iliaque et permet ainsi un contact direct entre les deux os; dans certains cas, la portion de capsule interposée entre la tête fémorale et l'os iliaque prend une apparence cartilagineuse.

Le ligament rond est allongé, aplati, quelquefois il a disparu.

Les cartilages articulaires manquent en totalité ou en partie. La tête fémorale est atrophiée, aplatie au niveau de la portion qui correspond à l'os iliaque.

Le col du fémur est plus court et plus rapproché de la direction horizontale.

La cavité cotyloïde, plus petite, moins profonde, de forme plus ou moins triangulaire, est souvent en partie occupée par des pelotons graisseux ou par des productions cartilagineuses.

Rarement, on trouve au niveau du point de l'os iliaque correspondant à la tête fémorale les traces d'un travail de néo-formation, comme on en observe à la suite des luxations traumatiques non réduites, travail qui a pour résultat la création d'une cavité de réception pour la tête fémorale. Cela tient à l'absence, dans la majorité des cas, de contact direct entre l'os iliaque et le fémur. On rencontre cependant quelquefois une disposition qui rappelle celle que je viens d'indiquer comme se produisant à la suite des luxations traumatiques. C'est ce qui arrive dans les circonstances que j'ai signalées plus haut, en disant que la portion de capsule placée entre les deux os prend, dans certains cas, un aspect cartilagineux ou bien disparaît.

Il existe au Musée de la faculté de Montpellier une pièce de luxation congénitale double de la hanche recueillie sur un sujet de quarante cinq ans. Les ligaments ont été enlevés et les têtes fémorales ont été fixées dans la position qu'elles occupaient sur le cadavre.

Elles correspondent à la partie la plus antérieure de la fosse iliaque, au-dessus de la cavité cotyloïde, et, par leur portion sur laquelle s'insère le ligament rond, elles se mettent en rapport avec une saillie osseuse qui, de chaque côté, continue en bas et en dehors l'épine iliaque antéro-supérieure ; ces têtes fémorales, atrophiées dans toutes leurs dimensions, sont déprimées au niveau de la partie qui s'applique sur les silalies que je viens d'indiquer, saillies qui sont elles-mêmes dirigées en dehors à leur sommet. La gouttière qui laisse passer le tendon du psoas-iliaque, s'incline aussi en dehors. Les cavités cotyloïdes sont triangulaires et peu profondes ; le os coxaux sont amincis et peu développés.

La luxation congénitale du fémur exerce sur la conformation du bassin une influence dont l'accoucheur doit tenir compte, et ici il faut bien distinguer les cas où la luxation est double de ceux où elle est simple.

Dans le premier cas, les diamètres des détroits ne sont en général pas rétrécis ; il y a même une ampliation des diamètres du détroit supérieur, surtout du transverse. Le détroit supérieur affecte la forme d'un cœur de carte à jouer ; la ligne qui mesure la distance des ailes iliaques est diminuée, et cela en raison de la direction de ces ailes qui se rapproche davantage de la verticale. L'axe du bassin subit aussi une modification que je signalerai, en étudiant l'influence des luxations congénitales sur la colonne vertébrale.

En somme, la luxation congénitale double ne peut, en général, que rendre l'accouchement plus prompt, ce que l'accoucheur ne doit pas oublier.

Cependant, ce que je viens de dire ne s'applique pas à la totalité des cas. Depaul a rapporté à la Société de chirurgie le fait d'une jeune fille atteinte d'une double luxation, congéniale ou au moins fort ancienne, et qui était affectée d'un rétrécissement très notable des deux diamètres obliques. Peut-être cette différence tient-elle à la nature de la cause qui a déterminé la luxation, une coxalgie, par exemple, ne pouvant produire une luxation sans déterminer un état inflammatoire de l'os coxal susceptible d'en modifier le développement; peut-être encore faut-il invoquer une différence entre l'espèce de la luxation, c'est-à-dire, entre les points vers lesquels s'est portée la tête fémorale.

Dans les cas de luxation simple, le bassin présente les caractères du bassin oblique ovalaire, vicié par ankylose, de Nœgelé avec certaines différences. C'est ainsi que l'ankylose de l'articulation sacro-iliaque fait défaut, que la grosse extrémité de l'ovoïde répond au côté malade, et enfin que c'est le diamètre correspondant au côté normal qui est le moins étendu.

La luxation congéniale du fémur exerce aussi une influence sur la direction de la colonne vertébrale. Dans le cas de luxation double, la portion lombaire du rachis est atteinte de lordose et le détroit supérieur s'incline en bas et en avant. Lorsque la luxation est unilatérale, le bassin s'incline du côté luxé et la colonne lombaire devient convexe de ce côté, en même temps que sa convexité antérieure s'exagère. Ces inclinaisons, qui ne sont d'abord que des attitudes vicieuses, finissent par devenir permanentes et s'accompagner de courbures de compensation dans les parties du rachis situées au-dessus de la courbure initiale.

Étiologie. — Des théories multiples ont été mises en avant pour expliquer la genèse de la luxation congénitale du fémur.

D'abord une série d'auteurs invoquent une aberration du *nisus formativus*, aberration qui peut se traduire par un excès de longueur de la capsule, laquelle n'établit pas de contact entre la tête et la cavité (Dupuytren), par une absence ou un arrêt de développement de la tête et de la cavité (Breschet), par la formation des surfaces articulaires, non plus vis-à-vis l'une de l'autre, mais à côté l'une de l'autre (Volkman, Broca), par un défaut d'ossification ou de nutrition (Broca).

On a fait intervenir une position vicieuse du fœtus dans l'utérus (Hippocrate, Dupuytren, Cruveilhier), une adduction exagérée (Roser). Une étroitesse anormale de l'utérus, une multiplicité de fœtus expliqueraient ces positions vicieuses.

De cette théorie je rapprocherai celle qui consiste à regarder le déplacement comme résultant de pressions extérieures lentes exercées par les vêtements de la mère, ou de pressions brusques produites par des coups, des chûtes portant sur la région utérine.

Des manœuvres malheureuses exercées sur l'enfant par l'accoucheur au moment de l'accouchement ont été considérées comme ayant déterminé la luxation de la hanche. Il y a certainement des faits de ce genre qu'on ne peut contester, mais Sédillot fait remarquer avec raison que ces luxations obstétricales s'accompagnent de déchirures ligamenteuses qui les font rentrer dans la catégorie des luxations traumatiques.

Les maladies de l'articulation de la hanche ont aussi été mises en cause, et l'on a fait intervenir le relâchement de l'appareil ligamenteux (Sédillot), une hydarthrose qui déterminerait ce relâchement (Parise, Malgaigne) et même une arthrite.

Quelques auteurs, Jules Guérin entr'autres, ont considéré la rétraction musculaire, liée à un état pathologique du système nerveux, comme étant la cause de la luxation.

Je citerai en dernier lieu une opinion émise par Verneuil. Cet éminent chirurgien regarde certaines luxations de la hanche rangées parmi les congénitales comme s'étant produites postérieurement à la naissance et résultant de la paralysie et de l'atrophie des muscles pelvi-trochantériens et surtout des fessiers, consécutive elle-même à une paralysie infantile.

Je viens d'énumérer rapidement et sans commentaire les différentes causes auxquelles on a rapporté l'origine de la luxation congénitale de la hanche. Sans vouloir en exclure aucune d'une façon absolue, car chacune d'elles peut correspondre à quelque fait particulier, je dirai que c'est à une aberration du *nisus formativus* que me paraît, dans la grande majorité des cas, devoir être rapportée l'origine de cette malformation. Quant à la paralysie des muscles pelvi-trochantériens comme cause de luxation, j'ai été à même d'en vérifier la réalité, mais la luxation que cette paralysie détermine n'est pas la luxation congénitale.

Je ferai observer que l'hérédité existe dans quelques cas et que ce déplacement est plus fréquent chez les filles que chez les garçons.

Symptômes. — Il me paraît préférable de décrire séparément les phénomènes observés chez les sujets atteints de luxation unilatérale et ceux présentés par les malades affectés de luxation double.

1° *Luxation unilatérale* (Fig. 39 et Fig. 40). — C'est, aussi bien du reste que dans la luxation double,

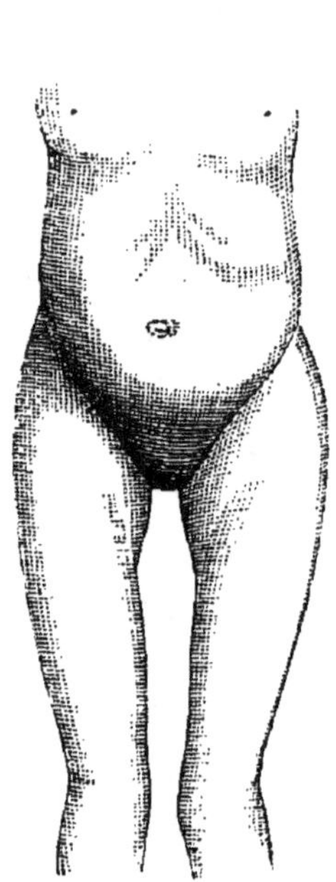

Fig. 38. — Luxation congénitale de la hanche gauche.

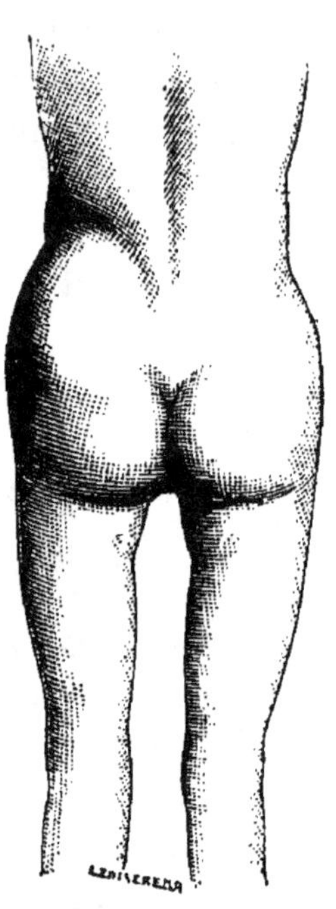

Fig. 39. — Même luxation vue de derrière.

lorsque l'enfant commence à marcher que les personnes appelées à lui donner des soins s'aperçoivent qu'il ne marche pas comme les autres enfants et le soumettent à l'examen d'un homme de l'art.

Quelquefois cependant, surtout quand la luxation est double, les troubles dans la déambulation sont mis sur le compte de la faiblesse des reins, et ce n'est que beaucoup plus tard que le médecin est appelé à examiner le malade.

Voici ce que l'on observe pendant la marche chez les individus atteints de luxation unilatérale : le malade boîte en raison de la brièveté relative du membre du côté luxé, et cette claudication diffère de celles où la brièveté du membre est déterminée par d'autres causes, par une luxation coxo-fémorale traumatique ou patholologique, par exemple, ou par une fracture du fémur consolidée avec raccourcissement. Dans ces derniers cas, en effet, lorsque, pendant la marche, le membre du côté luxé a touché le sol par son extrémité inférieure, le tronc cesse de s'incliner de ce côté, tandis que, dans la luxation congénitale, l'inclinaison du tronc continue, et la cuisse semble remonter; le tronc s'incline obliquement du côté luxé et en arrière, le ventre est projeté en avant et la cambrure lombaire augmente.

La progression ne se fait du reste pas de la même façon chez tous les sujets atteints de la lésion qui m'occupe. C'est ainsi que certains de ces malades marchent sur la pointe du pied du côté luxé qu'ils mettent en équinisme et parviennent ainsi à compenser une partie du raccourcissement. D'autres appuient la plante du pied dans toute son étendue et fléchissent le genou du côté sain; chez ces derniers, la claudication est plus apparente que chez les premiers.

Pendant la marche, le côté du bassin correspondant à la luxation est placé plus en avant que le coté sain, et le genou de ce côté vient souvent rencontrer l'autre qu'il tend à croiser.

Les individus atteints de luxation coxo-fémorale se fatiguent rapidement, et les marches un peu prolongées déterminent chez eux de la douleur dans la région de la hanche.

Pendant la course, les malades boîtent moins qu'en marchant, ce qui tient à ce que la course entraîne une contraction plus énergique des muscles qui fixent la tête du fémur.

Si l'on examine le patient couché, on constate un raccourcissement du membre inférieur du côté luxé, et on reconnaît les signes qui indiquent l'existence de la luxation, signes que je n'ai pas ici à passer en revue. Je rappellerai seulement qu'en palpant la région inguinale, on sent que la tête du fémur n'occupe pas sa position normale ; de plus, dans le cas de beaucoup le plus fréquent, celui où l'on a affaire à une luxation iliaque, et même, ce qui est bien plus rare, lorsqu'on se trouve en présence d'une luxation ischiatique, on voit que le sommet du trochanter ne se trouve pas sur une ligne allant de l'épine iliaque antéro-supérieure à la partie la plus déclive de la tubérosité ischiatique. Cette ligne coupe le grand trochanter au-dessous du sommet.

D'autre part, en palpant la fosse iliaque externe on sent la tête fémorale, et cette sensation devient plus distincte si, pendant qu'on presse avec une main sur la fosse iliaque, on imprime avec l'autre au fémur des mouvements alternatifs de flexion et d'extension. On s'aperçoit alors que pendant ces mouvements communiqués, la tête du fémur décrit des arcs de cercle.

Il faut bien se rappeler en pratiquant cet examen, que l'on ne doit pas s'attendre à sentir au-dessous des muscles une tête fémorale présentant son volume normal et sa forme ordinaire, mais que, dans les luxations congéniales, elle est déformée et atrophiée.

On s'aperçoit que l'épine iliaque antéro-supérieure

est plus rapprochée de la symphyse que du côté sain.

Le membre malade est moins volumineux et moins long que l'autre. La présence de la tête fémorale au niveau de la fosse iliaque détermine un renflement de cette région le; pli fessier de ce côté est remonté et effacé.

L'obliquité du fémur en bas et en dedans est plus prononcée du côté luxé que de l'autre, et le genou de ce côté tend à croiser celui du côté sain. Le pied n'est pas fixé dans une position dé-terminée et peut se porter en dehors.

Tous les mouvements communi-qués sont libres, sauf le mouvement d'abduction qui est limité; celui d'adduction est au contraire accrû. En fixant le bassin et exerçant des tractions sur le membre luxé, on peut en augmenter la longueur, mais on ne peut jamais l'amener à l'égalité avec le membre sain.

L'examen de la colonne verté-brale permet de constater que la région lombaire est convexe en avant et du côté luxé.

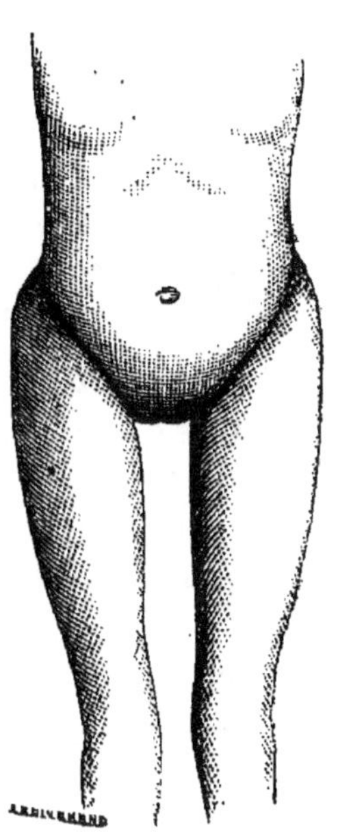

Fig. 41. — Double luxation congénitale de la hanche.

2° *Luxation bilatérale* (Fig. 40).

— On retrouve des deux côtés la déformation que j'ai signalée à propos de la luxation unilatérale.

L'ensellure lombaire est plus prononcée et accompa-gnée d'une inclinaison manifeste du bassin en bas et en avant. Cette ensellure est surtout développée lorsque le sujet est debout.

L'abdomen est saillant. Il arrive quelquefois que les

deux têtes fémorales ne sont pas au même niveau, mais que l'une est plus élevée que l'autre.

Les membres inférieurs sont fléchis, soit au niveau de la hanche, soit au niveau du genou.

Les genoux sont très rapprochés. Il existe une disproportion frappante entre la longueur du tronc et celle des membres inférieurs.

La marche s'accompagne d'un balancement caractéristique; le sujet se soulève sur la pointe des pieds et incline la partie supérieure du tronc vers le membre sur lequel il fait reposer le poids du corps. Le trochanter de ce côté paraît remonter vers la crête iliaque, soit parce que les liens musculaires et fibreux qui relient le fémur à l'os des îles, cèdent davantage au moment où le poids du corps repose sur un seul membre, soit parce que l'aile iliaque s'incline davantage de ce côté.

Diagnostic. — Il faut d'abord reconnaître l'existence de la luxation, et cette partie du diagnostic ne présente généralement pas de difficulté. On doit se rappeler qu'il y a, dans certains cas, absence de la tête fémorale, ce qui ne peut être assimilé à une luxation.

La luxation constatée, reste à savoir si elle est congénitale. Les commémoratifs, l'hérédité doivent entrer en sérieuse ligne de compte.

Si le déplacement existe des deux côtés, on peut être à peu près certain qu'il est congénial. On se rappellera d'autre part que, dans la luxation traumatique ou pathologique, la tête ne conserve pas vis-à-vis de l'os iliaque la mobilité dont elle jouit dans la luxation congénitale. Très souvent, si la luxation est pathologique on trouvera des cicatrices déprimées, suites de fistules.

On devra enfin examiner l'état des muscles fessiers, rechercher leur degré de contractilité, afin de savoir si on ne serait pas en présence d'une de ces luxations paralytiques signalées par Verneuil.

Pronostic. — Le pronostic des luxations coxo-fémorales, soit simples, soit doubles, ne présente pas en somme de gravité au point de vue de l'existence. Il ne faut cependant pas oublier que, chez la femme, la luxation unilatérale entraîne la déformation oblique ovalaire du bassin et devient une cause de dystocie. Mais, à cela près, le déplacement qui nous occupe doit être considéré comme une infirmité plutôt que comme une maladie.

La thérapeutique a longtemps été tenue pour à peu près impuissante contre les luxations congénitales du fémur. Aujourd'hui, il me paraît avéré que l'on peut, dans le jeune âge, arriver à la guérison, mais cette guérison n'est jamais obtenue qu'au bout d'un traitement très long et très pénible.

Le traitement est palliatif ou curatif, et je m'empresse de dire que lorsque le sujet a dépassé l'âge de quinze ans, le traitement palliatif est le seul auquel on doive songer.

Traitement palliatif. — Dupuytren recommandait l'immersion dans l'eau froide, simple ou salée, et l'application d'une ceinture en cuir embrassant le bassin dans toute l'étendue qui sépare les crêtes iliaques des trochanters. Cette ceinture doit être pourvue, au niveau de son bord inférieur, de goussets destinés à recevoir et à maintenir les trochanters. Un seul gousset suffit lorsque la luxation est unilatérale.

De larges sous-cuisse rembourrés, élargis et un peu évidés au niveau des tubérosités ischiatiques, empêchent la ceinture de remonter.

Charrière, pour donner plus de fixité à la ceintnre, la munissait de deux béquillons. Mathieu (FIG. 44) se servait également de béquillons ou de ressorts garnis d'un corset

8.

en coutil. Dans certains cas, il ajoutait des cuissarts.

L'électricité, la gymnastique suédoise, appliquées aux muscles pelvi- trochantériens, fortifient ces muscles et donnent ainsi plus de fixité aux fémurs.

Dans les cas où la luxation est unilatérale, on se

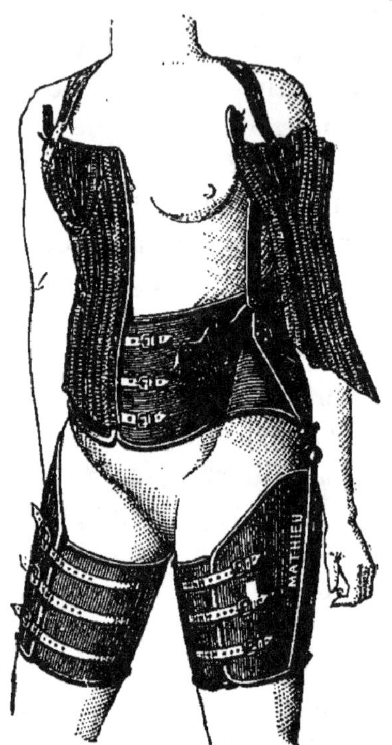

FIG. 41. — Ceinture de Mathieu.

trouvera bien de compenser la brièveté du membre luxé à l'aide d'une chaussure à épaisse semelle de liége.

Traitement curatif. — Je ne citerai que pour mémoire les tentatives de Duval, de Jalade-Lafond, d'Humbert et de Jacquier, mais je crois devoir accepter

comme une réalité la réduction des luxations congénitales du fémur obtenues par Charles Pravaz et par son
fils, aujourd'hui directeur de l'établissement orthopédique de Lyon.

Le traitement (dont j'emprunte les détails à Pravaz)
se compose de trois temps : extension préparatoire,
réduction, consolidation.

L'extension préparatoire est appliquée pendant une

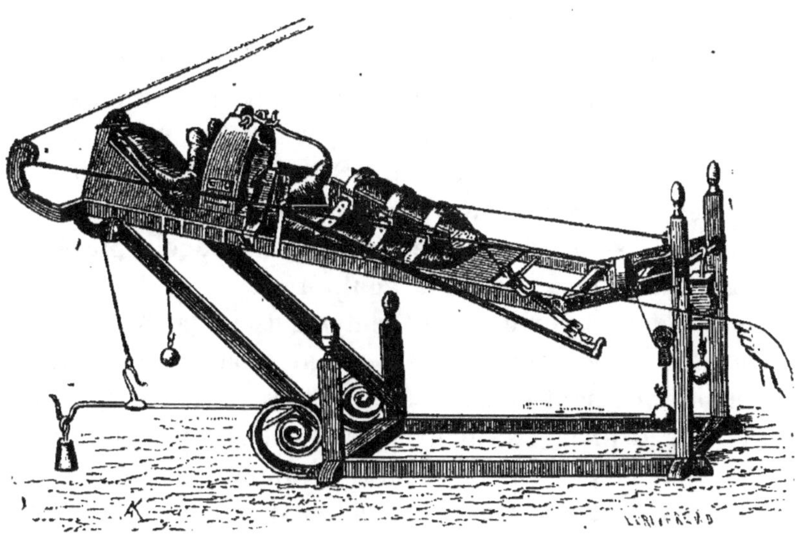

FIG. 42. — Appareil de Charles Pravaz.

durée de quatre à six mois, à l'aide de l'appareil suivant
(FIG. 42) : le sujet est couché sur un plan incliné, supporté par un bâti pourvu de quatre pieds. Des béquilles
et des sous-cuisse fixent les aisselles et les tubérosités
sciatiques. Le membre malade est embrassé par une
gouttière en cuir matelassée sur l'extrémité inférieure
de laquelle s'attache, à l'aide d'une boucle et d'un cro-

chet la corde qui, après avoir passé sur une poulie de renvoi, supporte le poids extenseur. Cette gouttière peut être remplacée par un appareil inamovible.

On juge que la réduction peut être tentée, lorsque la tête fémorale est descendue un peu au-dessous de l'épine iliaque antéro-inférieure, que la saillie du grand trochanter s'est notablement effacée, que la cambrure des lombes a presque disparu, et que la position du pied s'est rapprochée de la position naturelle.

Pour réduire, on se sert d'un levier dont une des extrémités est fixée sur un pivot vertical ajusté sur le côté de l'appareil. Le pivot et le levier se réunissent au moyen d'un anneau qui permet de mouvoir ce dernier dans différents sens. Sur l'autre extrémité du levier vient s'attacher la chape d'une moufle dont le second système de poulies se fixe à la boucle placée à la partie inférieure de la gouttière.

Pendant qu'un aide tire lentement sur la corde de la moufle, l'opérateur presse d'une main sur le trochanter de haut en bas et de dehors en dedans, et de l'autre il dirige le mouvement du levier qui doit porter le membre dans une forte abduction.

On est, dans certains cas, obligé de revenir plusieurs fois à cette manœuvre.

Pour empêcher les surfaces articulaires une fois amenées au contact de s'abandonner, on exerce une pression sur les hanches à l'aide de plaques concaves adaptées à l'appareil. Après la réduction, on voit survenir une douleur inguinale, de la fièvre, de la dysurie ou de l'incontinence d'urine. Il n'y a, pour combattre ces symptômes, qu'à continuer l'extension dans une certaine mesure, à prescrire un régime convenable et à recourir à des topiques émollients et narcotiques.

La réduction opérée, la tête fémorale fait une saillie prononcée au-dessous de la branche horizontale du pubis. Peu à peu, la cavité cotyloïde acquiert une capacité et une configuration convenables pour loger la tête du fémur, et celle-ci s'enfonce dans la cavité, soit lentement, soit brusquement. Ce travail demande en général cinq ou six mois.

Lorsque l'on constate que la tête du fémur fait une

FIG. 43. — Chariot de Charles Pravaz.

saillie moins prononcée, que les mouvements communiqués, surtout celui d'adduction, s'exécutent sans que la luxation se reproduise, on passe au troisième temps du traitement. Le malade est placé sur un appareil qui lui permet de faire exécuter à son membre malade des mouvements analogues à ceux de la marche, sans qu'il ait à supporter le poids du corps. C'est un chariot (FIG. 43), muni de quatre roues placées sur des rails. A l'aide de pédales et d'un système mécanique, le patient peut imprimer à ce chariot des mouvements en avant et en arrière. Les hanches sont maintenues par une ceinture.

Quand l'articulation a acquis une certaine solidité, on fait marcher le malade dans un chariot flamand, pourvu de béquilles et placé sur un petit chemin de fer. Ce n'est qu'au bout d'un certain temps de cet exercice qu'on peut permettre au patient de marcher sans soutien.

On voit combien ce traitement est long et pénible, et combien de soins il demande de la part du chirurgien et des personnes qui entourent le malade.

Dans les cas de luxation paralytique, on emploiera l'électricité, la gymnastique suédoise, l'hydrothérapie, les moyens propres, en un mot, à fortifier les muscles pelvi-trochantériens, et, au bout de quelque temps de ce traitement, on tentera la réduction.

CHAPITRE IV

GENU VALGUM

(Anglais *Knock-Knee*, allemand *Backerbein, Kniebahrer, Xbein*).

Sous le nom de genu valgum on désigne le genou dévié en dedans, aussi appelé genou cagneux, genou en dedans.

Le genu valgum peut se développer à des âges différents, dans l'enfance, dans l'adolescence et même dans la vieillesse ; mais, dans ce dernier cas, il survient à la suite de l'arthrite sèche, et cette dernière catégorie de déviation ne doit pas nous occuper, non plus que celle qui est le résultat d'une lésion traumatique. Cette dernière se distingue en ce qu'elle entraîne la diminution des mouvements.

Je rappellerai que les deux condyles du fémur, à l'état normal, ne descendent pas au même niveau; si l'on suspend un fémur sain par le centre de sa tête, on voit que le condyle interne dépasse en bas l'externe d'une longueur qui varie de deux à quatre millimètres.

D'autre part, l'axe du fémur et celui du tibia ne sont pas sur la même ligne. Ces deux os se réunissent en formant un angle à sinus externe, angle qui varie de 170 degrés à 177°,5.

Le genu valgum peut être unilatéral ou bilatéral. Quand il est simple, les deux membres inférieurs forment un K; lorsqu'il est double, ils représentent un X (Fig. 44).

On a signalé sur les articulations du genou déviées en dedans des lésions analogues à celle de l'arthrite sèche, mais ces lésions n'ont été observées que chez des sujets d'un certain âge et doivent être considérées comme consécutives. Sur le fémur et sur le tibia on constate, dans certains cas, des incurvations rachitiques ayant pour résultat de porter le genou en dedans. Ces déviations peuvent être limitées à l'un de ces os ou exister sur les deux à la fois. A la hauteur du tiers inférieur du fémur, on observe souvent une courbure à concavité externe dont l'effet immédiat est d'exagérer la différence de niveau qui existe entre les deux condyles. Volkman signale la torsion en dehors de l'épiphyse inférieure du fémur.

Chez certains sujets, les os du membre inférieur ne

présentent aucune trace de rachitisme, et les modifications osseuses sont limitées aux extrémités articulaires qui constituent le genou. Suivant Mikulicz, les
épiphyses fémorale et tibiale conservent leur longueur

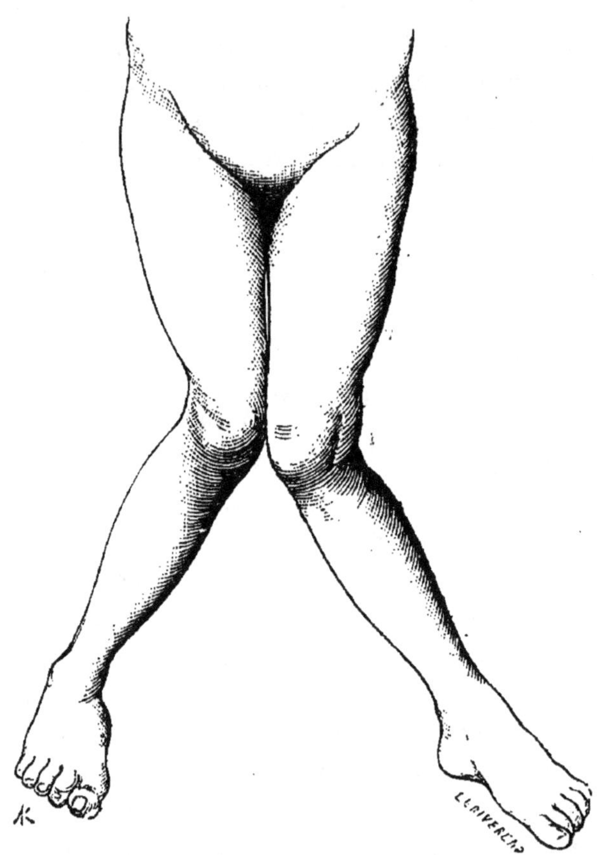

FIG. 44. — Genu valgum double.

normale ; les changements dans la hauteur de ces
épiphyses tiennent à l'état du cartilage de conjugaison.
Sur le fémur, cet auteur a trouvé ce cartilage plus

développé verticalement qu'à l'état hygide, surtout du côté interne. Les pièces qu'il a examinées, lui ont montré que l'état histologique des cartilages était le même que dans le rachitisme.

La partie interne de la diaphyse fémorale est allongée. Une disposition correspondante s'observe sur le tibia. Les cartilages articulaires sout hypertrophiés en dehors et atrophiés en dedans.

Du côté des ligaments, on observe que le ligament latéral interne est allongé; la rétraction du ligament externe n'a pas été constatée à l'autopsie. Lannelongue a trouvé le ligament croisé postérieur rudimentaire et l'antérieur absent.

Les muscles qui vont de la cuisse à la jambe, présentent une déviation en rapport avec celle du genou. On a signalé dans quelques cas un raccourcissement du poplité, du biceps et du tenseur du fascia lata. En général, les muscles sont sains. Duchenne dit avoir trouvé le biceps considérablement développé relativement aux rotateurs en dedans.

Si l'on examine un membre inférieur atteint de la lésion qui nous occupe, on voit que la jambe est dirigée de haut en bas et de dedans en dehors et a généralement subi un mouvement de rotation de dedans en dehors. Le genou fait à la partie interne une saillie plus ou moins prononcée, due soit au condyle interne du fémur, soit à la tubérosité correspondante du tibia, soit enfin à ces deux éminences à la fois. Le plus souvent la rotule est portée en dehors; quelquefois elle est véritablement luxée.

La pointe du pied est dirigée en dehors, le pied en valgus, dans certains certains cas en varus. Cette dernière disposition du pied résulte des efforts faits par le malade pour appuyer sur toute la plante.

Le degré de la déviation varie suivant les cas. Plusieurs moyens sont mis en usage pour le mesurer. A la consultation orthopédique du Bureau central, on employait le procédé suivant, dont je ne suis nullement l'inventeur : on tend un cordon entre le grand trochanter et la malléole externe; puis, avec un double décimètre, on mesure la distance qui sépare ce cordon du sommet de l'angle formé par le genou.

On reproche à ce procédé de ne pas donner une idée exacte de la difformité, attendu qu'une distance donnée de la ligne trochantéro-malléolaire à l'angle du genou qui correspondra à une faible déviation sur un membre inférieur d'une certaine longueur, coïncidera avec une déviation considérable, si le membre est beaucoup moins long. On pourrait obvier à cet inconvénient en mesurant et énonçant la distance qui sépare le trochanter de la malléole. Je ferai du reste observer que cette manière de mesurer remplit parfaitement au Bureau central le but qu'on se propose, en permettant de juger de l'effet du traitement chez le même malade sur lequel on prend la mesure de temps en temps.

Un autre procédé consiste à amener les genoux au contact et à mesurer la distance qui sépare l'une de l'autre les deux malléoles internes. Ce mode de mensuration me paraît éminemment défectueux, attendu qu'un même écartement des malléoles peut exister avec une déviation d'un seul genou ou avec une déviation des deux en même temps.

Marchand et Terrillon proposent de mesurer l'angle formé par la continuation de l'axe fémoral avec l'axe tibial. Cet angle sera complémentaire de l'angle fémoro-tibial. Ce moyen me semble dans la pratique exposer à des difficultés et des erreurs.

On peut enfin recourir au procédé suivant : le malade étant couché, on applique exactement sur la ligne
médiane, en arrière des bourses ou de la vulve, l'extrémité d'une longue règle plate placée de champ, en faisant coïncider sa direction avec le plan médian du corps.

Les deux genoux étant amenés au contact de la règle,
on mesure, d'une part, la distance qui sépare cette dernière de la malléole interne, et, d'autre part, celle qui
s'étend entre le point où la règle touche le condyle interne du fémur et celui où vient se terminer sur elle la
perpendiculaire abaissée du sommet de la malléole interne. On a ainsi les deux côtés de l'angle droit d'un
triangle rectangle dont la jambe représente l'hypoténuse.

En somme, le premier procédé de mensuration que
j'ai indiqué, me paraît le plus simple et le plus pratique. Il donne la base et la hauteur du triangle ; il est
facile d'en représenter les deux côtés, correspondants,
l'un à la jambe et l'autre à la cuisse.

L'extension peut, chez les cagneux, être poussée
plus loin qu'à l'état normal. Hüter donne de ce fait
une explication reproduite par Volkmann ; la voici : il
existe sur la partie antérieure de chaque condyle fémoral, au-dessous de la surface d'articulation avec la rotule, une facette triangulaire décrite par Henle. L'extension cesse, lorsque ces facettes viennent se mettre en
rapport avec la partie antérieure des cavités glénoïdes
du tibia par l'intermédiaire des ménisques inter-arti-
culaires.

Dans le genu valgum, la facette correspondante au
condyle externe se creuse et se déprime, ce qui permet à l'extension d'arriver à un dégré plus prononcé.
Telle est l'explication de Hüter que je relate sous bénéfice d'inventaire.

Les mouvements du genou sont libres, et l'abduction, on le comprend sans peine, est exagérée, ainsi que la rotation de la jambe en dehors.

La déviation du genou en dedans disparaît dans la flexion forcée. On a cherché de diverses manières à se rendre compte de cette disparition. Lannelongue a invoqué l'absence des ligaments croisés permettant la rotation de la jambe sur là cuisse et l'application exacte, pendant la flexion, de ces deux segments de membre l'un sur l'autre. Mais il est plus que douteux que les ligaments croisés manquent. On a argué d'autre part, et cette explication remonte à Guéniot, on a argué de ce que l'élongation du condyle interne ne porte que sur la hauteur, et de ce que ce condyle n'a nullement augmenté de volume dans le sens antéro-postérieur. (Le condyle interne n'est pas en réalité accru dans le sens vertical, mais néanmoins il est placé plus bas, ce qui revient au même au point de vue de l'explication). Or, dans la flexion forcée, les cavités glénoïdes du tibia se mettent en rapport avec la partie postérieure des condyles, et à ce niveau la surface articulaire du condyle interne est restée normale.

Enfin Tillaux a cherché à expliquer le redressement en question à l'aide d'un raisonnement mathématique qui me paraît manquer de rigueur. Somme toute, la théorie de Guéniot est celle que je crois la meilleure.

Les sujets affectés d'un genu valgum prononcé présentent un certain degré de claudication. Cependant cette claudication est moins forte qu'on ne serait porté à le croire.

Dans le cas de genu valgum unilatéral, elle est en effet diminuée par le fait de l'inclinaison du bassin du côté de la lésion. De plus, en fléchissant un peu le genou sain, le sujet atténue encore l'inégalité de longueur de ses membres inférieurs. Lorsque le genu valgum est double, les malades amoindrissent la claudication en marchant les jambes légèrement fléchies.

La station debout, les marches un peu longues sont fatigantes et douloureuses. La douleur se développe, soit au niveau de l'épiphyse inférieure du fémur, soit au niveau de l'épiphyse supérieure du tibia, et toujours au côté interne; quelquefois elle siège au niveau de l'interligne articulaire.

Chez certains sujets, la souffrance est réveillée par la pression exercée sur les points du fémur et du tibia que je viens d'indiquer.

En dehors de la fatigue et des pressions, le genu valgum est le plus souvent indolore. Son évolution est plus ou moins rapide. En tout cas, il faut toujours plusieurs mois pour que la déviation devienne très-prononcée.

Il n'existe aucune maladie avec laquelle on puisse, pour peu que l'on soit attentif, confondre la difformité qui nous occupe. La seule difficulté peut consister à savoir dans quelle espèce de genu valgum on doit ranger le cas que l'on a sous les yeux.

L'âge et les symptômes concomitants serviront de guide.

Le genu valgum expose à l'entorse, à l'hydarthrose et, dans un âge avancé, à l'arthrite sèche. Il y a deux périodes de l'existence auxquelles il se développe plus spécialement, c'est de deux à quatre ans et de quatorze à seize. Les garçons en sont plus fréquemments atteints que les filles, et cela, je le crois, en raison des occupations pénibles, de la station verticale ou de la marche longtemps prolongées auxquelles ils sont plus fréquemment soumis.

La pathogénie du genu valgum a, surtout dans ces derniers temps, fixé l'attention des chirurgiens, et l'on peut ranger sous trois chefs les théories qui ont été émises pour expliquer la genèse de cette déformation chez les adolescents.

On les désigne sous les noms de théories musculaire, ligamenteuse, osseuse, suivant que l'on rapporte l'origine de la déformation aux muscles, aux ligaments ou aux os.

J'ai déjà dit que l'on trouve des déformations rachitiques des os chez un certain nombre de sujets atteints de genu valgum, lequel peut alors être considéré comme de nature rachitique; mais on ne doit pas, même chez les jeunes enfants, invoquer le rachitisme alors qu'on n'en trouve aucune trace ni sur les membres inférieurs, ni sur le rachis, ni sur le thorax, et je crois que c'est commettre une grave erreur que de rapporter d'une façon générale au rachitisme le genu valgum de la première enfance qui, dans un assez grand nombre de cas, parait en être tout à fait indépendant.

La théorie musculaire attribue la déviation à l'action prédominante, à la contracture des muscles rotateurs en dehors, biceps, tenseur du fascia lata.

Macewen a signalé le raccourcissement du poplité. Duchenne considère l'action exagérée du biceps comme consécutive à la paralysie des rotateurs en dedans.

La théorie ligamenteuse adoptée par Guérin, Owen, Blasius, Stromeyer, comprend deux subdivisions, selon que l'on considère le relâchement du ligament latéral interne comme le phénomène initial et fondamental, ou bien que l'on incrimine la rétraction du ligament latéral externe. Pour ceux qui rapportent l'origine de la maladie au système musculaire ou au système ligamenteux, les changements survenus dans les os ne seraient que consécutifs.

C'est au contraire dans le système osseux que la plupart des chirurgiens qui se sont récemment occupés de cette question, placent le point de départ de la maladie, et les recherches d'Ollier démontrant l'influence que peut avoir, suivant son plus ou moins d'intensité, l'inflammation du tissu cartilagineux placé entre la diaphyse et l'épiphyse, ont servi aux partisans de l'origine osseuse du genu valgum à étayer leur théorie. Ollier a établi en effet que l'inflammation du cartilage inter-épiphyso-diaphysaire peut, selon degré, augmenter ou arrêter l'accroissement.

Delore invoque l'existence d'une courbure à concavité externe qui, siégeant sur le tiers inférieur du fémur, détermine l'abaissement du condyle interne, le relèvement de l'externe et l'incurvation en dehors du tibia. Je pense que cette courbure n'existe que chez les rachitiques.

Certains attribuent la difformité à un excès d'accroissement du condyle interne survenu sous l'influence de l'inflammation modérée de la portion interne du cartilage de conjugaison, tandis que d'autres, tels qu'Ollier et Gosselin, pensent qu'il y a un défaut d'accroissement du condyle externe, dû à sa soudure prématurée produite par une inflammation intense de la partie externe du cartilage. Les recherches précitées de Mikulicz montrent que le condyle interne n'augmente pas de hauteur.

Verneuil a rappelé que le fémur ne doit pas seul être mis en cause, et que les mêmes phénomènes peuvent se produire du côté de l'extrémité supérieure du tibia.

A la théorie musculaire on peut objecter que, dans

bon nombre de cas, la contracture fait défaut, et que, lorsqu'elle existe, elle est secondaire.

A ceux qui regardent la rétraction du ligament latéral externe comme produisant la déviation, on peut répondre que le ligament, en se rétractant, ne fait que s'accommoder ultérieurement à la nouvelle disposition des surfaces articulaires.

La théorie osseuse, qui excite aujourd'hui un engouement si général, ne me paraît pas à l'abri de tout reproche. Comment se fait-il que ces prétendues inflammations du cartilage articulaire se produisent le plus souvent sans douleur, (car il faut bien reconnaître que si le genu valgum est quelquefois douloureux, dans la grande majorité des cas il se développe sans souffrance, et cette dernière ne survient qu'à la suite de fatigues ou de pressions)? Quelle similitude peut-il exister entre une inflammation qui est produite artificiellement par l'introduction de corps étrangers (comme le fait Ollier dans ses expériences), et celle qui naîtrait en dehors de toute influence traumatique et qui évoluerait sans presque jamais produire des phénomènes phlegmasiques appréciables ? Il semblerait, d'autre part, rationnel d'attendre que l'évolution du genu valgum des adolescents s'accompagnât assez fréquemment d'ostéite épiphysaire, ce qui n'arrive pas.

Cette théorie osseuse me paraît fort loin d'être absolument satisfaisante ; elle a, je crois, comme les théories musculaire et ligamenteuse, l'inconvénient d'être exclusive.

Le genu valgum n'est pas, à mon avis, le résultat d'une cause prenant son origine uniquement dans un seul système organique, mais celui d'une série de causes.

On sait qu'à l'état normal le tibia et le fémur forment

un angle à sinus externe, que c'est à l'âge où l'enfant commence à marcher, ou bien à celui où l'adolescent commence à être soumis à de rudes fatigues que la maladie se développe, qu'on l'observe bien plus chez les sujets débiles que chez ceux qui sont vigoureusement constitués. L'intégrité fonctionnelle des muscles et des ligaments n'est-elle pas nécessaire pour assurer l'exacte coaptation des surfaces articulaires du genou, d'autant plus nécessaire que, comme je viens de le répéter, le fémur et le tibia se réunissent à angle? Quoi d'étonnant à ce que, chez des sujets jeunes et débiles, le système musculaire ne puisse maintenir dans la direction voulue la jambe qui supporte le poids du corps, accru quelquefois de celui d'un fardeau.

Le ligament latéral interne, chargé alors pour la plus grande part de maintenir le tibia dans sa position normale, finit par se laisser allonger. La disposition anguleuse du genou est exagérée; le poids du corps, porte plus spécialement sur le condyle externe du fémur et la tubérosité correspondante du tibia, tandis que du côté interne, les extrémitées articulaires, loin d'être pressées aussi énergiquement l'une contre l'autre, tendent à s'abandonner, ce qui facilite la croissance de la partie correspondante de la diaphyse.

Voilà l'évolution que me paraît, dans la majorité des cas, suivre le genu valgum lorsqu'ils se développe en dehors du rachitisme. Quand l'ossification est achevée, la lésion s'arrête et demeure fixe.

Le redressement, qui est le but du traitement, peut être obtenue lntement ou brusquement. (Je ne m'occupe que du genu valgum dans lequel la difformité est limitée au genou et les diaphyses osseuses sont à l'état normal, au moins en apparence.)

9.

Le redressement lent s'obtient à l'aide de bandages ou d'appareils. Je ne décrirai, en fait de bandages ou d'appareils, que ceux qui me paraissent les plus utiles et je laisserai de côté ceux qui me semblent moins avantageux.

Voyons d'abord les bandages.

Ils peuvent être appliqués, le membre étant étendu ou le membre étant fléchi. Comme bandages appliqués sur le membre étendu, je signalerai ceux de Verneuil, de Tillaux, d'Owen et de Mikulicz.

Bandage de Verneuil. — On applique sur le membre à redresser deux appareils silicatés, l'un allant de la partie sus-malléolaire de la jambe au cartilage épiphysaire supérieur du tibia, l'autre commençant au cartilage épiphysaire inférieur du fémur et s'arrêtant au tiers supérieur de la cuisse. A la partie externe du membre, on place une solide attelle en bois, fixée à ses deux extrémités.

Une longue bande en caoutchouc décrit une série de circulaires embrassant l'attelle et le genou qu'elle porte en dehors. La bande en caoutchouc doit être réappliquée tous les jours.

Lorsque le redressement paraît suffisant, on laisse de côté l'appareil que je viens de décrire et on entoure le membre d'un appareil plâtré ou silicaté ordinaire, qui permet au malade de se lever.

Appareil de Tillaux. — Le chirurgien applique sur le côté externe du membre une attelle bien matelassée, allant du pied au grand trochanter.

A l'aide d'un bandage ordinaire très serré, il rapproche le genou de l'attelle, puis il recouvre le tout avec un bandage silicaté. Cet appareil doit être renouvelé tous les vingt-cinq jours.

Bandage d'Owen. — Il n'est applicable qu'aux cas

de genu valgum double et se compose d'un petit coussin suffisamment ferme, interposé entre les genoux, et de trois lacs embrassant les deux membres. Un des lacs est placé au niveau des genoux, un second à la hauteur de la partie moyenne des jambes, le troisième passe sur les cous-de-pied. Owen se sert de bandes en toile et repousse l'emploi du caoutchouc comme dangereux.

Bandage de Mikulicz. — On applique sur le membre malade un bandage plâtré s'étendant de la partie inférieure de la cuisse jusqu'au dessus des malléoles, en ayant soin de matelasser la région du condyle interne avec de la jute que l'on retire plus tard. En avant et en arrière de l'articulation du genou, on fixe une charnière destinée à permettre des mouvemen's autour d'un axe antéro-postérieur. Sur le côté interne on place également deux crochets, l'un au-dessus, l'autre au-dessous du genou. Quand le bandage est sec, on le sectionne en dehors au niveau de l'interligne articulaire, tandis qu'en dedans on en retranche un segment de forme appropriée, permettant d'attirer la jambe en dedans. On réunit ensuite les deux crochets avec un lien élastique, de préférence un drain, allant plusieurs fois de l'un à l'autre.

Le malade peut se lever avec ce bandage.

Tels sont les bandages. J'en viens maintenant aux appareils. Je ne m'occuperai que de ceux qui peuvent être appliqués pendant la station debout, car les bandages que j'ai décrits, suffisent parfaitement lorsque le malade est couché.

Je signalerai d'abord un appareil tout à fait à part, celui de Ferdinand Martin. Cet orthopédiste faisait porter aux malades atteints de genu valgum un brodequin pourvu d'une semelle exhaussée au niveau du bord interne. Cette disposition a pour but de renverser en dehors le pied et l'extrémité supérieure de la jambe. Mais pour qu'elle ait quelque efficacité, il est nécessaire d'ajouter à la chaussure un montant externe fixé à cette dernière et attaché au-dessous du genou par une embrasse.

Les autres appareils ou plutôt les autres machines permettant la station debout sont appliquées le long du membre. Les unes sont disposées de façon à maintenir le membre constamment étendu, tandis que les autres permettent les mouvements de flexion.

Les appareils maintenant l'extension d'une façon permanente ne sont guère plus employés. Je citerai celui de Mellet. Il est formé de deux branches d'acier allant de la partie inférieure de la jambe au tiers supérieur de la cuisse et réunies à leurs deux extrémités par un demi-cercle métallique, pouvant recevoir la moitié de la circonférence du membre. La partie moyenne de ces branches est un peu incurvée en dehors, afin que le genou puisse facilement être porté dans ce sens.

L'une est appliquée sur la partie postérieure du membre, l'autre sur la région antéro-externe.

Sur les branches sont rivés des boutons métalliques, auxquels on agrafe les courroies à la partie supérieure et à la partie inférieure de l'appareil, qui se trouve ainsi maintenu.

La traction du genou en dehors est opérée par une fronde dont le plein rembourré presse sur la face interne de l'articulation et dont les chefs se fixent aux branches.

Parmi les appareils permettant la flexion, il en est dans lesquels les montants ou le montant, s'il n'y en a qu'un, sont formés de pièces placées toutes dans le même plan vertical, tandis que les autres sont incurvés en dedans, comme le membre lui-même. Au nombre des premiers, je dois signaler encore un appareil de Mellet. Il présente un seul tuteur métallique placé en dehors ; ce tuteur est formé de quatre pièces allant du bassin à la plante du pied et s'articulant entre elles. Une équerre ou étrier, fixée dans la semelle du brodequin par sa partie horizontale, vient, par sa portion verticale, s'articuler avec la partie jambière du montant, au moyen d'une articulation en nœud de compas. L'extrémité supérieure de la portion fémorale se réunit, par l'intermédiaire d'un pivot et d'une rosette, à une plaque pelvienne fixée sur une ceinture qui entoure le bassin. La fente par laquelle le pivot entre dans la plaque est allongée, afin de permettre au corps de s'incliner latéralement sans que la plaque suive ces mouvements. Deux courroies transversales agrafées par leurs chefs à des boutons rivés sur les tuteurs et placées, l'une au-dessus, l'autre au-dessous du genou, attirent ce dernier en dehors.

A côte de l'appareil de Mellet, je placerai celui qui était et est encore peut-être employé à la consultation orthopédique du Bureau central, et qui était fourni par Lebelleguic. Il est formé de deux montants en fer, l'un en dehors, l'autre en dedans, réunis au moyen d'une équerre passant dans la semelle de la chaussure. Le montant interne ne dépasse pas le bas du genou ; l'externe remonte jusqu'au bassin et est fixé à ce niveau par une ceinture. Des embrasses réunissent l'une à l'autre, au niveau de la jambe, ces deux tiges qui sont matelassées dans le point où elles entrent en contact direct avec les tissus. Les tiges présentent une articulation au niveau du cou de pied, de façon à permettre les mouvements de flexion et d'extension du pied. Le montant externe est également articulé à la hauteur du genou ; cette dernière articulation peut être immobilisée, de façon que le montant externe demeure rectiligne au niveau du genou.

La traction du genou en dehors est opérée à l'aide d'une fronde en cuir dont le plein se place sur le côté interne de l'articulation et dont les chefs se fixent sur le montant externe.

J'en viens maintenant aux appareils incurvés en dedans, comme le membre lui-même.

Tel est celui de Guérin, (Fig. 45) dans lequel le tuteur externe, articulé à pivot, en haut avec la ceinture pelvienne, en bas avec l'étrier, est formé de deux pièces, l'une fémorale et l'autre jambière, munies d'un système de rallonge et se redressant toutes deux au moyen d'un mécanisme que j'exposerai tout à l'heure. En dedans, une tige jambière interne, articulée en bas avec l'étrier, supporte une pelote de pression qui vient s'appliquer contre la face interne du genou. Les deux tiges jambières sont inclinées comme la jambe. A leurs extrémités supérieure et inférieure, elles sont rattachées l'une à l'autre par une embrasse de cuir rem-

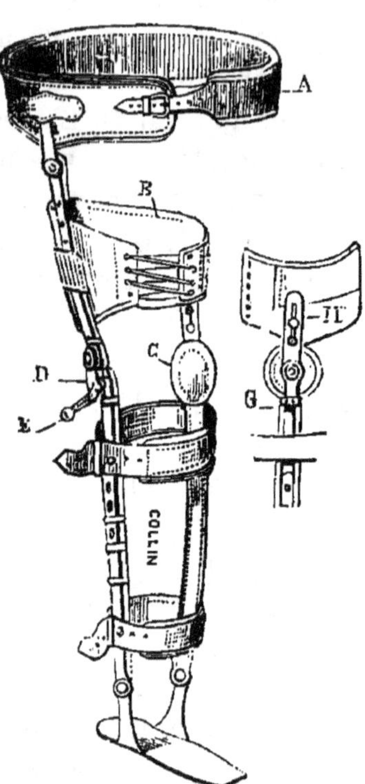

Fig. 45 — Appareil de J. Guérin.

bourrée, renfermant dans son segment postérieur un demi cercle métallique. La partie fémorale du tuteur externe est fixée à une embrasse. Les portions jambière et fémorale de ce montant sont réunies à l'aide d'une pièce intermédiaire, qui s'articule à pivot avec la tige fémorale, ce qui permet les mouvements de flexion et d'extension du genou, et, deux ou trois centimètres plus bas, elle s'articule par sa face interne avec la tige jambière, au moyen d'une charnière à axe antéro-postérieur. Cette pièce intermédiaire se prolonge en dehors, et le sommet de ce prolongement est traversé par une vis de pression horizontale. On comprend sans peine le mécanisme de cet appareil. Lorsque la vis de pression n'agit pas, le montant externe est infléchi suivant la direction vicieuse du membre, et la tige jambière placée en dedans affecte la direction de la jambe; quand, au contraire, la vis est mise en mouvement, son extrémité presse sur la face externe de la tige jambière, et, le montant externe ayant des points fixes en haut et en bas, c'est sa partion moyenne qui obéit à l'action de la vis et qui est ainsi ramenée en dehors.

L'appareil de Mathieu utilise la puissance de ressort de l'acier trempé. Il est formé d'une ceinture pelvienne et de deux tuteurs métalliques, dont l'externe remonte jusqu'à la ceinture et dont l'interne s'arrête vers la partie moyenne de la cuisse. Tous deux se fixent en bas sur un étrier adapté à la chaussure. Sur chaque montant il existe une articulation à pivot au niveau du cou-de-pied et du genou; pour le tuteur externe, il y en a une au niveau de la hanche. A la jambe et à la cuisse, les deux montants sont reliés l'un à l'autre par les embrasses molles en avant et métalliques en arrière.

Pour fabriquer l'appareil, on moule le membre dévié,

et sur le moule en plâtre on fabrique les pièces métalliques qui, par suite, doivent s'appliquer exactement.
Avant de les garnir, on les trempe de façon à ce qu'elles
acquièrent l'élasticité des ressorts.

L'appareil appliqué, les montants, en vertu de l'action
du ressort, tendent à revenir à la rectitude et à y ramener le membre.

Le redressement brusque peut être obtenu soit à
l'aide de manœuvres manuelles ou d'un appareil *ad
hoc*, soit à l'aide d'une opération.

C'est Delore qui a employé pour la première fois le
redressement par les mains. Il procède de la façon
suivante : le malade étant anesthésié, le membre dévié
est placé dans la rotation en dehors ; un aide maintient
la malléole externe à dix centimètres environ au-dessus
du plan du lit, et le chirurgien exerce des pressions
avec petites secousses sur le genou dont la saillie
regarde directement en haut. La durée et la force de
ces pressions varient suivant les cas.

On entend habituellement quelques craquements, et
le redressement s'opère. Il est dû selon Delore :

1º A l'écartement des surfaces articulaires ;

2º A l'arrachement du périoste par le ligament latéral externe ;

3º Au décollement des épiphyses qui porte sur le condyle interne du fémur, la tubérosité externe du tibia et
même la tête du péroné ;

4º Au tassement de la tubérosité interne du tibia;

5º Enfin à l'élasticité du fémur et du tibia.

Le redressement est maintenu d'abord au moyen
d'un bandage amidonné, ensuite avec un tuteur. On
laisse ce dernier en place jusqu'à ce que la marche
soit parfaitement régulière. Suivant Delore, le membre

a retrouvé toutes ses fonctions au bout de six mois.

Tillaux, pour obtenir le redressement, opère de la façon suivante : le sujet, profondément endormi, repose sur une table recouverte d'un matelas peu épais. Le membre inférieur à redresser est placé sur le bord de la table sur lequel il doit porter par sa face interne ; c'est sur le condyle interne du fémur qu'est pris le point d'appui, et toute la jambe dépasse le bord de la table.

Un aide vigoureux maintient la cuisse dans cette position et l'empêche de tourner. Le chirurgien saisissant avec sa main droite la partie moyenne de la jambe, s'en sert comme d'un levier, et, pendant que de la main gauche il maintient le genou appuyé sur sa face interne (ce qui est de la plus grande importance pour le succès de l'opération), il exerce des pesées successives et progressivement croissantes jusqu'à ce que l'on entende un craquement caractéristique. Le membre tenu bien droit est alors entouré d'un appareil silicaté avec attelles latérales, lequel appareil est laissé en place pendant soixante jours.

L'appareil de Collin pour le redressement du genu valgum (FIG. 46) est formé d'une planche de la longueur du membre. Sur cette planche est fixée une tige d'acier un peu moins longue, supportant deux arcs métalliques rembourrés, destinés à recevoir, l'un la partie moyenne de la jambe, l'autre la partie moyenne de la cuisse. Le genou est solidement embrassé par deux pelotes supportées par des montants, et la rotule est elle-même fixée par une pelote concave. La partie de l'appareil qui entoure le genou peut être attirée en dehors à l'aide d'un système de levier formé de la façon suivante : la tige dont j'ai parlé au début est continuée par une autre tige dépassant de beaucoup l'appareil

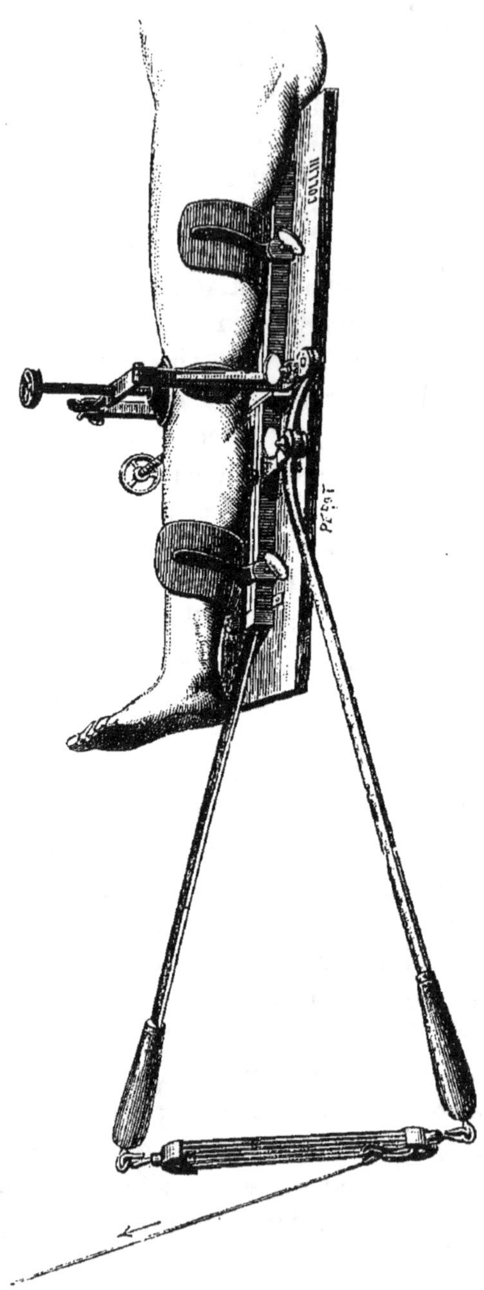

Fig. 46. — Appareil de Collin.

et s'inclinant en dedans. D'autre part, une tige coudée, le levier, fixée a la portion de l'appareil enveloppant le genou, prend son point d'appui sur une pièce qui est attachée à la planche et se porte en dehors. Ces deux tiges sont réunies par un système de moufle.

Le chirurgien, en tirant la corde de la moufle, agit sur le levier et porte le genou en dehors.

Cet appareil est indiqué dans les cas où il faut déployer une grande force.

Étudions maintenant les opérations préconisées pour la cure du genu valgum. Ce sont les sections ligamenteuses, les sections tendineuses et l'ostéotomie.

Sections ligamenteuses et tendineuses. — Langenbeck recommande la section du ligament latéral externe. Guérin a pratiqué, suivant les cas, tantôt la section isolée de ce ligament, tantôt la section du ligament jointe à celle des tendons du biceps et du tenseur du fascia lata.

Tamplin se montre partisan de la ténotomie du biceps.

Le manuel opératoire de ces sections sous-cutanées est trop simple pour que je le décrive ici; on le trouvera du reste dans les ouvrages *ad hoc*. Je rappellerai seulement que la section du tendon du biceps faite sans précaution exposerait à la lésion du sciatique poplité externe.

Ostéotomie. — L'ostéotomie appliquée à la cure du genou en dedans paraît avoir été mise en usage pour la première fois par Meyer de Würtzbourg, en 1852.

Les chirurgiens qui depuis l'ont pratiquée, ont agi, les uns sur le fémur, les autres sur la jambe.

Voyons d'abord les opérations qui ont porté sur le fémur. On a fait la section du condyle interne, l'excision d'une portion cunéiforme de ce condyle, la section transversale de l'extrémité inférieure du fémur, la résection d'une partie de l'extrémité articulaire du fémur.

Section du condyle interne (opération d'Ogston).
— La jambe étant fléchie, le chirurgien introduit sous la peau un long ténotome à trois pouces et demi au-dessus de la saillie du condyle interne du fémur, sur une ligne correspondant à la bifurcation de la ligne âpre qui va rejoindre le condyle interne.

La lame est dirigée en avant, en bas et en dehors, le tranchant regardant du côté de l'os.

Lorsque la pointe peut être sentie à travers la peau dans l'espace intercondylien, au niveau du lieu qu'occupe la rotule lors de la flexion normale, on divise d'avant en arrière les parties molles, y compris le périoste. On introduit alors la scie d'Adams, et on scie le condyle d'avant en arrière ; quand on pense que la scie est arrivée au voisinage du creux poplité, on la retire, le condyle ne tenant plus que par un pont osseux très peu étendu.

Le membre est alors mis dans l'extension, et l'opérateur le redresse brusquement avec sa main et son genou. A ce moment, il se produit un craquement.

Reeves, au lieu de faire la section de l'os avec une scie, se sert d'un ciseau, afin d'éviter de laisser de la sciure d'os dans la plaie. Il sectionne le condyle dans toute son épaisseur en respectant le cartilage diarthrodial, dont il compte que l'élasticité sera suffisante pour permettre le redressement de la difformité, sans que l'articulation communique avec la fracture.

Il peut en être ainsi dans certains cas chez les enfants, mais, chez les sujets d'un âge plus avancé, le cartilage diarthrodial se fracture et l'articulation est ouverte.

Excision d'une portion cunéiforme du condyle interne (Chiene). — Sur le tubercule du grand adduc-

teur on fait une incision longitudinale commençant à
un demi-pouce au-dessous de ce tubercule et remontant dans une étendue suffisante. Le tendon du grand
adducteur découvert, on passe entre ce tendon et les
fibres du vaste interne ; on divise entre deux ligatures
l'artère articulaire supérieure interne. Le périoste est
incisé crucialement et les lambeaux renversés laissent
l'os à nu. Avec le ciseau et le maillet on retranche une
portion cunéiforme du condyle immédiatement au-
dessus du tubercule du grand adducteur.

L'axe de ce coin, dont la largeur doit être propor-
tionnelle au degré de la difformité, se porte en bas et
en dehors, vers la dépression inter-condylienne.

Le coin est au-dessus de la ligne épiphysaire qu'il
peut atteindre par son sommet.

Après qu'on a retranché une portion suffisante de
l'os, on saisit le tibia au niveau de son extrémité inférieure ; par la pression on fait plier le pont osseux qui
attache le condyle à l'os, et on redresse le membre.

*Section transversale de l'extrémité inférieure du fé-
mur* (Macewen). — Au point de jonction de deux lignes,
l'une horizontale, passant à un travers de doigt au-dessus de l'extrémité supérieure du condyle externe, l'autre
menée verticalement à un demi-pouce en avant du tendon du grand adducteur, le chirurgien fait une incision
dont la longueur est un peu plus considérable que la
plus grande largeur des ostéotomes dont il veut se servir.

L'ostéotome est une espèce de ciseau taillé en
biseau des deux côtés, de manière à ressembler à un
coin très effilé. La lame et le manche sont d'une seule
pièce. Ce dernier est octogone. L'os est sectionné en
employant successivement des ostéotomes de plus en
plus fins à mesure qu'on se rapproche de la partie

externe. Cette manière de procéder a pour but d'obtenir un tassement de la partie interne de l'os qui permette le redressement. Quand la section est suffisante, on fracture avec les mains ce qui reste.

Annandale a pratiqué la résection d'une partie de l'extrémité articulaire du fémur. Il procéda de la façon que voici : il fit une incision de cinq pouces de long suivant le côté interne de l'articulation dans laquelle il pénétra. Il coupa en travers le ligament latéral interne, et, la rotule et ses ligaments étant portés en dehors, il sectionna les ligaments croisés et le ligament latéral externe. Il scia une tranche de l'extrémité articulaire du fémur, suivant une direction oblique en bas et en dehors, sans toucher au tibia. Cette tranche du fémur enlevée, la jambe fut mise en droite ligne avec la cuisse.

Certains chirurgiens agissent sur la jambe.

C'est ainsi que Billroth pratique la section sous-cutanée du tibia. Il fait transversalement une incision de un centimètre et demi à deux centimètres de long au-dessous de l'épine de cet os; cette incision pénètre jusqu'au tissu osseux. Avec un ciseau, le chirurgien divise la substance compacte de la face externe du tibia et achève la section de l'os avec les mains.

Schede fait la résection cunéiforme de la tubérosité interne du tibia et la section du péroné, à l'aide d'une gouge.

Dans un cas de genu valgum où l'ostéotomie sous-cutanée du tibia ne suffisait pas pour le redressement, Billroth eut recours à la section sons-cutanée du péroné.

Parmi ceux qui ont recours à l'ostéotomie, les uns réduisent immédiatement la difformité, tandis que les autres attendent la cicatrisation de la plaie pour redresser le membre.

Après avoir énuméré les divers modes de traitement

du genu valgum, je dois les apprécier, ou mieux, spécifier quelle doit être, selon moi, la conduite du chirurgien en face d'un malade atteint de cette difformité.

Je commencerai par déclarer que, pour les sujets
âgés de moins de douze ans, toute opération, redressement brusque avec les mains ou une machine, ostéotomie, me paraît devoir être sévèrement proscrite.

Jusqu'à cet âge, on emploiera tel appareil ou tel
bandage que l'on voudra, mais on n'emploiera que cela,
conjointement à un traitement et à des moyens hygiéniques propres à fortifier l'enfant. Pour ma part, je me
sers de l'appareil usité au Bureau central. La durée du
traitement varie, suivant les cas, de six mois à deux ans.

Si le malade a plus de douze ans et que l'emploi d'un
appareil, de celui du Bureau central, par exemple,
maintenu pendant quatre mois, n'ait produit aucune
amélioration, on en viendra au redressement brusque
avec les mains, suivant le procédé de Delore ou celui
de Tillaux, ou bien avec l'appareil de Collin, utile surtout pour les cas où le redressement nécessite un
déploiement de force considérable.

Je ne garantis pas l'innocuité absolue de cette méthode ; je sais qu'on a signalé à la suite de son application l'arthrite, l'hydarthrose du genou, la périostite phleg-
moneuse du fémur, mais l'hydarthrose est sans gravité,
et les autres accidents sont relativement très rares.

Il ne paraît pas, d'autre part, que l'on ait à craindre
de voir, à la suite de ces manœuvres, le fémur cesser
de s'accroître par son extrémité inférieure.

Je considère le redressement brusque comme bien
moins dangereux que tous les procédés d'ostéotomie,
même avec le bénéfice de la méthode de Lister.

Les opérations consistant simplement en une ostéotomie sont de beaucoup préférables à celles où, comme dans le procédé d'Ogston, on ouvre l'articulation et qui constituent des ostéo-arthrotomies.

Je ne traiterai pas du genou en dehors, genu varum ; la déviation est due dans ce cas à des incurvations rachitiques du corps des os, et je n'aborde pas ce sujet.

CHAPITRE V

DIFFORMITÉS DU PIED

ARTICLE PREMIER

PIED BOT

Club-foot des Anglais, *Klumpfuss* des Allemands.

Sous le nom de pied bot on désigne les états dans lesquels le pied demeure fixé sur la jambe dans une position vicieuse.

Le pied peut être fixé dans l'extension, dans la flexion, dans l'adduction, dans l'abduction ; telles sont les quatre espèces principales qui peuvent s'associer entre elles.

Les dénominations anciennes des diverses espèces de pied bot sont encore celles que l'on conserve et auxquelles, par conséquent, il faut s'en tenir. Le pied en extension est dit *équin*, celui en flexion est dit *talus*, le pied en adduction est appelé *varus*, et celui en abduction, *valgus*. Lorsque différentes espèces de pied bot s'associent sur le même pied, on l'indique en ajoutant les dénominations qui servent à désigner ces espèces; c'est ainsi que le *varus équin* est le pied qui est à la fois en extension et en adduction, que le *valgus talus* est celui qui est en flexion et en abduction.

Je citerai pour mémoire les nomenclatures proposées par V. Duval et par Bonnet, nomenclatures qui n'ont pas prévalu.

Celle de Duval est simplement une affaire de terminologie, très rationnelle au point de vue étymologique, mais à dénominations quelque peu baroques. La voici :

Le pied bot en général constitue la stréphopodie (στρέφω, tourner πούς, ποδός pied) qui se divise en :

Stréphocatopodie (κάτω en bas) pied en extension, équin.

Stréphanopodie (ἄνω en haut) pied en flexion, talus.

Stréphendopodie (ἔνδον en dedans) pied en adduction, varus.

Stréphexopodie (ἔξω en dehors) pied en abduction, valgus.

Duval a encore signalé sous le nom de Stréphypopodie (ὑπό dessous) une déviation qui n'est, en somme, qu'un équinisme exagéré. C'est l'état dans lequel les orteils et une partie du métatarse dépassent en arrière le plan du talon et dans lequel le pied touche le sol par la face dorsale du cuboïde et des cunéiformes.

Bonnet a proposé une classification fondée sur l'anatomie et la physiologie normales et pathologiques et dont je ferai tout à l'heure ressortir les défectuosités. Considérant que généralement le varus s'associe à l'équin et le valgus au talus, que dans le premier cas ce sont les muscles innervés par le sciatique poplité interne qui sont contracturés, tandis que, dans le second, la lésion atteint les muscles innervés par le sciatique poplite externe, il établit deux espèces de pied bot, le pied bot poplité interne et le pied-bot poplité externe.

PIED BOT POPLITÉ INTERNE

1er degré. — Elevation du talon.
2e   —   — Flexion antéro-postérieure du pied sur lui-même
3e   —   — Adduction de l'avant-pied.
4e   —   — Renversement du talon en dedans.
5e   —   — Augmentation de la courbure transversale de la plante du pied.

PIED BOT POPLITÉ EXTERNE

5e degré. — Abaissement du talon.
4e   —   — Extension forcée du pied sur lui-même.
3e   —   — Abduction de l'avant-pied.
2e   —   — Renversement du talon en dehors.
1er   —   — Diminution de la courbure transversale de la plante du pied.

Bonnet qui présentait les deux catégories de pied bot à côté l'une de l'autre, faisait observer que ce tableau formait deux échelles sur lesquelles les caractères des cinq degrés de pied bot se trouvaient placés parallèlement dans un ordre inverse d'évolution. Malgaigne a battu en brèche la théorie et la nomenclature de Bonnet, en rappelant que le talus pur et simple existe en dépit des dénégations de cet auteur, et que le jambier antérieur, bien qu'animé par le sciatique poplité externe, contribue aux déviations en dedans.

En somme, comme je l'ai déjà dit, c'est aux appellations anciennes que je m'en tiendrai.

Le pied bot se divise en congénital et acquis.

Le pied bot acquis peut être dû à une lésion des os, des ligaments, des muscles, de la peau.

Je ne m'occuperai que de celui qui est d'origine musculaire. Il peut être le résultat de lésions diverses des muscles produisant leur raccourcissement (contractures ou rétractions, myosites, plaies, etc.), ou de lésions déterminant leur paralysie, lésions qui dérivent du système nerveux.

PIED BOT CONGÉNITAL

Le pied bot congénital n'est pas très rare.

Sur 23 923 enfants nouveau-nés, Chaussier a constaté que 132 étaient atteints de vices de conformation, et sur ceux-là 37 porteurs de pieds bots.

Lannelongue, sur 15 229 naissances observées à la Maternité de Paris, de 1858 à 1867, a trouvé 108 enfants atteints de difformité, dont huit de pied bot.

Sur 10 217 cas de difformité traités à l'Hôpital orthopédique de Londres, Tamplin a rencontré 1780 pieds bots, dont 764 congénitaux.

Je citerai enfin la statistique de Duval : Sur 1000 pieds bots, dont 574 congénitaux, 364 siégeaient sur des garçons, 210 sur des filles. Duval a de plus indiqué les espèces de pied bot :

		Garçons	Filles
Equins et équins varus	417	215	202
Varus	532	302	230
Valgus	22	14	8
Talus	9	6	3
Stréphypopodie (pied en-dessous, équinisme exagéré)	20	13	7

Cette dernière statistique, qui établit la plus grande fréquence du pied bot chez les garçons, donne une idée assez exacte de la proportion relative des diverses espèces. Je ferai cependant observer que l'équin pur et surtout le talus sont excessivement rares en tant que difformités congénitales, et que le varus congénital est plus rare que le varus équin.

§ 1. — Pied bot varus.

J'étudierai successivement les différentes espèces de pied bot, et je commencerai par le varus. J'ai dit qu'il est caractérisé par l'adduction permanente du pied.

A. Varus congénital.

Je dois rappeler ici qu'à la naissance et à l'état normal, la forme et la position du pied ne sont pas ce qu'elles seront plus tard.

Chez le nouveau-né, la voûte plantaire est à peine prononcée, la plante du pied est fortement renversée en dedans et la pointe du pied est un peu en adduction, mais les muscles peuvent reporter la plante en dehors.

Pour distinguer ce renversement normal du renversement pathologique, il n'y a, comme l'a indiqué Guéniot, qu'à présenter l'enfant à un foyer de chaleur. Si tout est à l'état normal, il fléchira les cuisses sur le tronc, les jambes sur les cuisses et renversera les pieds en dehors.

Dans le varus pur ou direct, le pied est en adduction, la plante et le talon regardant en dedans ; le bord interne est dirigé en haut et concave ; le bord externe, convexe, regarde en bas. Le talon est élevé en raison de la disposition du calcanéum.

Chez l'adulte (Fig. 47), la difformité est encore plus prononcée. Il se forme, au niveau de la région plantaire, deux sillons, l'un longitudinal et l'autre oblique. Le

premier est situé au niveau de la partie antérieure du
pied, le second sur la partie postérieure.

Le pied reposant sur le sol par sa face dorsale, la
peau s'épaissit à ce niveau et il s'y développe une bourse
séreuse.

Si du pied on remonte à la jambe, on voit qu'elle
participe plus ou moins à la malformation. Lorsque le

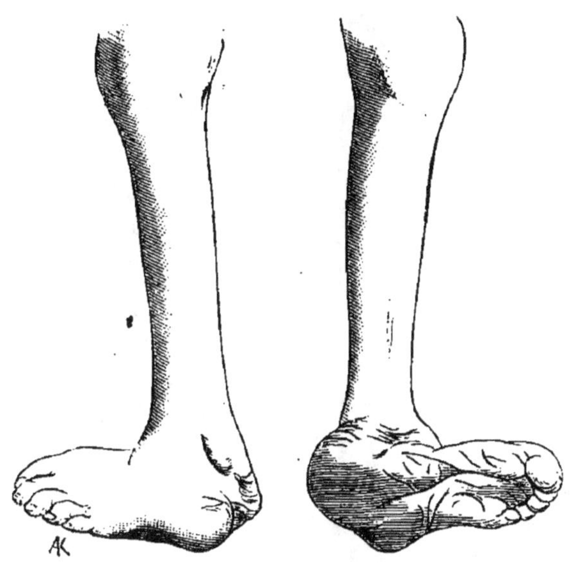

Fig. 47. — Bied bot varus.

pied bot est unilatéral, la jambe de ce côté apparait
plus grêle que celle du côté sain. En outre j'ai observé
quelquefois une rotation subie par le tibia autour de
son axe vertical. On peut la constater de la façon suivante : à l'état normal, l'axe vertical de la rotule prolongé en bas vient passer sur le milieu de la tubérosité
antérieure du tibia. La rotation que je signale se produit de dehors en dedans, et on s'aperçoit alors que

10.

le prolongement de l'axe vertical de la rotule ne passe plus sur le milieu de la tubérosité antérieure du tibia, mais qu'il se trouve plus rapproché de son côté externe.

Dans d'autres cas, il n'y a pas rotation du tibia, mais bien torsion de cet os. Il semble que l'extrémité supérieure de l'os étant maintenue immobile, l'extrémité inférieure a été portée, soit de dedans en dehors et d'arière en avant, soit de dehors en dedans et d'avant en arrière.

Scarpa a signalé le premier mode de torsion, suivant lequel la malléole interne se trouve portée en avant et l'externe en arrière. J'ai constaté l'existence du second mode, dans lequel c'est la malléole externe qui est en avant et l'interne en arrière.

Anatomie pathologique. — J'étudierai d'abord les modifications subies par les os et les articulations.

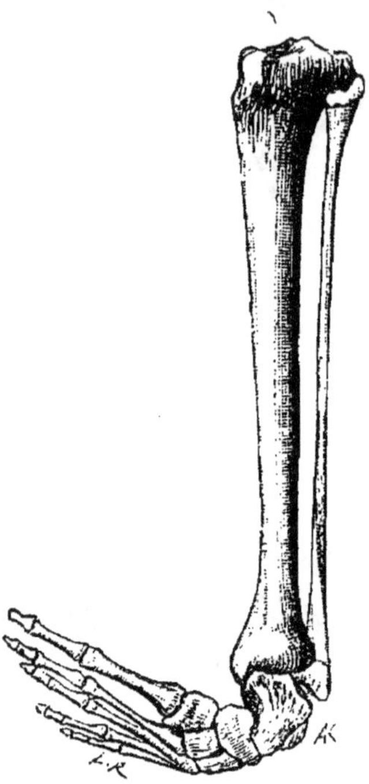

FIG. 48. — Squelette de pied bot varus.

(FIG. 48.) On peut les résumer en quelques mots : l'astragale est étendu sur les os de la jambe dans l'articulation tibiotarsienne ; le calcanéum est tourné et incurvé en dedans, son extrémité postérieure est moins développée, élevée et portée en dedans, et sa face plantaire dirigée en dedans.

L'articulation de l'astragale avec le scaphoïde étant reportée en dedans et le scaphoïde se subluxant de dehors en dedans sur le calcanéum, l'avant-pied est dévié sur l'arrière-pied et reporté en dedans.

En reprenant une à une les particularités dont l'ensemble constitue les difformités que je viens d'indiquer, on constate ce qui suit : l'astragale étant en extension sur la jambe, la face inférieure du tibia cesse d'être en rapport avec la partie antérieure de la poulie de cet os et n'entre plus en contact qu'avec la partie postérieure de cette surface. De plus, la tête de l'astragale semble avoir été portée en dedans et en bas, et son col supporte en dehors un tubercule séparé par un sillon de la facette scaphoïdienne.

La face supérieure de l'astragale est, en général, moins large qu'à l'état normal, la face postérieure est atrophiée.

Le calcanéum a subi autour de son axe antéro-postérieur un mouvement de haut en bas et de dedans en dehors ; de plus ses deux extrémités, antérieure et postérieure, semblent s'être portées en dedans. A l'union de sa face interne devenue supérieure avec sa face supérieure devenue antéro-externe se trouve une surface articulaire divisée en trois parties par des crêtes très peu prononcées. La facette la plus élevée et la plus externe correspond aux facettes de la malléole externe et du tibia, la facette moyenne correspond au corps de l'astragale, et l'interne, représentant la petite apophyse rudimentaire du calcanéum, se met en rapport avec la partie inférieure et interne de la tête de l'astragale.

Le grand axe de l'articulation sous-astragalienne, au lieu d'être antéro-postérieur, est devenu transversal relativement à l'axe du membre, ce qui fait que les mouvements qui pourront se passer dans cette articulation, seront, non plus des mouvements d'adduction, d'abduction, de rotation, mais des mouvements de flexion et d'extension.

Le scaphoïde est porté en dedans et en arrière, et sa tubérosité vient s'articuler avec la malléole tibiale. Cette articulation est pourvue de ligaments.

Le cuboïde a éprouvé un mouvement de rotation de haut en bas et de dedans en dehors ; sa face dorsale devenue antéro-inférieure vient reposer sur le sol pendant la station verticale.

Les cunéiformes, les métatarsiens et les phalanges ne subissent d'autres modifications que leur translation en dedans et un certain degré d'atrophie. De plus, les métatarsiens ont de la tendance à s'écarter en avant, ce qui élargit la portion antérieure du pied. Je n'ai pas besoin de rappeler que les os du tarse sont en grande partie cartilagineux au moment de la naissance.

J'ai déjà signalé les phénomènes de rotation et de torsion qui se passent du côté de la jambe, je n'y reviendrai pas. J'ajouterai que le péroné est en général grêle et assez souvent incurvé vers le tibia, disposition qui rétrécit l'espace interosseux.

On peut dire, d'une façon générale, que, dans le pied bot à la naissance, tous les ligaments apparaissent plus serrés qu'ils ne le sont sur un pied normal d'enfant nouveau-né. Les ligaments de la face dorsale et externe sont allongés et tiraillés, tandis que ceux de la face interne et plantaire sont raccourcis.

Les ligaments postérieurs et les internes méritent une mention spéciale. En arrière, il y a entre le calcanéum et les os de la jambe une capsule que sépare en deux un ligament interosseux étendu du ligament tibio-péronier aux crêtes existant sur la facette articulaire supérieure du calcanéum.

Les ligaments étendus du tibia à l'astragale et au scaphoïde sont courts, épais, et contribuent, pour une large part, à fixer les os dans leur position anormale.

Du côté de la plante du pied, les ligaments calcanéo-scaphoïdiens et calcanéo-cuboïdiens sont raccourcis. L'aponévrose plantaire participe aussi au raccourcissement. Je signalerai l'existence de brides aponévrotiques qui concourent au maintien de la difformité, et qui, variant dans chaque cas, échappent à toute description générale.

J'en viens aux muscles. Ceux de la région jambière antérieure ou plûtot leurs tendons passent de la jambe au pied, en décrivant une courbe dont la concavité regarde en haut et en dedans. L'aponévrose jambière et le ligament annulaire antérieur du tarse les maintiennent, tout en les laissant saillir.

C'est le tendon du tibial postérieur qui est le plus élevé et le plus interne ; il vient faire saillie en dedans de la malléole tibiale. Plus en dehors, le tendon de l'extenseur propre du gros orteil forme une corde le long du bord supérieur du pied. Enfin viennent les tendons de l'extenseur commun qui se réfléchissent au niveau du col de l'astragale pour atteindre les orteils.

Les tendons des péroniers latéraux ne sont généralement pas placés dans la double gouttière qu'ils occupent régulièrement sur la face externe du calcanéum, mais en arrière.

Les jumeaux et le soléaire sont le plus souvent assez développés. Le tendon d'Achille est plus court et plus étroit qu'à l'état normal.

Le jambier postérieur est logé, au niveau de la malléole interne, dans une gouttière creusée sur cette malléole, mais un peu plus en avant que sur un pied sain. Little indique comme point de repère, lorsqu'on veut trouver ce tendon, le milieu de l'espace compris entre le bord antérieur et le bord postérieur de la face interne de la jambe. Je n'insite pas sur les autres muscles de la jambe.

Quant à ceux du pied, ils sont tous atrophiés. L'adducteur du gros orteil fait généralement saillie au niveau du côté interne de la plante du pied, devenu bord supérieur.

Pour le volume des vaisseaux et des nerfs, rien à noter. L'artère tibiale antérieure est, au niveau du cou-de-pied, suffisamment éloignée du tendon du jambier antérieur pour qu'on n'ait pas à craindre d'intéresser ce vaisseau en coupant le tendon. Au contraire la tibiale postérieure, en raison de la déviation en dedans de l'extrémité postérieure du calcanéum et partant du tendon d'Achille, ne se trouve plus au milieu de l'espace compris entre la malléole interne et le tendon, mais plus près de ce dernier. De là le danger de léser l'artère dans la section du tendon d'Achille.

Les nerfs ne sont ni tendus, ni raccourcis.

On peut affirmer que, dans la majorité des cas, la structure des muscles ne présente rien d'anormal. Sur quelques pieds bots, on a noté, tantôt l'atrophie musculaire simple, caractérisée par l'étroitesse et la striation plus pâle des faisceaux, tantôt la dégénérescence graisseuse, sans que cette dernière paraisse affecter tel muscle ou tel groupe de muscles de préférence à tel autre. Quant à la transformation fibreuse des muscles, il n'y a pas de fait probant qui en établisse l'existence.

Les cordons nerveux ne présentent rien de particulier. Relativement aux centres nerveux, si l'on voit le pied bot coïncider avec des lésions évidentes de ces centres, hydrocéphalie, anencéphalie, spina-bifida, le plus souvent il ne s'accompagne d'aucune de ces malformations. Y a-t-il dans ces cas quelque lésion histologique appréciable seulement au microscope ? Il est, à l'heure actuelle, impossible de se prononcer. D'un côté, nous avons des examens qui ont conduit à un résultat négatif ; de l'autre, nous trouvons celui de Michaud qui, sur une femme de soixante et dix ans, atteinte de varus équin double et n'ayant présenté pendant sa vie aucun signe de maladie de la moelle, constata l'existence de deux foyers de myélite scléreuse, l'un vers la partie moyenne de la région dorsale, l'autre vers la dixième ou la onzième paire dorsale. Sur un enfant mort-né trouvé à l'amphithéâtre et porteur d'un varus à droite, j'ai vu, au niveau de la partie inférieure de la moelle, la substance grise notablement atrophiée à droite.

La description que je viens de donner des différentes parties constituantes du pied bot varus, s'applique au pied du nouveau-né. L'âge et la marche apportent à cet état des modifications que je dois indiquer sommairement.

On peut, d'une façon générale, dire que chez l'adulte tous les os du pied sont atteints d'atrophie. Leur tissu est moins compacte, et ils sont plus légers que chez l'individu sain.

Le col de l'astragale est allongé. La face inférieure de cet os, qui s'articule avec le calcanéum, est plus concave dans le sens antéro-postérieur, et elle se termine par deux saillies très prononcées, l'une en avant l'autre en arrière.

Pour le calcanéum, je signalerai l'accroissement, surtout en largeur, de la partie de cet os qui est située en avant de l'articulation de l'astragale et au-dessus de celle du cuboïde. La partie externe de la facettte cuboïdienne est abandonnée par cet os et fait saillie sur le bord externe et inférieur du pied.

Le scaphoïde est très atrophié.

Le cuboïde est subluxé sur le calcanéum et porté en dedans et en bas. Sa face externe est devenue convexe.

Le cinquième métatarsien se porte en bas, et s'articule en arrière avec la face externe du cuboïde devenue inférieure ; cette articulation se fait plus en arrière que celle des métatarsiens suivants. Cependant, lorsque la difformité existe à un degré très-avancé, l'articulation du quatrième métatarsien est aussi reportée un peu en arrière, mais pas autant que celle du cinquième. Cette disposition donne naissance au pied creux.

L'articulation du cinquième métatarsien est également ramenée plus en arrière que sur le varus à la naissance.

Du côté des ligaments, il n'y a rien à signaler, si ce n'est qu'ils sont plus serrés que chez le nouveau-né.

L'aponévrose plantaire est non seulement raccourcie, mais encore épaissie, surtout au niveau de sa portion interne et de la cloison inter-musculaire correspondante. Elle apporte un obstacle sérieux au déroulement du pied, auquel s'oppose aussi le raccourcissement des muscles de la région plantaire.

Je n'ajouterai rien à ce que j'ai déjà dit relativement à la position et au trajet des muscles et de leurs tendons. D'une façon générale, les muscles sont atrophiés, ce qui contribue pour la majeure part à l'infériorité de volume que présente la jambe du côté du pied bot, mais c'est une atrophie simple, sans dégénérescence.

Dans un certain nombre de cas, on trouve des muscles atteints de dégénérescence graisseuse. Jamais on ne constate de dégénérescence fibreuse.

Le contact anormal que la station et la marche établissent entre le pied et le sol, entraîne la genèse de bourses séreuses de nouvelle formation. La plus commune se développe sur le cuboïde.

La torsion que j'ai signalée sur le tibia est encore plus prononcée chez l'adulte que chez l'enfant.

Pour en finir avec l'anatomie pathologique, je dirai qu'on observe quelquefois des lésions diverses du genou et de la hanche coïncidant avec le varus [1].

Physiologie pathologique. — Sur les pieds atteints de varus, les mouvements se passent principalement dans l'articulation médio-tarsienne, et sont réduits à des glissements.

Ces mouvements se combinent de telle façon que, d'une part, il y a coïncidence entre la flexion, l'abduction et la rotation (de la plante) en dehors, et d'autre part, coïncidence entre l'extension, l'adduction et la rotation (de la plante) en dedans.

La première série de mouvements, flexion, abduction et rotation de la plante en dehors, est arrêtée par le contact qui s'établit entre la tête de l'astragale et la partie supérieure et externe du calcanéum, et d'un autre côté par la résistance des ligaments qui unissent

---

1. Je m'empresse de reconnaître que j'ai, pour l'anatomie pathologique du varus, fait de larges emprunts à l'excellent travail de Thorens. (*Thèse de Paris*, 1872.)

DUBRUEIL. Orthopédie.   11

en arrière le calcanéum aux os de la jambe, de celui qui, du côté interne, va du tibia à l'astragale, et des ligaments tibio-scaphoïdiens.

Mais lorsque les articulations sous-astragaliennes, ne peuvent plus permettre de mouvement, il reste encore une certaine mobilité au niveau des autres articulations du tarse.

Quant au second ordre de mouvements, extension, adduction et rotation de la plante en dedans, il est réduit à bien peu de chose, car le varus met le pied dans la position que produisent ces mouvements poussés à l'extrême.

Degrés. — On peut admettre trois degrés pour le varus.

Le premier, le moins prononcé, est caractérisé par ce fait qu'il est possible avec la main de redresser le pied et d'abaisser le talon, en un mot, d'effacer momentanément la difformité.

Dans le deuxième degré qui n'est pas, en apparence plus avancé, la main du chirurgien est impuissante à produire le redressement.

Au troisième degré (FIG. 49) qui, comme le second, résiste invariablement, la difformité est plus prononcée ; le bord interne du pied fait un angle aigu avec la jambe.

ÉTIOLOGIE ET PATHOGÉNIE DU PIED-BOT VARUS CONGÉNITAL

L'hérédité est quelquefois signalée dans l'histoire des pieds bots. Toutefois, les cas dans lesquels cette malformation apparaît comme héréditaire, sont peu nombreux relativement à ceux où on ne trouve pas de pied bot chez les parents.

Les enfants issus de mariages consanguins sont plus exposés à cette difformité, comme du reste aux difformités en général.

Je rangerai sous quatre chefs les théories qui ont été proposées pour expliquer le développement du pied bot varus congénital.

1° La théorie mécanique dans laquelle on invoque une action mécanique.

2° La théorie musculaire ou musculo-nerveuse qui

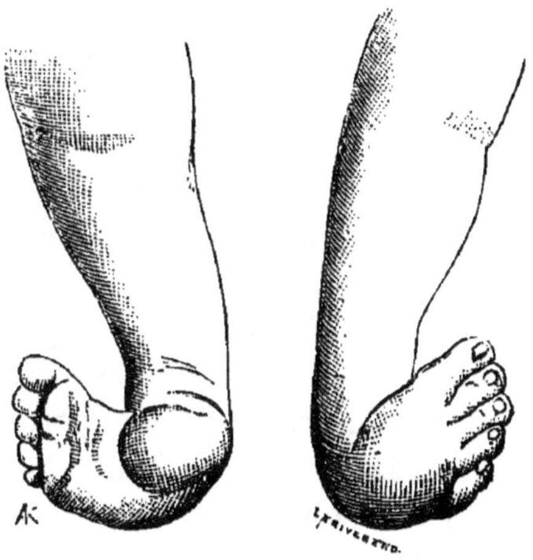

Fic. 49. — Pied bot varus du troisième degré.

veut voir l'origine de la malformation dans un état pathologique des muscles résultant d'une lésion des centres nerveux.

3° La théorie de l'arrêt de développement dans laquelle on considère le varus comme la persistance d'un état qui serait normal pendant la période embryonnaire.

4° La théorie de la malformation originelle des os, lesquels, sans cause appréciable, apparaîtraient déformés et configurés de façon à donner naissance au pied bot.

Il serait aujourd'hui plus que superflu de mentionner l'influence de l'imagination de la mère.

Dans la théorie mécanique à laquelle se rattachent les noms d'Hippocrate, d'Ambroise Paré, de Paletta, de Chaussier, de Ferdinand Martin, de Cruveilhier et même, jusqu'à un certain point, de Malgaigne, on fait intervenir, tantôt les chocs reçus par la mère et transmis à l'utérus et au fœtus, tantôt la pression anormale exercée par l'utérus, pression résultant de la pénurie du liquide amniotique ou de ce que l'utérus serait lui-même comprimé par des agents divers, entre autres, des vêtements trop serrés. Dans certains cas, on a invoqué la pression exercée par une portion du corps même du fœtus vicieusement placé, par des brides amniotiques, par le cordon ombilical.

Contre la théorie mécanique, on objecte que, dans la majorité des cas de pied bot, il est impossible de trouver aucune cause de compression, soit extérieure, soit provenant de la faible quantité du liquide amniotique, soit tenant au fœtus lui-même ou à ses enveloppes.

La théorie musculaire et la théorie musculo-nerveuse qui, somme toute, n'en font qu'une, comptent aussi de nombreux partisans. Duverney invoquait l'inégale tension des muscles et des ligaments, Delpech, un développement insuffisant des muscles du mollet tenant à un défaut d'innervation, effet d'un vice d'un des faisceaux de la moelle épinière. Béclard faisait intervenir une maladie grave de l'encéphale qui aurait diminué l'énergie de la contraction musculaire, et Rudolphi accusait des convulsions intra-utérines du fœtus laissant après elles une contraction permanente de certains muscles.

C'est, en somme, la théorie de Rudolphi dont J. Guérin s'est fait l'apôtre ou plutôt qu'il a faite sienne par le talent et la ténacité avec laquelle il l'a défendue. J. Guérin considère en effet le pied bot comme le résultat de la rétraction musculaire convulsive, consécutive à une affection centrale du système cérébro-spinal laissant quelquefois des traces manifestes, mais n'en laissant aucune dans certains cas.

Prenant pour point de départ des cas de pied bot où il existe une lésion évidente des centres nerveux, tels que anencéphalie, spina-bifida, Guérin arrive à affirmer que « l'inégalité des yeux, l'intensité différente de leur faculté visuelle, le développement exagéré du crâne, l'inégalité de saillie des bosses frontales, le tiraillement des traits et l'amoindrissement d'un des côtés de la face, la faiblesse relative ou la paralysie incomplète d'une des moitiés du corps, enfin beaucoup d'autres particularités moins concrètes et moins définissables, dont l'ensemble constitue le masque des individus anciennement atteints d'affections convulsives, toutes ces manifestations suffisent encore pour permettre d'appliquer au pied bot qu'elles accompagnent l'étiologie de la rétraction musculaire convulsive, fournie par les cas plus explicites des difformités multiples des monstres et du fœtus ».

Il veut voir dans « la transformation fibreuse des muscles, le raccourcissement, l'exhaussement et quelquefois la disparition du relief du mollet, sa consistance dure, résistante, la brièveté, l'élargissement et la voussure du pied, le rebroussement ou l'écartement des orteils, et la tension, le relief, le raccourcissement invincible des muscles dans la direction desquels se produisent les différentes variétés de pied bot », comme des caractères indiquant le fait de la rétraction musculaire convulsive.

Ce sont là, il faut en convenir, des considérations sans bien grande valeur, et je rappellerai de plus, en passant, que la transformation fibreuse des muscles n'existe pas. Du reste, voici les objections faites à la théorie musculo-nerveuse :

D'une part, on rencontre très fréquemment des fœtus portant des lésions considérables des centresnerveux et n'ayant pas de pied bot.

Lannelongue rapporte une statistique dans laquelle sur trente-deux fœtus atteints de lésions congénitales du crâne et des centres nerveux (spina-bifida, encéphalocèle, acéphalie, hydrocéphalie, vice de conformation des os du crâne) quatre seulement avaient des pieds bots, les vingt-huit autres n'en avaient pas. D'autre part, sur trente-sept pieds bots observés par Chaussier, pas un ne présentait d'autre malformation. Le fait de Michaud et celui que j'ai signalé, indiquant l'existence d'une altération de la moelle, viendraient à l'appui de la théorie de Guérin, mais, par contre, il existe des cas où l'examen de la moelle fait avec soin n'a rien démontré d'anormal.

Quant à la théorie de Bonnet, qui se rattache également à l'étiologie nerveuse et musculaire du pied bot, j'ai déjà démontré qu'elle n'était pas soutenable.

La théorie de l'arrêt de développement qui a été défendue par Meckel, Geoffroy Saint-Hilaire, Breschet, Eschricht, suppose qu'à un moment donné de la vie intra-utérine, les pieds de l'enfant sont en varus, mais ça n'est rien moins que démontré. De plus, si cette explication pouvait être acceptée pour le varus, elle serait inapplicable aux autres espèces de pied bot.

Reste la théorie de la malformation osseuse primitive. Elle a eu pour défenseurs Scarpa, Broca, Robin, Lannelongue, Thorens. Ce que cette théorie a de mieux en sa faveur, c'est l'insuffisance des autres, mais elle est purement hypothétique, et en l'adoptant, on ne fait que reculer la difficulté.

On voit, en somme, que cette étiologie est encore fort obscure, et il est possible que la cause du pied bot ne soit pas toujours une et invariable.

Ce qu'il y a de certain, c'est que pour les pieds bots que nous voyons se développer sous nos yeux, c'est presque toujours aux systèmes nerveux et musculaire que nous devons les rattacher. Pendant la vie intra-utérine, alors que les os sont en grande partie cartilagineux, on comprend qu'il suffit de la plus légère contracture musculaire pour produire une déformation.

Le fait de la plus grande fréquence du varus-équin congénial viendrait jusqu'à un certain point à l'appui de la théorie musculo-nerveuse, car les muscles adducteurs extenseurs du pied dont l'action correspond à ces difformités, l'emportent en force sur les fléchisseurs abducteurs correspondant au valgus-talus.

Pronostic.— Le pied bot varus constitue non-seulement une difformité choquante, mais encore une gêne pour la station verticale et la marche. Les bourses séreuses anormales dont il est le siège, sont exposées à s'enflammer et à suppurer ; il peut survenir des ostéïtes, des caries, autant d'entraves nouvelles pour les fonctions du membre inférieur.

D'une façon générale, on peut dire que la cure du pied bot congénial est d'autant plus difficile qu'on l'entreprend à une période plus éloignée de la naissance.

Traitement. — Le traitement du pied bot a pour but de rendre au pied sa forme et ses fonctions. Ce double résultat, il faut bien l'avouer, n'est pas toujours parfaitement atteint.

C'est ainsi qu'on voit, après le traitement, le varus devenir pied plat, les mouvements être quelquefois limités dans un sens ou dans plusieurs. Mais ce ne sont là que de minces inconvénients qui n'apportent pas d'obstacles sérieux aux fonctions du membre et qui n'enlèvent rien de son mérite à la cure du pied bot.

Pour guérir le pied bot, il faut rendre au pied sa mobilité et l'empêcher de revenir à son ancienne attitude fixe.

Occupons-nous d'abord des moyens de rendre au pied sa mobilité ; nous étudierons ensuite ceux de la conserver. Pour mobiliser le pied, nous avons une série de moyens qui rentrent sous les chefs suivants :

Manipulations,

Appareils,

Opérations.

J'énumérerai successivement ces différents ordres d'agents thérapeutiques, mais je dirai d'ores et déjà que, pour obtenir un bon et rapide résultat, il est presque toujours nécessaire de les combiner.

Manipulations. — Je ne comprendrai sous cette dénomination que les manœuvres manuelles n'allant pas jusqu'aux déchirures ligamenteuses et aux fractures ; je traiterai à part du massage forcé que je crois devoir ranger au nombre des opérations.

Exaltées par les uns, négligées par les autres, les manipulations doivent, je le crois, être considérées comme occupant une place importante dans le traitement du pied bot ; mais, pour ma part, je ne pense pas

qu'elles doivent être employées isolément. Ce n est pas
qu'on ne puisse quelquefois, à l'aide de ce seul moyen,
arriver à la guérison, mais il faut bien convenir que le
traitement devient alors fort long et le résultat fort douteux. D'autre part, laisser de côté les manipulations, ce
serait se priver d'un fort utile auxiliaire. Aussi faut-il
les combiner avec les autres moyens de traitement.

Les manipulations doivent surtout consister en mouvements communiqués ; quelques frictions peuvent avoir
leur utilité, mais la partie essentielle des manœuvres
est représentée par les mouvements communiqués.

Le but du gymnaste doit être de porter le pied dans
la position opposée à celle où il a été placé par la
difformité. Ainsi, le varus mettant le pied en adduction,
extension et rotation (de la plante) en dedans, le
gymnaste devra le porter dans la position inverse,
c'est-à-dire, porter en dehors la pointe du pied et
l'avant-pied, abaisser le côté interne et relever le côté
externe de ce dernier, fléchir l'articulation tibio-tarsienne. Tous ces mouvements doivent être exécutés
avec une force proportionnée aux résistances que l'on
éprouve, mais jamais avec assez de violence pour
produire des déchirures ou des fractures.

Les exercices doivent êtres répétés deux fois par
jour et chaque fois pendant cinq ou six minutes. Le
gymnaste fixera le bas de la jambe avec une main
pendant qu'il mobilisera le pied avec l'autre.

Appareils et machines. — Quelques cas légers,
traités de bonne heure, peuvent être guéris par les
agents de cet ordre employés seuls, mais dans la très
grande majorité des cas, ces derniers ne doivent être
utilisés que comme un complément, indispensable, il
est vrai, du traitement par la ténotomie. De ces appa-

reils, certains ont pour but de redresser le pied, d'autres, d'empêcher le pied redressé de revenir à son
ancienne déviation. Je ne m'occuperai guère dans cette
description que des appareils encore en usage, et je
laisserai à peu près de côté ceux qui sont tombés en
désuétude.

Voyons d'abord les appareils de redressement.

Je les diviserai en :

1° Appareils de pression et de traction doués d'une
force à tension fixe ;

2° Appareils de traction à force élastique ;

3° Appareils de maintien.

1° **Appareils de pression et de traction doués d'une
force à tension fixe.** — Ces appareils sont, à proprement parler, des machines. Il sont composés d'une partie jambière et d'une partie podale. La première est
destinée à fournir le point d'appui, la seconde à saisir
le pied et à lui imprimer les changements de direction
nécessaires. Ces deux parties sont réunies à l'aide d'articulations permettant de porter le pied dans la position voulue. Dans certains appareils, la semelle est
pouvue d'une articulation correspondant à l'articulation
médio-tarsienne.

Quant aux puissances destinées à mettre en jeu les
appareils, elles varient considérablement. C'est ainsi
que l'on emploie la vis de pression, la vis de rappel,
l'engrenage à roue dentée, le levier de fer doux, le
levier trempé en ressort, etc.

Je décrirai d'abord l'appareil dit sabot de Venel, le
premier en date, le plus simple de tous ceux dont j'ai à
parler. La partie podale est formée par une semelle en
bois, quadrangulaire, un peu plus longue que le pied et
de la même largeur que lui. Sous chaque bord longitu-

dinal de cette semelle se trouve un tasseau en bois qui la dépasse un peu en avant, pour protéger contre les frottements le bas de laine dans lequel est placé le pied.

Sur la partie postérieure de la semelle se trouve une talonnière en cuir souple, mais assez résistant, terminée en bas par deux languettes qui s'engagent dans les mortaises longitudinales pratiquées sur la semelle et vont se fixer sur un bouton placé à la partie inférieure de la planchette. Une équerre en fer est rivée sur le bord interne de cette semelle de bois, un peu en avant des mortaises destinées à laisser passer les languettes de la talonnière. Cette équerre est garnie en dedans d'un coussinet. Son bord supérieur arrondi en demi-cercle dépasse le niveau du cou-de-pied; sur sa face externe, elle porte une douille destinée à recevoir l'extrémité inférieure du levier qui constitue la partie jambière et réellement active de l'appareil.

Ce levier n'est autre chose qu'une tige ronde en fer doux, par conséquent flexible. Il est aplati à son extrémité inférieure pour entrer dans la douille ; l'extrémité supérieure, qui doit remonter jusqu'au genou, est renflée et arrondie. Au dessus du mollet, il porte une courroie qui embrasse la jambe. Sur des boutons placés à la partie antérieure de la semelle et sur l'équerre se fixent des courroies destinées à maintenir l'avant-pied. Le pied est chaussé d'un bas de laine muni en avant d'une courroie qui s'attache à un bouton placé sous la partie antérieure de la semelle.

Le pied, enveloppé d'une bande de flanelle et chaussé d'un bas de laine, est placé sur la planchette podale. On le fixe à l'aide des courroies et de la talonnière qui se lace en avant; puis on adapte dans la douille le levier auquel on donne la cambrure jugée convenable et que l'on attache à l'aide de l'embrasse qu'il porte à sa partie supérieure.

Pour donner au pied une direction déterminée, il suffit d'imprimer au levier une torsion correspondante. On le tord simplement avec les mains ou bien à l'aide d'une tige d'acier munie à ses extrémités d'un double crochet et appelée griffe.

Dans l'appareil de Scarpa, la partie active était représentée par des ressorts métalliques courbes. Un de ces ressorts placé sur la partie externe de la semelle servait à combattre le varus ; l'équinisme, s'il y avait lieu, était combattu à l'aide d'un autre ressort remontant jusqu'au genou.

J. Duval se servait souvent d'un appareil agissant d'après le même mécanisme que le sabot de Venel dont il diffère fort peu.

Afin de maintenir solidement le pied, Duval a ajouté au côté interne de la semelle de bois une équerre pareille à l'externe.

Les chefs de la talonnière, au lieu de traverser la semelle, passent dans des mortaises pratiquées au bas de la portion verticale des équerres et vont se fixer à des boutons placés sur la face externe de ces dernières. L'avant-pied est maintenu fixe par une large courroie clouée sur le bord interne de la semelle et terminée en dehors par deux chefs agrafés sur le bord externe. C'est l'appareil dont Duval se servait pour les pieds bots soignés au Bureau central des hôpitaux de Paris

Ce même orthopédiste a fait fabriquer un autre appareil un peu plus compliqué (FIG. 50), dans lequel la planchette podale est divisée en deux parties inégales, l'antérieure plus longue que la postérieure. Les deux

portions de cette semelle s'articulent au moyen d'un axe
vertical permettant uniquement des mouvements de latéralité, mouvements qui sont imprimés à l'aide d'une vis
de rappel sans fin. Cette vis de rappel présente sur le
milieu une interruption en renflement percé d'un trou

FIG. 50. — Appareil de Duval.

carré, dans lequel s'engage la clef à l'aide de laquelle
on met en jeu l'articulation de la semelle. Une bande
de cuir matelassée ou garnie de coussinets, disposée
comme dans l'appareil précédent, sert à maintenir
l'avant-pied.

A la partie postérieure de la planchette, sur chaque

bord, interne et externe, est fixée une platine en tôle d'acier haute de trois à quatre pouces, un peu moins large, et matelassée sur la face interne. Une courroie passant sur le cou-de-pied va s'engager de chaque côté dans une mortaise pratiquée à la base de la platine et s'attache à un bouton placé sur sa face externe. Le bord antérieur de la platine interne s'articule à charnière avec une autre plaque de même matière, qui, à l'aide de deux vis à bouton traversant la platine interne, sert à repousser le talon en dehors lorsqu'il est dévié en dedans.

Quant à la portion jambière de l'appareil, elle est représentée par un levier de fer rigide et aplati, de même longueur que la jambe, et garni de laine et de peau dans ses trois quarts supérieurs. En haut, il porte une courroie matelassée qui le fixe autour de la jambe. En bas, le levier vient se réunir à la platine externe. Dans son quart inférieur, il est brisé par un nœud de charnière et se trouve en rapport avec la face externe de la platine contre la quelle il appuie directement. Au-dessous du nœud de charnière, le levier se découpe en quart de cercle denté verticalement et engrené sur le pas d'une vis sans fin horizontale enfermée dans une boîte percée d'un trou carré destiné à recevoir la clef et rivée sur la platine. Cette seconde vis a pour mission de faire exécuter au levier des mouvements de latéralité qui déterminent des mouvements en sens inverse de la partie podale de l'appareil.

Enfin l'extrémité inférieure du levier se termine par un quart de cercle denté mordant sur le pas d'une troisième vis sans fin percée, comme les deux autres, d'un trou destiné à recevoir la clef. Ce dernier mécanisme permet d'imprimer au levier des mouvements dans le sens antéro-postérieur.

Apareil de Jules Martin plus connu sous le nom d'appareil de Bouvier (Fig. 51). — Dans cet appareil fabriqué par Jules Martin et employé par Bouvier, la portion jambière est représentée par deux montants métalliques articulés en nœud de compas avec l'étrier. (L'étrier est une double équerre métallique, c'est-à-dire une pièce composée d'une portion horizontale médiane, sur laquelle repose le pied, et de deux portions verticales latérales, une en dedans, une en dehors.) Chacune des branches verticales de l'étrier présente une charnière au niveau de sa jonction avec la partie horizontale.

Le montant interne, servant de tuteur, remonte le long de la jambe et s'attache en haut à l'aide d'une jarretière formée d'un demi-cercle métallique terminé par une courroie et portant une seconde

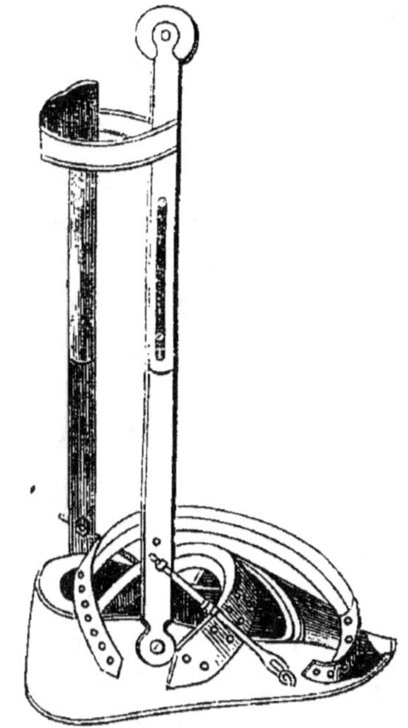

Fig. 51. — Appareil de Bouvier.

courroie pour fixer le montant externe. Une rondelle placée à son extrémité supérieure lui donne un point d'appui sur le côté interne du genou. Le montant externe sert de levier; une vis traversant l'étrier près de la charnière règle l'inclinaison latérale de ce levier en l'écartant plus ou moins de la sandale.

Les deux montants portent de longues vis qui traversent des pièces à écrou fixées sur la semelle, et qui servent à faire varier l'angle de leur articulation avec l'étrier.

Les pièces à écrou ont des coulisses qui conservent à cette articulation quelque mobilité dans le sens de la flexion. L'extrémité supérieure du levier est fixée à la jambe au moyen de la courroie que porte le cercle métallique du tuteur interne.

La partie podale de l'appareil est formée par une semelle d'acier, plate, adaptée à l'étrier. Cette semelle est surmontée d'une espèce de sandale à bords peu élevés, emboîtant le pied. (Lorsque la déviation est portée très-loin, on emploie une semelle brisée par une charnière transversale à mouvements latéraux.) En arrière, la sandale présente un bourrelet épais, pour maintenir le talon en place, tandis que des courroies fixent le pied en avant. De ces courroies, l'une, attachée en arrière au bord externe de la semelle, passe sur le cou-de-pied et va s'agrafer sur le bord interne, entre l'articulation du tuteur et l'écrou de la vis de rappel.

La seconde part de la partie antérieure du bord interne de la semelle et va s'attacher sur le bord opposé, après avoir croisé le métatarse et les orteils. Enfin une troisième courroie va de la partie antérieure à la partie postérieure du bord interne de la semelle, en contournant le cou-de-pied en dehors et passant au-dessous de la malléole externe. Deux coussins sont placés, l'un sur le côté interne de l'articulation métatarso-phalangienne du gros orteil, l'autre sur le point culminant de la courbure médio-tarsienne.

Appareil de Jules Guérin (Fig. 52). — Le tuteur, placé en dehors du membre, est fixé à la jambe et à la partie inférieure de la cuisse (il existe une articulation au niveau du genou) par des embrasses en cuir renfermant un demi-cercle métallique en dehors et en arrière. Entre l'extrémité inférieure du montant et l'étrier, il y a une pièce intermédiaire de trois ou quatre centimètres de longueur, qui se réunit en haut avec le montant, au niveau de la malléole, par une articula-

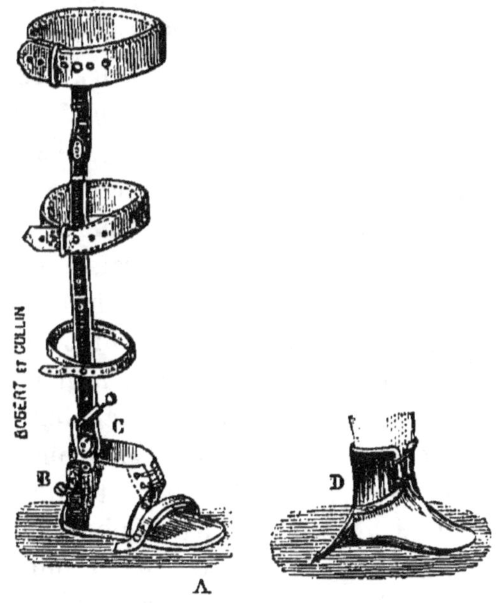

FIG. 52. — Appareil de J. Guérin.

tion en nœud de compas, et en bas avec l'étrier, au moyen d'une charnière antéro-postérieure mobile latéralement. Cette pièce interposée est pourvue à chacune de ses extrémités d'un prolongement destiné à fournir un point d'appui à une vis de pression. Le prolongement supérieur est coudé, presque vertical, et contourne en arrière l'articulation du tuteur. L'inférieur est formé par la pièce intermédiaire elle-même, qui descend en dedans de l'étrier à deux ou trois centimètres plus bas que la charnière.

La vis de pression destinée à agir sur l'articulation supérieure est un peu oblique de haut en bas et d'avant en arrière ; elle traverse une coulisse rivée à la face externe du montant, immédiatement au-dessus de l'articulation et vient rencontrer le prolongement inférieur. La vis adaptée à l'articulation inférieure passe horizontalement et de dedans en dehors à travers la branche verticale de l'étrier, un peu au-dessous de la charnière, et va presser en dedans contre la face externe du prolongement inférieur de la pièce intermédiaire.

Sur le modèle de l'appareil de Guérin fabriqué par la maison Charrière, il existe une troisième brisure à la jonction de la semelle de bois avec la branche transversale de l'équerre. Un clou rivé, placé au centre de la partie postérieure de la semelle, la fixe sur le support métallique et lui permet d'éxécuter des mouvements horizontaux de rotation. Ces mouvements sont réglés par une vis de pression qui traverse une coulisse placée à la jonction des parties horizontale et verticale de l'étrier et se dirige un peu obliquement de haut en bas, de dedans en dehors et d'avant en arrière, pour venir appuyer sur le bord externe de la semelle, derrière l'étrier. Les mouvements des différentes articulations sont réglés, on le voit, par des vis de pression.

Le pied est maintenu de la façon suivante : à la partie postérieure de la semelle est fixée une talonnière en cuir rigide, évidée au niveau du talon et donnant naissance en avant à deux languettes, qui viennent embrasser le cou-de-pied, en passant au-dessus d'une

guêtre en cuir mou et rembourré, lacée autour du bas
de la jambe. Le bord inférieur de cette guêtre porte
tantôt une seule courroie placée en arrière sur la ligne
médiane, tantôt, afin d'éviter la pression sur le talon,
deux courroies latérales, qui s'engagent dans l'échan-

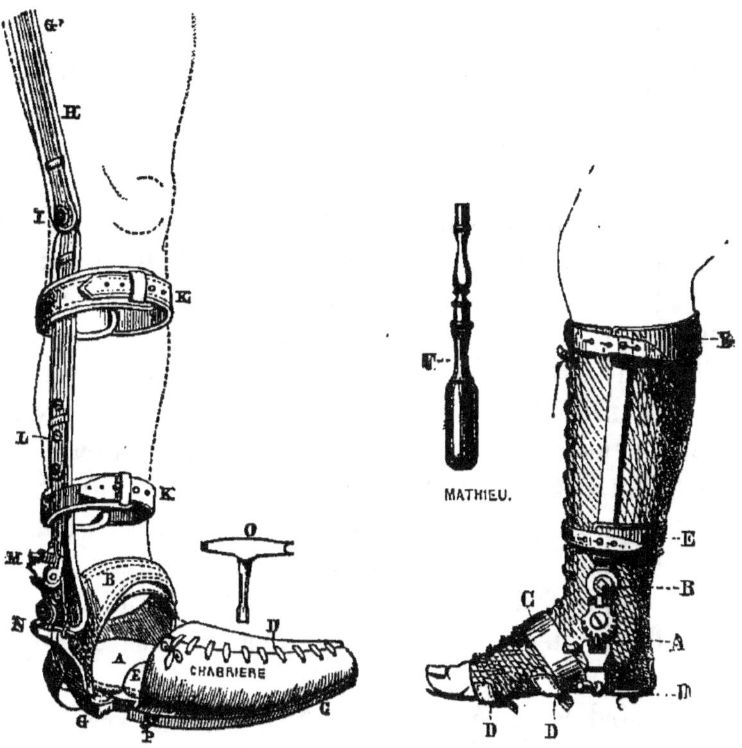

FIG. 53. — Appareil de Charrière.   FIG. 54. — Appareil de Mathieu.

crure de la talonnière et vont s'agrafer sur les boutons
placés en arrière de la semelle. Ces courroies fixent
solidement le talon. L'avant-pied est maintenu à l'aide
d'une large courroie antérieure, qui part du bord externe de la semelle et va, par deux chefs, s'agrafer à des
boutons placés sur le bord externe.

Appareil de Charrière (FIG. 53). — Ici, toutes les brisures sont munies de roues dentées mues par des vis sans fin. Le tuteur formé de deux portions, une fémorale et une jambière, articulées au niveau du genou, est pourvu de trois embrasses destinées à le fixer, une à la cuisse, deux à la jambe. A la partie inférieure, le tuteur est uni à l'étrier à l'aide d'une pièce intermédiaire articulée en haut avec le tuteur, en bas avec la branche verticale de l'étrier. Ces deux articulations se font à l'aide de roues dentées mues par des vis sans fin.

Pour l'articulation supérieure, la roue dentée se meut dans le sens latéral, et l'axe de la vis est transversalement dirigé. Au niveau de l'articulation inférieure, la roue dentée adaptée à la pièce intermédiaire est verticale, et la vis sans fin, fixée sur la branche verticale de l'étrier, est horizontale et antéro-postérieure.

Une troisième articulation est placée sous la semelle. Cette semelle, en bois solide et léger, est divisée en deux portions inégales, antérieure et postérieure, réunies par un clou rivé. Une roue dentée horizontale, placée dans l'épaisseur de la semelle et mue par une vis sans fin, fait pivoter ces deux parties l'une sur l'autre, de manière à les porter toutes les deux en même temps soit en dedans, soit en dehors.

Le pied est fixé à l'aide d'une courroie passant en avant de l'articulation tibio-tarsienne et par une sorte d'empeigne cousue sur le segment antérieur de la semelle, fendue et lacée en avant.

Appareil de Mathieu (FIG. 54). — Dans cet appareil, le tuteur et les articulations destinées au redressement sont placés du côté de la déviation, et le pied est pris dans un bas de cuir ou de coutil. Pour le varus, le tuteur est donc placé en dedans. Il se réunit au niveau de la malléole avec l'étrier au moyen d'une double brisure à engrenage, disposée de telle façon que l'inférieure exécute les mouvements de flexion et d'extension, et la supérieure l'inflexion latérale ou la rotation suivant l'axe antéro-postérieur. Une articulation relie à l'étrier une semelle de buffle ou de métal qui, au besoin, est divisée en deux parties. Une vis de pression placée au point de rencontre du coude de l'étrier et du bord de la semelle sert à la faire pivoter sur son centre, de façon à produire l'adduction ou l'abduction de la pointe du pied.

Le pied et la jambe sont enfermés dans un bas de cuir souple ou de coutil fait sur un moule en plâtre pendant que le pied est aussi redressé que possible. Ce bas fendu et lacé en avant porte sur les bords de la portion pédieuse cinq petites courroies de cuir, deux de chaque côté de l'avant-pied, la cinquième derrière le talon. Ces petites courroies vont s'agrafer sur des boutons métalliques placés sur les bords de la semelle.

Le tuteur est maintenu appliqué contre la jambe à l'aide de deux embrasses, et une courroie rembourrée, fixée sur le bord interne de la semelle, va s'attacher sur le bord externe en passant sur le cou-de-pied.

Cet appareil, avec lequel le malade ne peut marcher, est appliqué pendant le séjour au lit. Pour la marche, on le remplace par un appareil contentif que je décrirai avec les appareils de cet ordre.

Appareil de Langgaard (de Hambourg) (Fig. 55). — La portion jambière est formée par une gaîne en cuir moulé, lacée en avant et enveloppant tout le mollet. Cette gaîne porte de chaque côté un tuteur métallique qui, au niveau de la malléole, s'articule par un nœud de compas avec l'extrémité antérieure d'un étrier ou anse métallique en fer à cheval, qui embrasse le talon dans sa concavité. Cet étrier vient se mettre en rapport avec un mécanisme à double engrenage placé en dehors et en arrière du contre-fort d'un brodequin destiné à fixer le pied. Une vis sans fin imprime à une de ces articulations des mouvements de flexion et d'extension; une autre vis fait exécuter à la seconde articulation des mouvements de rotation.

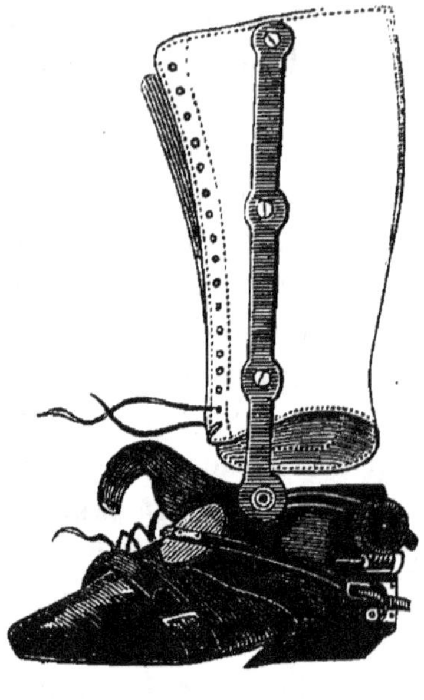

Le brodequin, fendu et lacé en avant, est pourvu d'une semelle métallique à talon peu élevé, laquelle est divisée en deux portions réunies par une brisure. Un ressort en acier étendu obliquement du cou-de-pied à la partie postéro-externe du talon présente à son extrémité antérieure une pelote supportée par une articulation en noix ; cette pelote a pour but de presser sur la saillie du tarse.

FIG. 55. — Appareil de Langgaard.

Un engrenage situé au-dessous de ceux dont j'ai déjà parlé, règle l'action du ressort. Enfin une vis sans fin dont la tête se trouve placée dans une dépression au niveau de l'angle antéro-externe du talon, sert à porter la pointe du pied en dehors ou en dedans.

Appareil de Nélaton (FIG. 56). — Le tuteur est en arrière de la jambe et porte à sa partie supérieure une molletière qui entoure le mollet auquel elle est attachée par deux embrasses. A la hauteur du cou-de-pied, ce tuteur est réuni par une articulation en noix à une pièce également verticale, composée de deux parties qui embrassent la sphère par laquelle se termine le tuteur. Deux vis servent à serrer cette articulation et à la maintenir dans telle ou telle position. La pièce inférieure est fixée à la partie postérieure de la semelle

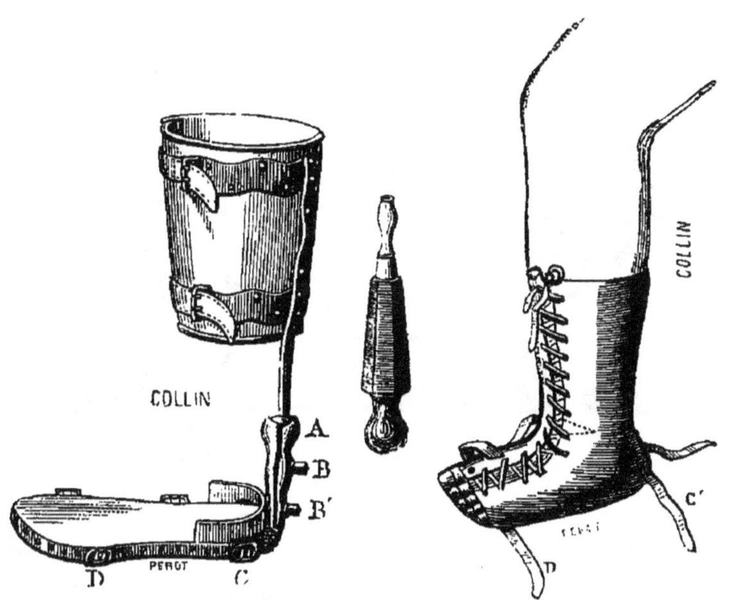

FIG. 56. — Appareil de Nélaton.

qui porte une talonnière lacée en avant du cou-de-pied.

Le pied et le bas de la jambe sont chaussés d'une guêtre en coutil qui, au niveau de sa portion pédieuse, porte de chaque côté deux courroies, une en avant, une en arrière. Ces courroies vont s'attacher à des boucles placées sur les bords de la semelle.

Appareil de Guillot (FIG. 57). — Le tuteur placé en

arrière, sur la ligne médiane, est maintenu par deux embrasses renfermant un demi-cercle métallique à la partie postérieure. Ce tuteur va se réunir à la semelle à l'aide d'une équerre placée également en arrière. Cette première partie de l'appareil présente quatre articulations; en allant de haut en bas, on trouve :

1° Une articulation à pivot, autour de l'axe duquel tourne le tuteur ;

2° Une charnière pourvue d'une vis de pression dirigée transversalement de dedans en dehors, laquelle

FIG. 57. — Appareil de Guillot.

fait tourner le pied en entier sur son axe antéro-posté-rieur, élève le bord externe et abaisse l'interne ;

3° Une charnière qui imprime au pied des mouve-ments de flexion et d'extension à l'aide d'une vis de pression qui repousse le tuteur d'arrière en avant ;

4° La quatrième articulation est placée à la jonction de l'équerre avec la semelle. L'extrémité antérieure de la portion horizontale de l'équerre pénètre d'ar-rière en avant dans l'épaisseur de la semelle où elle est arrêtée par un pivot vertical placé au centre du talon. Une vis de pression dirigée obliquement d'arrière en avant et de dehors en dedans fait pivoter horizontalement la semelle autour de son articulation avec la branche de l'équerre, en poussant le talon en dedans et la pointe en dehors.

La semelle, faite de bois, est divisée en travers, au milieu, par une articulation à double mouvement, ce qui fait que la partie antérieure peut être portée horizontalement en adduction ou en abduction, ou bien pivoter autour d'un axe médian antéro-postérieur, de sorte qu'un des bords latéraux s'abaisse et l'autre s'élève. A chacun de ces mouvements est affectée une vis à marteau. Celle qui règle les mouvements de latéralité, est dirigée horizontalement d'arrière en avant et placée sur le bord interne de la semelle. La vis qui détermine les mouvements autour de l'axe antéro-postérieur se trouve sur le bord externe et presse verticalement sur une espèce de bec métallique, qui part de la partie postérieure de la semelle.

Le pied est fixé à l'aide d'une talonnière de métal convenablement rembourrée, de deux contre-forts métalliques, placés en avant sur chaque bord de la semelle, et de courroies, ou même d'une guêtre de cuir souple, cousue le long du bord de la semelle, lacée en avant et formée de deux portions séparées, une correspondant au cou-de-pied et aux malléoles et l'autre à l'avant-pied.

Appareil de Werber (de Paris.) — Cet appareil est fait pour le varus porté à un degré très prononcé et existant des deux côtés.

De chaque côté une semelle en métal est supportée par deux tuteurs jambiers. Le tuteur externe s'articule au niveau du genou avec un montant fémoral qui va se réunir en haut à une ceinture entourant le bassin.

La semelle est divisée en travers en deux portions qui s'articulent au moyen d'un pivot. Les mouvements d'adduction et d'abduction de la partie antérieure sont réglés par une vis à écrou placée en dehors et dont la disposition est analogue à celle de la vis de rappel de l'appareil de Duval.

Les deux tuteurs jambiers sont réunis en arrière, à leur partie supérieure, par un demi cercle métallique. A leur partie inférieure ces tuteurs sont tordus et incurvés. Le tuteur interne se porte en avant et l'externe en arrière. L'extrémité inférieure du premier, au niveau du cou-de-pied, se réunit à la branche verticale correspondante de l'équerre au moyen d'un nœud de compas. La partie inférieure du tuteur externe s'articule en arrière du talon avec une espèce d'éperon qui s'élève de la partie médiane du bord postérieur de la semelle. Cette articulation se fait à l'aide d'un engrenage. Le jeu de cet engrenage produit à la fois les mouvements de flexion et d'extension et ceux de rotation autour de l'axe antéro-postérieur du pied.

Appareil de Stœss (de Strasbourg). — Il se compose d'une planchette matelassée dans ses deux tiers supérieurs et assez longue pour empêcher les mouvements de flexion de la jambe sur la cuisse. Une genouillère fixe s'oppose aux mouvements du genou et peut se serrer à volonté. Au bas du matelas se trouvent deux trous dans lesquels vient s'implanter un cerceau ; ce cerceau supporte une fronde qui est destinée à soutenir le bas de la jambe et à empêcher le talon d'être appuyé. Vient ensuite une articulation à noix portant un montant d'acier avec une tige plantaire à laquelle, au moyen d'écrous mobiles, on peut appliquer des semelles de différentes formes. L'articulation à noix est portée sur une pièce dans laquelle passe une vis de rappel. Le pied, entouré de coton, est fixé sur la semelle à l'aide d'un bandage roulé.

Appareil d'Adams (FIG. 58). — Adams se sert de différents appareils suivant l'âge des patients. Celui qu'il emploie pour les enfants du premier âge (FIG. 58), est formé d'une courte gouttière de métal pour la cuisse et d'une longue gouttière de même nature pour la jambe. A cette dernière est adaptée une semelle qui exécute des mouvements de flexion et d'extension à l'aide d'une roue dentée placée à la jonction de la semelle et de l'attelle jambière. Une courroie en cuir passe obliquement sur le cou-de-pied. Le côté externe de l'attelle jambière est plat, de façon qu'on puisse s'en servir pour renverser le pied, si cela est nécessaire. Sur le bord externe de la semelle, dont elle est écartée de trois quarts de pouce, est attachée une bande d'acier rectangulaire autour de laquelle on fait passer la courroie en tissu qui embrasse les orteils.

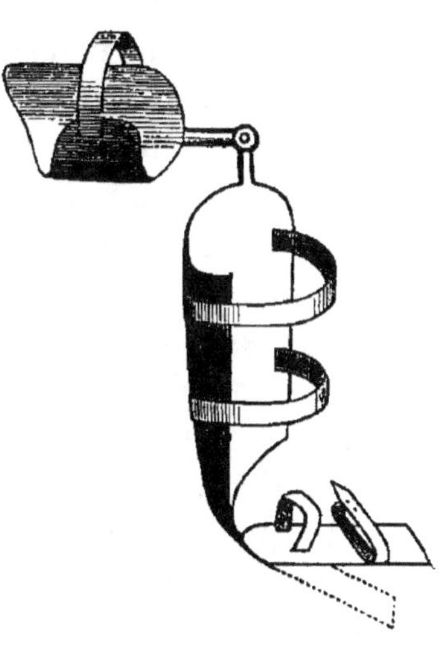

FIG. 58. — Appareil d'Adams pour les enfants du premier âge (infantile varus splint).

L'appareil est fixé autour de la jambe et de la cuisse par des bandes de tissu et des boucles.

L'appareil employé par Adams chez les adultes se compose aussi d'une gouttière fémorale et d'une gouttière jambière. Le levier placé en dehors présente quatre articulations pourvues de roues dentés. Une de ces articulations correspond aux mouvements de flexion et d'extension du cou-de-pied, les autres servent à imprimer les différents mouvements propres à redresser les os du tarse. La partie podale de l'appareil est composée de deux portions dont l'une s'applique à la partie antérieure du pied et l'autre à la partie postérieure. Cette dernière est représentée par une talonnière composée de deux pièces d'acier de forme elliptique, déprimées du côté externe et remontant en dedans au voisinage de la malléole interne.

Un mot maintenant sur les nombreux appareils que je viens de signaler.

L'exacte fixation du pied sur la semelle est une condition *sine qua non* de réduction de la difformité, et le système du brodequin ou celui de la guêtre fixée par des courroies me paraissent bien supérieurs à la talonnière.

Un point dont il faut encore tenir grand compte, c'est le lieu où sont placées certaines articulations. L'articulation destinée à produire les mouvements du pied autour de l'axe antéro-postérieur, c'est-à-dire, l'abaissement d'un bord et l'élévation de l'autre, doit se trouver au-dessous de celle qui correspond à la flexion et à l'extension, car la rotation se passe en grande partie dans l'articulation médio-tarsienne. Or, dans les appareils de Duval, de Charrière, de Mathieu, de Guillot, l'articulation correspondant aux mouvements de rotation autour de l'axe antéro-postérieur est au contraire placée au-dessous de celle qui correspond à la flexion et à l'extension.

D'autre part, les appareils tels que ceux de Langgaard, de Nélaton, de Guillot, de Stœss, dans lesquels les articulations sont placées à la partie postérieure, manquent de solidité.

D'une façon générale, lorsqu'on traite un sujet qui marche ou commence à marcher, on doit choisir les appareils qui permettent la déambulation.

En résumé, dans le cas où l'on est obligé de viser à l'économie, je recommanderai le sabot de Venel ; quand on n'est pas gêné sous ce rapport, je crois que l'appareil de Guérin et ceux d'Adams sont les plus convenables.

Il me parait cependant avantageux de faire subir à ces différents appareils une modification consistant à fixer le pied avec une guêtre.

Appareils de traction à force élastique. — Appareil de Barwel (de Londres). — Une large bandelette de diachylon est collée sur la jambe suivant la direction de la portion jambière des péroniers latéraux. Par-dessus est placée une lame de fer-blanc que l'on fixe en rabattant sur elles les extrémités de la bandelette emplastique et à l'aide d'autres bandelettes circulairement disposées. Sur cette plaque de métal se trouve un petit anneau auquel vient s'attacher l'extrémité supérieure du lacs élastique dont l'extrémité inférieure se fixe, sur le bord externe du pied, à un autre anneau adapté à une bandelette de diachylon enroulée autour du pied et maintenue à l'aide d'autres bandelettes. Comme agent élastique, Barwel emploie tantôt une lanière de tissu élastique, tantôt un ressort en spirale ou simplement un cordon cylindrique de caoutchouc.

Appareil d'Andrews (de Chicago). — Une large bandelette de diachylon est enroulée autour du pied, de façon à abaisser le bord interne et à relever le bord externe ainsi que la pointe.

12.

Sur cette bandelette sont cousues en dehors deux lanières de tissu élastique qui remontent verticalement sur le côté externe de la jambe et vont, par leur extrémité supérieure, se fixer sur des boucles attachées à deux bandelettes agglutinatives collées longitudinalement sur la partie supérieure et externe de la jambe et maintenues par d'autres bandelettes circulaires. Un tampon est interposé entre les lanières élastiques et le bas de la jambe.

Appareil de Prince (*de Philadelphie*). — Une feuille de gutta-percha, épaisse d'un tiers de pouce et recouverte de mousseline, est appliquée sur l'avant-pied préalablement enveloppé de ouate ; elle doit s'étendre de l'articulation tibio-tarsienne aux orteils. Les extrémités de cette plaque sont soudées l'une à l'autre sur l'un des bords du pied. Pendant que le moulage se fait, on maintient l'avant-pied redressé, et, pour que l'application de la gutta-percha soit plus exacte, on la fixe contre le pied à l'aide d'une grosse pince disposée comme une serre-fine. Du carton recouvert de taffetas est placé entre la gutta-percha et les mors de la pince. Le moulage fait, on pratique des trous près de la partie antérieure du bord externe de ce moule, et, à l'aide de ces trous, on fixe l'extrémité antérieure du lacs élastique représenté par un cordon arrondi en caoutchouc ou par une bande de tissu élastique.

Quant à l'extrémité supérieure du lacs, elle peut remonter jusqu'au bassin et s'attacher à une ceinture, ou bien s'arrêter au genou ; mais, en tout cas, elle doit être fixée au niveau du genou, de façon que sa partie inférieure puisse continuer à agir quand le membre est fléchi.

Appareil de Blanc (*de Lyon*) (Fig. 59). — Blanc à

fabriqué deux appareils pour le traitement du pied bot,
l'un à l'usage des individus d'un certain âge atteints
de déviation résistante, l'autre pour les jeunes enfants.
Voici ce dernier (Fig. 59) : une tige de fer qui doit s'appliquer sur le côté interne de la jambe, supporte à sa
partie supérieure un collier qui entoure le membre au-
dessous du genou. En bas, cette tige se continue avec

Fig. 59. — Appareil de Blanc.

un étrier auquel est fixée la semelle et qui se prolonge
au-dessous de cette dernière, pour se terminer en dehors par un crochet. La jonction de la tige jambière
et de l'étrier, jonction qui correspond à la malléole
interne, se fait à l'aide de deux articulations répondant,
l'une aux mouvements de flexion et d'extension, l'autre
à ceux d'adduction et d'abduction. Sur la semelle est

adapté un contre-fort en cuir, qui passe derrière le talon et s'étend en dedans jusqu'à l'origine du gros orteil. Le pied est maintenu au moyen d'une guêtre munie d'une courroie qui, après avoir passé à travers le contre-fort, se fixe sur une plaque d'acier adaptée à la partie externe de la semelle. Un levier en fer très-doux, attaché également sur ce bord externe, vient presser sur le cou-de-pied, par l'intermédiaire d'une pelote, et se fixer en dedans à l'aide d'une courroie.

Le redressement est opéré par deux courroies interrompues par un anneau élastique dans une partie de leur étendue. L'une d'elles part du crochet qui termine l'étrier en dehors, et l'autre part d'un levier qui déborde la partie antérieure de la semelle. Toutes deux vont s'attacher en haut sur le collier placé au-dessous du genou.

Je n'ai, je dois le dire, qu'une très médiocre confiance dans les appareils élastiques. Ceux de Blanc me paraissent les meilleurs, mais je leur préfère de beaucoup les appareils à tension fixe.

Appareils de maintien. — Sous le nom d'appareils de maintien, je désigne ceux qui ont purement et simplement pour but de maintenir le pied dans la position que lui a donnée la main du chirurgien.

Appareil d'Adams. — Adams qui divise le traitement du pied bot en deux périodes, emploie dans la première, pour les enfants qui n'ont pas dépassé l'âge de cinq ans, un appareil des plus simples. Il se compose d'une attelle de fer-blanc appliquée sur le côté externe de la jambe, s'arrêtant en haut un peu au-dessous du genou et en bas dépassant un peu le pied. La jambe et le pied étant recouverts d'un bandage roulé, on fixe l'attelle de haut en bas par des tours de

bande circulaires embrassant l'attelle et la jambe. En
continuant le bandage sur le pied, on attire ce dernier
vers l'attelle, c'est-à-dire en dehors.

Appareil de Post (*de New-York*). — Dans une feuille
de gutta-percha épaisse d'un huitième à un seizième
de pouce, on découpe une pièce disposée de façon à
recouvrir la plante et les bords du pied et à remonter
de chaque côté jusqu'au niveau du mollet, en laissant
à découvert sur un étroit espace, en arrière, le talon et
la partie postérieure de la jambe, en avant, le dos du
pied et la région jambière antérieure.

La pièce ainsi obtenue est recouverte d'une mousseline légère, et trempée dans l'eau chaude afin de la
ramollir, puis moulée sur le membre ou sur une forme
de bois représentant le pied et la jambe et sur laquelle
le pied présente la même forme en dedans et en dehors.

Un aide maintenant le pied aussi redressé que possible, le chirurgien applique un bandage roulé. Par
dessus il place le moule de gutta-percha et le fixe avec
une bande.

Appareil de Bonnet. — Une attelle en tôle convenablement matelassée et faite sur le modèle d'un
membre normal est appliquée sur le côté interne de la
jambe et du pied et sur la face plantaire de ce dernier.
Le bas de la jambe est entouré par une chaussette en
cuir doux, de laquelle part une courroie qui va se
fixer sous la semelle et maintient ainsi le talon appliqué
sur cette partie de l'appareil. D'autres courroies servent à fixer l'appareil contre le pied et la jambe.
Des coussinets sont interposés entre le membre
et l'attelle sur les points où doit se produire une pression.

Les différents appareils inamovibles rentrent dans

la catégorie des appareils de maintien. Ces appareils de maintien n'ont qu'une médiocre valeur. Celui d'Adams peut rendre quelques services dans le traitement des pieds bots du premier âge. L'appareil de Post, qui manque de solidité, ne peut être utile que chez les tout jeunes enfants et dans les cas très légers. Celui de Bonnet me paraît n'avoir que bien peu d'action. Quant aux appareils inamovibles, ils sont formellement contre indiqués, car ils s'opposent au redressement progressif du pied et aux mouvements.

En somme, les appareils à force de tension fixe me semblent les seuls sur lesquels on puisse sérieusement compter dans les cas tant soit peu difficiles.

Opérations. — Les opérations pratiquées pour la cure du pied bot sont : la ténotomie, la section des ligaments, faites toutes les deux par la méthode sous-cutanée, le massage forcé, la résection appliquée aux os du tarse ou tarsotomie.

Ténotomie. — Voici, d'une façon générale, la manière dont on pratique la ténotomie : le membre étant mis dans une situation telle que l'on puisse facilement arriver sur le tendon, un aide saisit le pied et le fixe dans une position opposée à celle où le place normalement le muscle que l'on veut couper ; le tendon est ainsi rendu plus saillant. Avec un ténotome pointu ou une lancette, le chirurgien fait sur le côté du tendon une ponction qui s'en éloigne plus ou moins suivant les cas. Puis, par cette ponction, il introduit à plat le ténotome mousse au-dessus ou au-dessous du tendon. La lame redressée de façon que le tranchant soit appliqué sur le tendon, il imprime, en pressant, à l'instrument un mouvement de va-et-vient. Un bruit particulier et une sensation de résistance vaincue annoncent que le tendon est divisé. Le ténotome est alors retiré à plat.

Les tendons que l'on peut avoir à diviser pour la cure du varus, sont : le tendon d'Achille, ceux du tibial antérieur, du tibial postérieur, du long fléchisseur des orteils. On porte aussi le ténotome sur l'aponévrose plantaire, l'adducteur du gros orteil et le court fléchisseur commun.

Tendon d'Achille. — A l'état normal et chez l'adulte, le tendon d'Achille est à une distance très suffisante en arrière du nerf et des vaisseaux tibiaux postérieurs pour qu'on n'ait pas à se préoccuper de leur lésion, mais chez les enfants affectés de varus, la distance est beaucoup moindre.

En dehors du tendon se trouve la veine saphène externe qu'il faut ménager.

Le lieu d'élection pour la ténotomie est un point qui correspond à la moitié de la hauteur de la malléole externe. On est, à ce niveau, à une certaine distance de la tibiale postérieure, et, d'autre part, on ne risque pas d'ouvrir la bourse séreuse placée au-dessus de l'insertion du tendon sur le calcanéum.

Le malade doit être couché sur la face antérieure du corps ou sur le côté. Un aide saisit la jambe et le pied et cherche à fléchir ce dernier, de façon à faire saillir le tendon.

On peut ponctionner en dedans ou en dehors du tendon, ce qui n'a pas grande importance ; je crois cependant qu'il vaut mieux le faire en dedans, afin d'éviter la veine saphène externe.

Si l'on ponctionne en dehors du tendon, il ne faut pas trop s'en éloigner de peur d'intéresser ce vaisseau. La ponction faite, on introduit à plat un ténotome à extrémité mousse. On peut le passer en avant du tendon et faire la section sous-tendineuse, ou bien l'introduire en arrière et faire la section sus-tendineuse. La section sous-tendineuse est la plus prudente pour un opérateur inexpérimenté, mais un chirurgien qui possède une certaine habileté peut faire la sus-tendineuse.

Au moment de la section, il se produit en général un certain bruit; de plus, l'aide sent que le pied cède, et, en pressant avec le doigt, on trouve un vide entre les deux bouts du tendon.

Jambier postérieur. — A l'état normal, le tendon du jambier postérieur est appliqué contre la malléole interne, en avant et en dedans du tendon du long fléchisseur commun. L'artère tibiale postérieure est en arrière et en dehors; le nerf est plus externe et plus postérieur que l'artère. Une gaîne particulière maintient le tendon appliqué contre l'os. De là, il passe en dedans du ligament latéral interne de l'articulation tibia-tarsienne et sous le ligament calcanéo-scaphoïdien inférieur; il est, à ce niveau, contenu dans une nouvelle gaîne.

Dans le varus congénital, le tendon est reporté plus en avant, et la malléole interne, chez les enfants gras, est souvent fort difficile à sentir. On voit que le tendon, qu'il est malaisé d'atteindre, est très rapproché à la jambe de l'artère tibiale postérieure. Aussi Velpeau a-t-il recommandé de faire la section près de l'insertion du tendon au scaphoïde. Mais le déplacement du scaphoïde, son rapprochement de la malléole interne font qu'il est à peu près impossible de pratiquer la ténotomie en ce point. C'est, en somme, derrière la malléole qu'il faut la faire. Little indique comme point de repère, pour trouver le tendon, le milieu de l'espace compris entre le bord antérieur et le bord postérieur

de la jambe. Thorens propose le moyen suivant : de
l'endroit où le tendon du jambier antérieur dont le
relief est facile à sentir, croise l'interligne articulaire du
cou-de-pied, on élève une verticale remontant le long
de la jambe ; le tendon se trouve sur cette ligne ou
immédiatement en dedans et en arrière. Voici le
modus faciendi tel que le décrit Adams : la ponction
étant faite au point indiqué par Little, le chirurgien
cherche avec le ténotome pointu à diviser la gaîne tendineuse. Cela fait, il retire cet instrument et introduit
un ténotome mousse dont il tâche d'engager l'extrémité entre l'os et le tendon. Si la manœuvre a réussi,
l'instrument doit être serré de façon à ne pas se mouvoir d'un côté à l'autre.

Mais lorsqu'on ne sent pas que le ténotome est serré,
la manœuvre a été manquée ; il faut alors le retirer en
partie et tâtonner pour le mettre dans la voie où il
aurait dû pénétrer. Si l'on n'y arrive pas, on doit enlever le ténotome mousse, introduire à nouveau le ténotome pointu, pour ouvrir la gaîne, et passer le ténotome mousse entre le tendon et l'os. On tourne alors le
tranchant contre le tendon, et un aide renverse le pied.
Cela suffit souvent pour que la section tendineuse soit
opérée, mais il est quelquefois nécessaire de faire exécuter un petit mouvement à l'instrument. Moins on in-
prime de mouvements au ténotome, mieux cela vaut,
tant au point de vue du danger de léser l'artère que
relativement à l'inflammation consécutive.

Long fléchisseur commun des orteils. — Le tendon
de ce muscle est situé immédiatement en dehors et en
arrière de celui du tibial postérieur, et on les divise
tous les deux en même temps.

Il faut, pour cela, lorsque le ténotome mousse est

passé en avant du tendon du jambier postérieur, l'enfoncer un peu plus, avant de retourner la lame et d'en diriger le tranchant en arrière.

Voici à quels signes on pourra reconnaître que ces tendons ont été divisés : il est rare que la ténotomie du tibial postérieur soit accompagnée d'un bruit perceptible à l'oreille, mais, en général, l'aide éprouve une secousse, sent que le pied cède, de sorte que, si l'opérateur est dans le doute, il peut s'en rapporter aux sensations perçues par l'aide. Habituellement, en outre, une vibration est transmise à la main de l'opérateur, et si les tendons du jambier postérieur et du long fléchisseur ont été divisés tous les deux, la sensation de vibration est double.

Chez l'adulte, on peut le plus souvent constater l'existence d'une dépression au niveau de la section, mais dans l'enfance cela n'arrive qu'exceptionnellement et encore chez les sujets qui ont la jambe maigre.

Jambier antérieur. — Voir page 275.

Adducteur du gros orteil, court fléchisseur commun des orteils et aponévrose plantaire. — L'adducteur du gros orteil se sent facilement sur le bord interne du pied, et c'est là qu'on le divise.

L'aponévrose plantaire est assez souvent rétractée, et la partie qui m'a toujours paru offrir le plus de résistance au déroulement du pied, est la cloison intermusculaire interne. C'est donc sur la ligne suivant laquelle cette cloison s'implante sur l'aponévrose qu'on doit porter le ténotome. On ponctionne avec un ténotome pointu, auquel on substitue un ténotome mousse que l'on introduit à plat et que l'on redresse ensuite. On sectionne en même temps le court fléchisseur, et, si cela est nécessaire, on répète cette opération sur différents points de la longueur du pied.

Réparation des tendons divisés. — Les phénomènes qui suivent les sections tendineuses ont été soigneusement étudiés par Adams sur le tendon d'Achille, et c'est à lui que j'en emprunte la description.

Après la ténotomie, il se produit immédiatement entre les deux bouts un écartement qui peut être de treize à vingt-cinq millimètres chez l'enfant et chez l'adulte de vingt-cinq à cinquante. L'écartement n'atteint pas toujours les proportions que je viens d'indiquer, et cela en raison de la dégénérescence des muscles et de l'état d'immobilité des articulations du pied. La gaîne tendineuse qui n'est qu'incomplètement divisée, et qui par sa face externe adhère au tissu cellulaire ambiant, forme une espèce de gaîne tubuleuse étendue d'un bout du tendon à l'autre.

Dans cette gaîne s'épanche un peu de sang qui n'a, quoi qu'on en ait dit, aucun rôle à jouer dans la réparation à laquelle il ne peut que nuire, lorsqu'il est en quantité plus considérable. On voit d'abord la gaîne et le tissu cellulaire ambiant se vasculariser, et ce tissu devenir le siège d'une infiltration nucléaire. Les éléments embryonnaires se disposent en séries longitudinales et deviennent fusiformes. Puis le tissu de néoformation passe à l'état fibreux, en conservant une translucidité supérieure à celle du tendon primitif. Suivant Adams, il acquiert une longueur de treize à vingt-cinq millimètres chez l'enfant et de vingt-cinq à cinquante chez l'adulte.

Quant aux bouts du tendon divisé, ils ne participent que faiblement à la reproduction, et celui qui est attenant au muscle y contribue plus que celui qui adhère à l'os. Ces deux bouts sont d'abord lâchement unis, mais, après quelque temps, les parties divisées s'effilent, et entre les faisceaux fibreux se développe du tissu embryonnaire qui acquiert l'aspect du tissu du néo-tendon.

Aux deux extrémités de ce néo-tendon, dans les points où il se réunit avec l'ancien, il existe un renflement qui finit par disparaître.

Autour du tendon nouvellement formé se produit une nouvelle gaîne celluleuse, mais elle présente des adhérences filamenteuses et n'acquiert jamais le même degré de perfection que la gaîne primitive.

Accidents de la ténotomie. — Les accidents à craindre sont, en tant qu'accidents primitifs, la division de la peau et la blessure d'une artère, et comme accidents consécutifs, la suppuration, la non-réunion des deux bouts du tendon, la soudure du tendon avec les parties voisines.

On peut incontestablement, à la suite de cette opération, voir survenir de la fièvre, un érysipèle, une lymphangite, etc., mais je n'insisterai pas sur ces très rares complications.

La division de la peau peut se produire lorsqu'on sectionne le tendon d'Achille par la méthode sous-tendineuse, surtout dans les cas où le tendon a contracté des adhérences avec la peau à la suite d'une ténotomie antérieure. En pareil cas, les signes qui annoncent que la section est achevée, font en partie défaut, et l'opérateur, croyant la section incomplète, peut presser outre mesure et finir par couper la peau, ce qui transforme la plaie sous-cutanée en plaie à découvert.

Il faut alors remettre le pied dans la position où il se trouvait avant l'opération, appliquer sur la solution de continuité une compresse enduite de collodion, recouverte d'autres compresses imbibées du même produit, et maintenir le pied immobile sur la jambe à l'aide d'un appareil inamovible laissant la région blessée à découvert. Cet appareil devra rester plusieurs jours en place, à moins qu'il ne survienne des phénomènes inflammatoires. En agissant ainsi, on pourra espérer voir la plaie se réunir par première intention.

Blessure des artères. — Les artères que l'on est exposé à ouvrir en pratiquant les sections ci-dessus signalées sont la tibiale postérieure et la plantaire interne.

Quelquefois l'issue immédiate du sang artériel ne laisse aucun doute; d'autrefois, sans que d'abord rien n'ait annoncé qu'une artère avait été intéressée, on voit, au bout de quelques jours, apparaître les signes qui indiquent le développement d'un anévrysme.

Dans le premier cas, on aura recours à une compression méthodiquement faite; dans le second, on appliquera le traitement des anévrysmes.

Inflammation et suppuration. — Cette complication qui est la plus commune, à la suite de la ténotomie, peut n'avoir que peu d'importance, si elle est très-limitée et se dissipe vite, ou bien en acquérir davantage lorsqu'elle s'étend et dure longtemps. Elle s'oppose alors à la restauration régulière des tendons, et Adams cite un cas où Wilson (de Manchester) fut conduit à amputer le membre, en raison de la suppuration qui avait envahi le creux poplité.

La mauvaise constitution du sujet, le défaut de précautions pour éviter l'entrée de l'air, des manœuvres maladroites de la part du chirurgien, trop d'empressement à vouloir redresser le pied, telles sont les causes qui peuvent donner naissance aux accidents inflammatoires, que l'on combattra par l'immobilisation, les applications émollientes, etc.

Soins consécutifs à la ténotomie. — La section une fois pratiquée, le chirurgien doit, par de douces pressions dirigées du tendon vers la plaie des téguments, chasser la petite quantité de sang qui a pu s'épancher ou l'air qui a pu s'introduire. Puis, la plaie est recouverte d'un linge collodionné sur lequel on applique une couche de ouate enveloppant le pied et la jambe et que l'on maintient avec une bande sèche. Le malade doit rester au repos quarante-huit heures. Il faut, pendant ce temps, bien se garder de faire aucune tentative de redressement. Le pied doit, immédiatement après l'opération, être abandonné à lui-même et ce n'est qu'au bout de quarante-huit heures que l'on applique l'appareil.

Section des ligaments. — On a coupé, toujours par la méthode sous-cutanée, les ligaments postérieurs de l'articulation tibio-tarsienne, le ligament deltoïdien. Streckeisen (de Zurich) attachait plus d'importance à la section des ligaments qu'à celle des tendons et affirmait qu'après la section du ligament deltoïdien et de quelques faisceaux ligamenteux passant entre la malléole interne, l'astragale et le scaphoïde, on peut généralement ramener le pied à sa position normale.

Mackeever, dans trois cas de varus congénial chez des enfants qu'il a pu disséquer, a trouvé le scaphoïde en contact avec la malléole interne et réuni à cette épiphyse par d'épais faisceaux fibreux dont la section permit de rendre au pied sa position naturelle.

En somme, la section des ligaments, qui expose à ouvrir les articulations et à blesser les artères, est à peu près complètement laissée de côté par la majorité des chirurgiens.

Massage forcé. — Le massage forcé de Delore ou redressement à l'aide de manœuvres purement manuelles me paraît ne pas devoir entrer en ligne de compte. Employé seul, il est impuissant et pourrait être dangereux ; si on l'adjoint à la ténotomie, il est inutile. Ce que je dis là ne s'applique pas à un massage modéré.

Ostéotomie ou Tarsotomie. — La première opération de tarsotomie fut inspirée par Little et pratiquée par Solly (de l'hôpital Saint-Thomas de Londres) le 26 juin 1854, sur un gentleman de vingt et un ans, atteint d'un varus congénital très prononcé. Une large incision fut faite sur le côté externe et sur la convexité du pied. Le cuboïde mis à découvert, le chirurgien enleva par fragments et à l'aide de la gouge le cuboïde et peut-être aussi quelques portions d'autres os du tarse. Le résultat définitif fut moins favorable que ne l'avait supposé Solly.

Depuis, la tarsotomie a été pratiquée nombre de fois en Angleterre, en Allemagne ; mais, en France, on ne cite qu'une opération due à Poinsot de Bordeaux.

La tarsotomie comprend plusieurs opérations différentes ; sous cette dénomination, on a rangé l'extraction du cuboïde, la résection cunéiforme du tarse, l'extraction de l'astragale.

Poinsot divise la tarsotomie en antérieure et postérieure, suivant qu'elle porte sur les os de la rangée antérieure du tarse, ou sur ceux de la région postérieure, et il subdivise la tarsotomie antérieure en deux : tarsotomie partielle, si on en enlève un seul os, totale, lorsque la résection porte sur toute la largeur du tarse.

Voici le manuel opératoire de l'extraction du cuboïde, que j'emprunte à Davy : la bande d'Esmarch ayant été appliquée, on incise directement en bas, au niveau du

cuboïde, sur le bord externe du pied, la peau indurée
et les bourses séreuses, et on donne à l'incision la forme
d'un T en la prolongeant sur le dos du pied ; on passe
deux solides fils de métal, un dans chaque lambeau, et
on les utilise comme écarteurs. Après avoir mis à nu
les faces supérieure et externe du cuboïde, on visse la
pince à os (espèce de tire-fond) dans le tissu spongieux
du cuboïde et on ouvre les branches de manière à
assurer la prise. Puis on sectionne avec soin les ligaments autour de l'os et on le fait basculer, en évitant de
léser le tendon du long péronier latéral qui est situé
au-dessous ; il faut pour cela raser exactement le
cuboïde avec le bistouri. Enfin on réunit l'incision en
T par un ou plusieurs points de suture.

Tarsotomie cunéiforme. — Elle paraît avoir été
pratiquée pour la première fois à Heidelberg par
Otto Weber, qui réséqua un fragment du cuboïde et du
calcanéum en forme de coin.

Davies-Colley, faisant en 1876, la tarsotomie cunéiforme, commença par extraire le cuboïde, puis, avec
le bistouri et la scie, il enleva des portions du calcanéum, de l'astragale, du scaphoïde et des cunéiformes,
ainsi que le cartilage des deux métatarsiens externes.

Bryant eut recours au procédé suivant : sur le dos
du pied, il fit une incision transversale s'étendant d'un
point correspondant au tubercule du scaphoïde jusqu'au
bord externe du cuboïde et une seconde incision le long
du bord externe du pied. Il eut ainsi une incision en T
renversé. Les lambeaux étant soulevés, le chirurgien
sectionna les tendons des extenseurs, et une spatule
ayant été interposée entre les os et les parties molles
de la plante du pied afin de protéger ces dernières, il
divisa le tarse avec une scie à guichet, suivant deux

lignes interceptant un triangle dont le sommet correspondait au scaphoïde et dont la base, d'un pouce de largeur, était représentée par le cuboïde. Ce coin osseux enlevé, le pied fut redressé.

Le procédé de Bryant a l'inconvénient de diviser les parties molles de la face dorsale du pied. Rupprecht en a décrit un qui évite cet inconvénient. Le voici : incision de la peau sur une longueur de six centimètres, de la malléole externe à la base du quatrième métatarsien. Le corps du pédieux est en partie détaché et porté en dedans avec les tendons, et le périoste du tarse est disséqué dans l'étendue de l'incision cutanée. Deux érignes, fixées en ce point, sont confiées à des aides qui les maintiennent solidement. Le bistouri, conduit parallèlement à la surface du périoste détaché, met à nu le tarse sur la plus grande étendue possible, mais sans ouvrir l'articulation supérieure de l'astragale. Avec le ciseau on pratique deux incisions convergentes en dedans, l'une parallèle à la ligne des deux malléoles, l'inférieure parallèle à la ligne des articulations métatarso-phalangiennes. Le ciseau est réintroduit dans ces deux incisions qui circonscrivent le coin à enlever, et à l'aide de deux coups de maillet on sépare ce coin, que l'on extrait avec un davier. On abat avec le ciseau les crêtes osseuses, et on place le pied dans la situation recherchée.

Meusel a signalé une pratique très propre à renseigner sur l'étendue qu'il est nécessaire de donner à la résection pour redresser le pied, pratique déjà employée pour les résections faites dans le but de remédier à l'ankylose osseuse des grandes articulations. Il prend avec du plâtre le moule du pied à opérer et étudie, sur la reproduction obtenue à l'aide du moule, quelles sont les dimensions du coin osseux qu'il faut enlever pour arriver à un redressement convenable.

König a fait observer que le segment osseux que l'on résèque doit avoir sa base tournée en même temps du côté externe et du côté de la face dorsale.

Poinsot conseille le manuel opératoire suivant : incision en T renversé dont la branche horizontale s'étend de la malléole externe à la tête du cinquième métatarsien, et dont la branche verticale remonte sur le dos du pied dans la direction du scaphoïde. Détacher les tendons et les incliner en dedans. Disséquer le périoste incisé dans la même direction que la peau. Rattacher chacun des lambeaux ainsi obtenus au lambeau cutané correspondant avec un point de suture métallique, les fils servant d'écarteurs dans le reste de l'opération.

Enfin détacher avec le ciseau (de préférence à la scie) un coin osseux, par deux incisions dont l'une sera parallèle à la ligne des articulations tarso-métatarsiennes, et dont l'autre sera parallèle à la ligne bi-malléolaire.

La base de ce coin sera donc externe et devra généralement mesurer un pouce ; le coin osseux devra en même temps empiéter sur la face dorsale du tarse plus que sur la face plantaire.

Tout en décrivant ce procédé pour les cas où la tarsotomie cunéiforme est d'avance jugée indispensable, Poinsot recommande avec instance de tenter d'abord l'extraction du cuboïde et de n'attaquer les autres os du tarse que lorsque cette tentative a été reconnue inefficace.

Dans ce cas même, ainsi qu'il le fait observer, il n'y a pas à modifier beaucoup l'opération ci-dessus, qui seulement se trouve alors décomposée en deux temps, dont le premier consiste dans l'ablation du cuboïde ;

puis, si le redressement du pied ne peut être obtenu, on en vient au second temps, en prolongeant sur le dos du pied la branche verticale du T et en se comportant suivant les règles indiquées ci-dessus.

Dans la tarsotomie, qui force le chirurgien à ouvrir des synoviales et des gaînes tendineuses, il est urgent de suivre rigoureusement les préceptes de la méthode de Lister.

Après l'opération, on réduit immédiatement la difformité et on applique le pansement antiseptique.

Si l'on s'est borné à l'extraction du cuboïde, on recourra, pour maintenir la réduction, à l'appareil suivant recommandé par Poinsot, lequel rappelle l'appareil de Dupuytren pour la fracture du péroné : une longue attelle dépassant le pied par son extrémité inférieure est appliquée sur le côté externe de la jambe dont elle est séparée par un coussin épais et résistant qui s'arrête à trois travers de doigt au-dessus de la malléole. L'attelle est fixée à l'aide d'une bande roulée. Le pied est attiré vers l'attelle par un bandage en huit de chiffre pour lequel on peut, afin de lui donner plus d'action, employer une bande élastique.

Lorsqu'on aura recours à la tarsotomie cunéiforme, on se servira d'une attelle postérieure munie d'une pédale, avec une échancrure au niveau du talon.

La tarsotomie postérieure ou résection de l'astragale s'appliquant plus spécialement à l'équinisme, je n'en parlerai pas ici.

Quant à la tarsotomie antérieure, partielle ou totale, appliquée au varus, je n'en conteste nullement l'efficacité, et je reconnais d'autre part que la méthode antiseptique doit en diminuer singulièrement les dangers. Néanmoins, l'ouverture des gaînes tendineuses, les lésions osseuses et articulaires que le chirurgien produit en pratiquant la tarsotomie, la rangent au nombre des opérations sérieuses; d'autre part, il est incontestable que chez l'enfant, on guérit le pied bot sans y recourir. Les arguments en sa faveur tirés de la rapidité de la guérison, de la simplification de l'appareil instrumental pour le traitement consécutif, ont sans doute une certaine importance, mais ne sont pas prépondérants. Je crois donc que la tarsotomie a une place marquée dans la thérapeutique du varus, mais qu'elle doit être rigoureusement réservée pour l'âge où on ne peut guère espérer de résultat satisfaisant de l'emploi des autres moyens, c'est-à-dire, vers l'âge de quinze ans.

Après avoir passé en revue les divers moyens employés pour la cure du pied bot varus, je dois maintenant établir d'une façon précise la manière dont il faut instituer le traitement.

Il est évident que le degré de la difformité, l'âge du malade fournissent les indications dont on devra surtout tenir compte.

Si l'on a affaire à un nouveau-né, s'il est atteint d'un varus au premier degré, susceptible d'être réduit momentanément par l'action de la main, on se contentera de l'emploi d'un appareil (un de ceux que j'ai signalés comme les meilleurs) combiné avec les mouvements communiqués.

Quand le varus existe chez le nouveau-né à un degré plus prononcé, on ne doit plus compter uniquement sur ces moyens, et il faut recourir à la ténotomie.

Mais à quel âge doit-on la pratiquer? Quels tendons faut-il sectionner?

Bouvier recommande d'attendre, pour opérer, quelques semaines ou même quelques mois. L'opinion généralement répandue en Angleterre est qu'il faut attendre jusqu'au douzième mois, opinion qui, comme le fait remarquer Adams, résulte de l'affirmation de Little, à savoir que l'âge le plus favorable pour l'opération est celui qui précède l'époque où l'enfant va faire ses premiers efforts pour marcher, ce temps d'attente devant être utilisé pour l'application d'un appareil mécanique destiné à porter les orteils en dehors.

Lizars (d'Édimbourg) remet l'opération à une date encore plus éloignée que Little, à l'âge de deux ou trois ans. Adams recommande d'opérer vers le second mois.

Les chirurgiens qui sont d'avis de différer l'opération, s'appuyent sur la nécessité où l'on se trouve, en opérant prématurément, de continuer l'emploi des appareils jusqu'à ce que l'enfant commence à marcher, sur les interruptions fréquentes que doit subir le traitement, en raison des maladies si communes à cet âge, interruptions qui amènent la récidive, laquelle n'a que peu d'importance si l'on s'est borné aux moyens mécaniques, mais en acquiert davantage quand on a pratiqué la ténotomie.

Par contre, les partisans de l'opération hâtive invoquent le grand avantage qu'il y a à ramener le pied dans une situation normale avant que les os s'accroissent et s'ossifient, l'intérêt qui existe à avoir terminé la cure avant l'époque de la dentition, et enfin ce fait d'observation que les très jeunes enfants supportent très bien l'opération et les appareils, tandis que ceux qui ont quelques mois de plus, se révoltent énergiquement contre l'emploi de ces derniers.

Tels sont les arguments avancés de part et d'autre.

Somme toute, l'âge de six mois me paraît le plus convenable. Avant d'opérer, il est bon en effet de s'assurer que l'enfant a des chances de vitalité suffisantes, et l'accroissement du pied de deux à six mois n'est pas si considérable, la résistance opposée par les enfants de six mois n'est pas tellement sérieuse, que l'on doive se hâter. En attendant l'opération, il est utile de faire porter au malade un appareil redresseur. Je n'ai pas besoin de dire que, s'il existait quelque contre-indication tirée de l'état général, on attendrait pour opérer que la santé soit rétablie.

Les tendons à diviser sont ceux du jambier antérieur, du jambier postérieur, du long fléchisseur commun des orteils et le tendon d'Achille.

Si la rétraction de l'aponévrose plantaire n'est que peu prononcée, on peut se dispenser de la sectionner; dans le cas contraire, on la divise.

J'emprunte à Adams, qui me paraît les avoir très bien compris, les préceptes relatifs à l'ordre suivant lequel les tendons doivent être sectionnés. Dans les cas peu graves où il n'y a qu'une rigidité ligamenteuse peu prononcée, on peut couper en une seule séance tous les tendons des muscles sus-mentionnés, mais dans les cas plus sérieux il y a grand avantage à diviser le traitement, suivant les indications, en deux ou trois périodes. Dans la première, on sectionne les tendons des jambiers antérieur et postérieur, du long fléchisseur.

Après cette triple section, on laisse reposer le malade deux ou trois jours; puis la jambe et le pied étant recouverts d'un bandage roulé, on applique, sur le côté externe de la jambe une attelle droite, qui remonte en haut jusqu'au voisinage du genou, et en bas dépasse un peu le pied. Une série de circulaires disposés de haut en bas et comprenant le membre et l'attelle fixent cette dernière et portent le pied en dehors. On serre pro-

gressivement la bande à mesure que le pied cède, jusqu'à ce qu'il se trouve en droite ligne avec la jambe,
résultat qui est généralement obtenu au bout de deux
ou trois semaines.

J'ai déjà dit que, lorsque l'aponévrose plantaire
n'était que légèrement rétractée, on pouvait se dispenser
de la sectionner.

Dans le cas contraire, on divisera cette aponévrose et
au besoin les muscles voisins, ainsi que je l'ai indiqué
ci-dessus.

Il est bon, comme le fait observer Adams, de mettre
un intervalle entre la section de l'aponévrose plantaire
et celle du tendon d'Achille.

La section aponévrotique pratiquée, on applique un
des appareils que j'ai indiqués comme les mieux appropriés; on déroule le pied, et on maintient le redressement du varus, mais sans s'occuper de l'équinisme, s'il
en existe.

Au bout de deux ou trois semaines, on sectionne le
tendon d'Achille et on peut alors disposer l'appareil de
façon à combattre l'équinisme, quand il y a lieu.

Il y a, je l'ai dit, avantage à décomposer le traitement en une série de temps; deux, lorsqu'on ne divise
pas l'aponévrose plantaire, trois, si on la sectionne.

En bornant la première opération à la section des
jambiers et du fléchisseur, on ne s'expose pas, comme
on le fait en pratiquant en même temps la section du
tendon d'Achille, à avoir trop à demander à la fois aux
appareils mécaniques et à n'obtenir qu'un renversement
incomplet du pied, un abaissement imparfait du
calcanéum et à voir se reproduire la difformité.

Il y a, d'autre part, avantage, lorsqu'on sectionne
l'aponévrose plantaire, à le faire un certain temps avant

d'attaquer le tendon d'Achille. Ce tendon rétracté fixe en effet le calcanéum et fournit un point d'appui aux pressions exercées sur la partie antérieure du pied pour le dérouler.

Les appareils employés pour la cure du pied bot doivent être enlevés et réappliqués tous les jours ; ils doivent être disposés de façon que le redressement se produise graduellement et sans brusquerie.

Adams affirme qu'au bout de quinze jours ou de trois semaines après la section du tendon d'Achille, le pied peut être ramené à sa position normale, et l'élongation désirée du tendon d'Achille peut être obtenue. L'appareil ne sert plus alors qu'à la contention, et on commence les mouvements communiqués consistant en abduction et adduction, flexion et extension ; ces manœuvres doivent être pratiquées deux fois par jour, un quart d'heure chaque fois. On peut à cette époque commencer à faire marcher le malade quand son âge le permet.

Après quatre ou cinq semaines, si le tendon d'Achille paraît assez fort, on peut faire porter au malade, pendant le jour, un des appareils contentifs que je vais décrire, tout en conservant l'appareil redresseur pendant la nuit. On voit qu'en somme la durée du traitement proprement dit ne dépasse pas deux mois.

Après le traitement proprement dit, doit venir celui de la convalescence du pied bot. Si l'on veut obtenir un résultat satisfaisant et durable, il faut continuer longtemps (un an environ), après la cure, l'emploi de l'appareil redresseur pendant la nuit ; le jour, on applique un appareil contentif. Il est aussi très indiqué de continuer les mouvements communiqués.

Des appareils usités pendant la convalescence du

varus, les uns ont purement et simplement pour but
de s'opposer au renversement du pied en dedans, les
autres, applicables aussi à l'équin, limitent l'extension.
Il en est enfin qui, à ces actions, en ajoutent une autre
fort importante dans certains cas, celle de déterminer
un mouvement de rotation en dehors.

Les premiers appareils ou appareils ordinaires se
composent d'une bottine en cuir lacée en avant, dans
la semelle de laquelle est placée la branche horizontale d'une équerre dont la branche verticale, située en
dehors, se relie au niveau du cou-de-pied et par une
articulation libre avec une tige métallique s'arrêtant au-dessous du genou et pourvue, à ce niveau,
d'une embrasse qui entoure la jambe et fixe l'appareil.

Une large courroie partant du bord interne de la
semelle, au niveau de l'avant-pied, va, en diminuant
de largeur et contournant le pied, s'attacher sur le
montant placé en dehors.

On donne au besoin plus de force à l'appareil en
ajoutant un montant interne, et on peut s'opposer d'une
façon plus active au renversement du pied, en plaçant
un contre-fort du côté où ce renversement tend à se
produire, ou bien en diminuant l'épaisseur de la
semelle en ce point.

Parmi les appareils contentifs qui limitent l'extension, les uns se bornent à ce mécanisme, tandis que
les autres sont pourvus d'agents élastiques qui produisent la flexion.

L'extension doit toujours être limitée à l'angle droit.

Pour les premiers appareils, on se sert tantôt d'un
arrêt invariable, tantôt d'un arrêt gradué.

Dans le premier cas, il suffit, par exemple, de disposer sur la branche verticale de l'équerre un prolon-

gement qui dépasse l'articulation et vienne battre et s'arrêter sur la tige jambière, lorsque l'extension arrive à l'angle droit.

Quand on veut avoir un arrêt gradué, on peut recourir à une vis qui passe dans un des trous placés sur la portion ascendante de l'étrier et qui vient se loger dans une fente en quart de cercle pratiquée en dessus de l'articulation, sur un prolongement de la tige jambière, ou bien à une vis de pression dirigée d'avant en arrière, qui s'engage dans une coulisse adaptée au tuteur, et qui vient battre contre un prolongement vertical de l'étrier surmontant en arrière l'articulation.

Pour les appareils à force élastique, on met en usage soit des ressorts, soit des lacs élastiques.

Dans la bottine de Bouvier, un ressort en batterie de fusil est placé à la jonction du tuteur externe (il y a aussi un tuteur interne) et de l'étrier. Le point d'inflexion de ce levier est fixé par une vis libre implantée sur la face externe du tuteur, de sorte que le ressort est mobile sur la vis, comme autour d'un pivot, et que ses deux branches, qui sont dirigées en bas, se meuvent dans le sens antéro-postérieur.

La branche la plus courte, placée en arrière, est en rapport avec le tuteur, et un bouton qui se trouve sur le bord postérieur de ce dernier, lui fournit un point d'arrêt. La longue branche du ressort, qui est antérieure, descend le long de la branche verticale de l'étrier en formant une courbe. Elle est arrêtée par un bouton placé sur le bord antérieur de l'étrier. On comprend que le ressort doit être bandé pendant l'extension du pied, relâché pendant la flexion, de telle sorte qu'il tend à porter le pied dans cette dernière position. Si l'on veut que le ressort cesse d'agir, il n'y a qu'à faire passer la longue branche au dessus et en avant du point d'arrêt.

Comme appareil à traction élastique, je citerai celui de Charrière, qui est pourvu de deux montants latéraux s'étendant jusqu'à la partie inférieure de la cuisse et maintenus par deux embrasses, l'une au-dessus, l'autre au-dessous du genou. Ces montants se terminent au niveau des malléoles en s'articulant avec l'étrier fixé à la batterie. L'empeigne de la bottine porte, près de la pointe et de chaque côté, un bouton métallique sur lequel va se fixer le chef inférieur d'une bande de tissu élastique dont le chef supérieur s'attache sur le haut du montant jambier du côté opposé.

Les appareïls à force élastique, tant ceux à ressort que ceux à lacs élastiques, sont très exposés à se détériorer, et, somme toute, je préfère les appareils purement et simplement pourvus d'un arrêt.

Les appareils susceptibles de produire la rotation sont fort utiles quand le membre présente primitivement un mouvement de rotation en dedans au niveau du genou ou une torsion des os de la jambe dans le même sens, ou bien encore quand l'articulation de la hanche a subi secondairement un mouvement de rotation en dedans. Ces appareils à rotation prennent leur point fixe sur le bassin.

J'ai quelquefois employé un appareil fabriqué par Lebelleguic, et qui est formé de la façon suivante : de la bottine partent deux montants latéraux, dont l'interne s'arrête à la partie inférieure de la cuisse et dont l'externe remonte jusqu'au bassin. A chaque articulation du membre correspond sur l'appareil une articulation susceptible d'être arrêtée ; des embrasses circulaires sont disposées à diverses hauteurs. L'extrémité supérieure du montant externe vient s'adapter sur le côté de la ceinture. Cette ceinture est formée de deux segments latéraux qui s'attachent l'un à l'autre, en avant et en arrière. Chacun de ces segments, au niveau de l'os iliaque, comprend un arc métallique, et c'est sur cet arc que vient se fixer le montant. Pour porter le pied et la jambe en dehors, il n'y a qu'à lâcher la ceinture en avant et à la serrer en arrière.

Les appareils dont je me suis servi étaient destinés à des varus doubles et, en conséquence, étaient symétriques. Si l'on n'a à agir que d'un côté, on place la bottine et les montants de ce côté, et, du côté opposé, on élargit la ceinture de façon qu'elle prenne un solide point d'appui sur le bassin.

Mathieu fabriquait un appareil (Fig. 61) fort analogue au précédent, dont il ne diffère que par la partie supérieure. La ceinture est composée de deux segments métalliques rembourrés qui s'appliquent, l'un sur le

Fig. 61. — Appareil de Mathieu.

côté droit, l'autre sur le gauche, et qui sont réunis en avant et en arrière par une courroie bouclée. Le montant externe est fixé à la ceinture par une tige d'acier formant un levier coudé à angle droit, dont la courte branche s'unit avec l'extrémité supérieure du tuteur, tandis que la plus longue s'applique sur la ceinture et se dirige en arrière. Pour porter le membre dans la rotation en dehors, on tend plus ou moins la courroie à boucle engagée dans l'extrémité postérieure des deux leviers.

L'appareil de Bonnet fonctionne par un autre mécanisme. Comme dans les précédents, il y a une bottine, des tuteurs et une ceinture ; mais ici le tuteur externe s'unit à la ceinture au moyen d'une charnière placée verticalement sur son bord postérieur. Une vis qui traverse sa partie antérieure et vient appuyer sur la ceinture, permet de mettre à volonté le membre dans la rotation en dehors.

Que doit-on entendre par la guérison du pied bot varus? Si on ne voulait considérer comme guéri que celui qui a récupéré une forme et une mobilité entièrement normales, on pourrait dire qu'il n'y a jamais de guérison que dans les cas très légers.

Mais on regarde généralement comme guéri l'individu qui peut porter une chaussure ordinaire et marcher sans boîter.

Les recherches anatomiques manquent pour établir quel est l'état des parties après la cure du pied bot.

B. — Pied bot varus acquis.

Le varus non congénital peut se développer sous l'influence de deux ordres de causes bien distinctes ; d'une part, les causes qui déterminent un raccorcissement musculaire, agissant sur les adducteurs (telles sont les affections spasmodiques, les convulsions, les myosites, les blessures des muscles donnant lieu à la production de tissu cicatriciel), d'autre part, les causes qui déterminent l'impotence fonctionnelle ou la paralysie, portant leur action sur les abducteurs, et parmi ces causes on trouve l'atrophie graisseuse progressive et surtout la paralysie infantile.

1° Varus acquis, par contracture ou par rétraction.

Le varus pur acquis, par contracture ou par rétraction, est fort rare, et je n'ai presque rien à en dire. S'il n'y a que contracture, on essayera les mouvements communiqués, les courants continus descendants, les appareils. La ténotomie restera comme l'*ultima ratio*, et c'est à elle *à fortiori* que l'on devra recourir dans les cas où il y a véritablement rétraction. Pour le traitement consécutif, on se reportera à ce qui a été dit à propos du varus congénial.

2° — Varus paralytique.

C'est surtout du varus résultant de la paralysie infantile que je dois m'occuper, car c'est l'espèce incomparablement la plus fréquente.

Je n'ai pas à traiter de la paralysie infantile elle-même, ni des lésions médullaires qui la caractérisent (sclérose ou atrophie simple des faisceaux antérieurs et surtout altération atrophique des cellules des cornes antérieures), mais seulement à examiner les lésions du membre inférieur qui en sont le résultat et qui produisent le pied bot.

En raison même de la nature de la maladie, la déviation est produite par les muscles sains ou relativement sains, en vertu de leur prédominance d'action sur les muscles impotents. Le varus paralytique est donc déterminé par la paralysie des abducteurs et la prédominance des adducteurs. Je rappellerai ici brièvement l'action des muscles abducteurs et celle des adducteurs, sujet que les recherches de Duchenne ont notablement contribué à élucider.

Comme abducteurs, on trouve le long extenseur commun des orteils, le long péronier latéral, le court péronier latéral.

Le long extenseur commun des orteils fléchit le pied sur la jambe, le porte dans l'abduction et étend les orteils.

Le long péronier latéral, ainsi que l'a établi Duchenne, abaisse le bord interne de l'avant-pied, creuse la voûte plantaire et maintient le premier métatarsien abaissé pendant l'extension produite par le triceps sural. Il détermine ensuite l'abduction du pied et l'élévation de son bord externe; il étend faiblement le pied.

Le court péronier latéral est principalement abducteur. Par son antagonisme avec le jambier postérieur, il contribue, pendant la station, à maintenir la rectitude du pied et à empêcher son renversement latéral.

Muscles adducteurs. — Ce sont : le triceps sural, le jambier antérieur et le jambier postérieur.

Quelques recherches que j'ai entreprises sur leur action à l'aide de procédés mécaniques m'ont conduit à des résultats un peu différents de ceux de Duchenne pour le triceps sural et le jambier postérieur. Je vais exposer le résultat de mes recherches qui me paraît être l'expression de la vérité.

Triceps sural. — Le premier effet de la contraction de ce muscle est d'étendre le pied dans l'articulation tibio-tarsienne. A un moment donné, ce mouvement est arrêté par la rencontre du bord postérieur de l'extrémité articulaire du tibia avec la saillie qui limite en arrière la surface articulaire supérieure de l'astragale. Si à ce moment, le triceps continue à agir, le calcanéum se trouve attiré en arrière d'une part, et d'autre part fixé en avant par le ligament calcanéo-scaphoïdien inférieur, qui le relie au scaphoïde.

Mais la traction du triceps continuant, elle est transmise du calcanéum au scaphoïde par le ligament que je viens de signaler. Le calcanéum glisse alors de haut en bas sur la tête de l'astragale ; en raison de la configuration de cette tête, il se dirige en même temps en dedans, et l'avant-pied est ainsi porté dans l'adduction.

Le calcanéum est forcé de suivre ce mouvement, et la disposition des facettes articulaires par lesquelles il entre en contact avec l'astragale lui fait éprouver en même temps un mouvement de haut en bas et de dehors en dedans, autour d'un axe antéro-postérieur. Le talon est porté en dedans, tandis que, dans l'adduction déterminée par les jambiers, il est dirigé en dehors.

Le calcanéum continue à se mouvoir, comme je viens de l'indiquer, sur l'astragale immobile, jusqu'à ce que le ligament interosseux soit porté à son maximum de tension. Le triceps sural agissant toujours, l'astragale cède à l'impulsion de dedans en dehors qui lui est transmise par le calcanéum, et, subissant un mouvement de rotation autour d'un axe antéro-postérieur, il vient, par sa facette externe, presser de dedans en dehors sur la malléole externe. Les liens fibreux qui unissent la malléole externe au tibia, sont assez lâches pour permettre un certain écartement entre ces deux os, et la projection de cette malléole en dehors retentit sur toute la longueur du péroné, jusqu'au niveau de l'articulation péronéo-tibiale supérieure.

Tel est le mouvement d'adduction produit par le triceps sural, mouvement très limité, attendu que l'adduction du pied se passe principalement dans l'articulation médio-tarsienne, et que ce muscle n'agit que fort indirectement sur cette articulation.

Jambier postérieur. — Prenant en haut ses attaches

sur le tibia, le péroné et le ligament interosseux, il se termine en bas par un tendon qui glisse derrière la malléole interne et va s'insérer sur le tubercule du scaphoïde, en envoyant une forte expansion au premier cunéiforme.

Mes expériences m'ont conduit à admettre que, dans son action sur l'articulation tibio-tarsienne, ce muscle est extenseur du pied sur la jambe, ainsi que l'a dit Winslow, et n'a pas l'action que lui prête Duchenne, selon lequel le jambier postérieur ramènerait le pied à angle droit sur la jambe, s'il se trouvait étendu ou fléchi.

Il est assez difficile de concevoir comment ce muscle a pu être considéré comme déterminant, à un moment donné, la flexion du pied sur la jambe, car, quelle que soit la position du pied, la portion terminale du jambier postérieur, qui s'étend du point de réflexion derrière la malléole interne à l'insertion scaphoïdienne, se trouve toujours située au-dessous de l'axe de l'articulation tibio-tarsienne et par conséquent du côté de l'extension. Or tout muscle placé du côté de l'extension est forcément extenseur. Quant au mouvement que le jambier produit au niveau de l'articulation médio-tarsienne, le voici : en se contractant, il imprime au scaphoïde un mouvement de translation de dehors en dedans sur la tête de l'astragale, en même temps que le tubercule du scaphoïde s'élève en vertu d'un mouvement de rotation de cet os sur son axe antéro-postérieur. Les cunéiformes suivent la scaphoïde dans son évolution ; le cuboïde est également attiré en dedans, grâce aux ligaments qui l'unissent au scaphoïde. En se portant en dedans, le cuboïde laisse à découvert en dehors une portion de la facette calcanéenne avec laquelle il s'articule. Dans le cas de varus très prononcé, le cuboïde peut, dans sa migration en dedans, laisser à découvert à peu près la moitié externe de la surface articulaire antérieure du calcanéum.

Mais le mouvement exécuté par le cuboïde n'est pas un simple mouvement de dehors en dedans. Nous venons de voir que le jambier postérieur imprime au scaphoïde un mouvement de translation de dehors en dedans et un mouvement de rotation de bas en haut. Sous l'influence de ce mouvement complexe qui lui est transmis par les ligaments scaphoïdo-cuboïdiens, le cuboïde, en même temps qu'il est porté en dedans, subit autour d'un axe antéro-postérieur un mouvement de rotation de haut en bas et de dehors en dedans, ce qui permet au mouvement d'adduction d'acquérir une amplitude plus considérable.

Si, en effet, sur un pied dépouillé des parties molles et dont les ligaments ont été conservés et préparés, on saisit l'avant-pied et on lui imprime un mouvement direct de dehors en dedans, on est bientôt arrêté par une résistance due à ce que le ligament calcanéo-cuboïdien inférieur est porté à son maximum de tension. Or, en imprimant à l'avant-pied autour de son axe antéro-postérieur un mouvement qui élève le bord interne et abaisse l'externe, on relâche le ligament calcanéo-cuboïdien et on peut porter l'adduction plus loin.

Enfin le calcanéum, cédant à l'action des ligaments qui l'unissent au scaphoïde et au cuboïde, subit autour d'un axe vertical un mouvement qui porte son extrémité antérieure en dedans et son extrémité postérieure en dehors.

Le jambier postérieur est adducteur par excellence.

Jambier antérieur. — Inséré en haut au tibia, au

ligament interosseux et à l'aponévrose jambière, le tibial antérieur donne naissance à un tendon qui passe sous le ligament annulaire antérieur du tarse, pour aller s'attacher au tubercule du premier cunéiforme, en envoyant une expansion fibreuse au premier métatarsien.

Duchenne a très bien décrit l'action de ce muscle sur la voûte plantaire et montré qu'en se contractant il détermine l'élévation du premier métatarsien et du bord interne du pied et, par suite, l'aplatissement de la voûte plantaire. Il est, sous ce rapport, antagoniste du long péronier latéral.

Le jambier antérieur est fléchisseur du pied sur la jambe et de plus légèrement adducteur.

Tels sont les muscles qui concourent à l'adduction, laquelle résulte, on le voit, de mouvements complexes.

Le varus paralytique est plus rare que le varus équin dû à la même cause, car, lorsque la paralysie a envahi les muscles externes de la jambe, en général elle siège en même temps sur le groupe musculaire antérieur, sur l'extenseur commun des orteils, le jambier antérieur, c'est-à-dire, les muscles fléchisseurs du pied sur la jambe ; mais je ne traite ici que du varus pur.

La forme du pied dans le varus paralytique n'est pas tout à fait la même que dans le varus congénital. La face supéro-externe du pied est plus arrondie que dans ce dernier, ce qui tient à ce qu'il n'y a ici ni déformation primitive des os, ni rétraction primitive des ligaments et des muscles. A la plante du pied, on n'observe pas les sillons que j'ai dit caractériser la forme congénitale. Si du pied on remonte à la jambe, on constate en général une diminution de volume plus grande que dans le varus congénital et une longueur moindre de la jambe.

Anatomie pathologique. — Ce que je vais exposer s'applique à la paralysie infantile arrivée à une période assez éloignée du début de son évolution, car c'est seulement à cette époque que les lésions qu'elle entraîne rentrent dans le cadre de l'orthopédie.

Les os sont plus courts et d'un volume moindre que du côté sain ; ils présentent une prédominance des éléments médullaires. Les changements dans la forme et la direction des os affectent les mêmes caractères généraux que dans le varus congénital, mais à un degré beaucoup moins prononcé. C'est ainsi que l'astragale ne présente jamais la déformation dont il est constamment atteint dans les cas congénitaux ; le raccourcissement consécutif des ligaments est toujours moindre

Le volume des vaisseaux est diminué. Du côté des nerfs, on a signalé quelquefois la rareté relative du tissu nerveux et la multiplication du tissu conjonctif.

Les muscles envahis, après avoir subi les lésions de l'atrophie, la transformation granuleuse, finissent par être envahis par la substitution graisseuse. Les tendons sont plus petits qu'à l'état normal, leur déviation est moindre que dans le varus congénital.

Diagnostic. — Le diagnostic se tire des antécédents du malade et des signes sus-indiqués, du défaut de résistance des muscles aux tentatives de redressement, du raccourcissement et de l'atrophie du membre.

L'exploration électrique pourra rendre des services en démontrant la perte de la contractilité farado-musculaire (courants induits) et, en général, la conservation de la contractilité galvano-musculaire (courants continus).

On devra s'assurer que l'enfant n'est pas atteint du mal de Pott.

Les lésions consécutives à la paralysie infantile seront différenciées de celles qui sont le résultat de l'atrophie graisseuse progressive, par ce fait que, dans le premier cas, il y a un arrêt de développement du squelette qui n'existe pas dans le second.

Pronostic. — Le pronostic est loin d'être aussi favorable que dans le varus congénital, et cela se comprend sans peine en raison de la nature de la maladie. Ce que je viens de dire s'applique aux cas de varus paralytique datant d'un certain temps et dans lesquels on n'a plus à compter sur la rétrocession spontanée de la maladie, ni sur l'action des différentes médications mises en usage pour en combattre les résultats, médications parmi lesquelles l'électricité occupe une place importante.

Il est évident que la maladie arrivée à ce degré ne compromet nullement l'existence de l'individu, mais elle le rend impotent, et les moyens curatifs mis en usage contre le pied bot congénital, au lieu de conduire, comme pour lui, à une guérison à peu près complète, ne doivent ici être considérés que comme des moyens palliatifs.

Traitement. — Le traitement orthopédique du varus paralytique comprend l'emploi des manipulations, des appareils et de la ténotomie.

Manipulations. — Je me suis déjà expliqué au sujet des manipulations, à propos du varus congénital.

Appareils. — On retrouvera ici tous ceux que j'ai signalés à propos du pied bot congénital, et je dois en outre signaler un système fort ingénieux d'appareils imaginés par Duchenne et dans lesquels les muscles paralysés sont remplacés par des ressorts métalliques en spirale, recouverts comme les ressort de bretelle.

14.

C'est ce que Duchenne appelle la prothèse musculaire. Il a fait fabriquer des appareils de jour et des appareils de nuit.

Appareils de nuit. — Une guêtre en coutil exactement adaptée est placée par-dessus un bas de fil, afin qu'elle se salisse moins vite. Cette guêtre est lacée sur le côté opposé aux muscles paralysés. Une molletière en cuir embrasse le mollet et supporte des agrafes qui doivent servir à donner attache aux muscles artificiels. Lorsque le mollet est peu développé, et qu'il est à craindre que la molletière glisse, on ajoute un cuissard qui est relié à la molletière par deux tiges métalliques latérales articulées au niveau du genou.

A leur partie inférieure, les muscles artificiels formés, comme je l'ai déjà dit, de ressorts métalliques en spirale, se terminent par une agrafe qui s'engage dans un anneau fixé à un lacet de soie, lequel lacet représente le tendon artificiel et s'attache sur la guêtre exactement dans le point correspondant à l'insertion du muscle qu'il est destiné à remplacer. En haut, une courroie succède au muscle et vient se fixer sur la molletière.

Les muscles artificiels suivent exactement la direction de ceux qu'ils représentent, et des coulisses disposées *ad hoc* les maintiennent au niveau des points de réflexion.

Appareils de jour servant pour la marche. (Fig. 62.) — Ils sont, comme les précédents, formés d'une guêtre en coutil sur laquelle s'insèrent des muscles artificiels. Mais ici ces muscles vont à leur partie supérieure prendre leur point fixe sur un cercle métallique brisé entourant la jambe au-dessous du genou. Ce cercle est soutenu par deux tuteurs latéraux, qui, au niveau des malléoles, s'articulent avec un étrier auquel est fixée une semelle de cuir que l'on peut au besoin renforcer avec une légère plaque de métal. Cet appareil entre dans la bottine du malade. Tels sont les appareils de prothèse musculaire imaginés et préconisés par Duchenne.

Dans le varus, les muscles paralysés étant surtout les péroniers latéraux, c'est eux que l'on doit reproduire comme muscles artificiels. Mais ces appareils de Duchenne, quelque ingénieux qu'ils soient, n'ont, en somme, qu'une puissance beaucoup trop faible pour le but auquel ils sont destinés et ne peuvent guère être d'aucune utilité dans le cas qui nous cocupe.

Ténotomie. — Je n'ai pas à revenir sur le manuel opératoire, déjà décrit. Je rappellerai seulement que, dans le varus paralytique, les tendons ne sont pas déviés comme dans le varus congénital, et que le nombre des sections tendineuses à pratiquer peut généralement être plus restreint. C'est ainsi qu'on peut le plus souvent se dispenser de diviser le tendon du tibial antérieur.

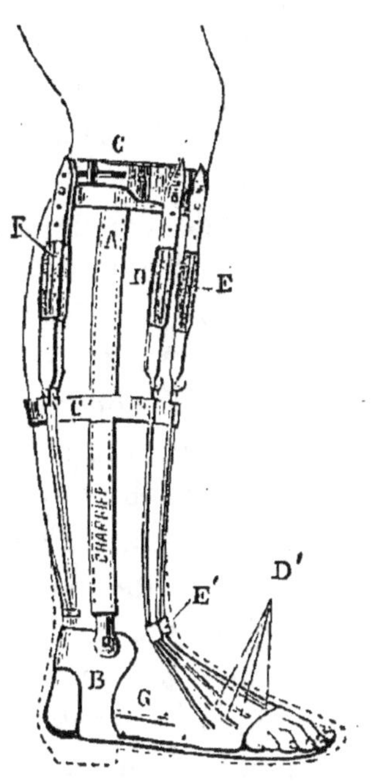

FIG. 62. — Appareil de Duchenne (appareil de jour).

Bien qu'il y ait encore quelques dissidents, l'utilité et même la nécessité de la ténotomie dans le cas de pied bot paralytique me parait indéniable. Certainement, pas plus qu'aucun autre moyen, elle ne rétablit l'équilibre musculaire et ne donne la contractilité aux muscles paralysés, mais seule elle permet de mettre le pied dans une position telle qu'il puisse, à l'aide d'appareils assez simples, servir convenablement pour la marche.

La ténotomie pratiquée, on redresse le pied avec les appareils de redressement que j'ai indiqués à propos du pied bot congénital. Ici, plus encore que pour ce dernier, on doit éviter les pressions trop fortes, en raison de la moindre vitalité des tissus.

Le redressement est beaucoup plus vite obtenu que pour le pied bot congénital et ne réclame qu'une durée moindre des deux tiers. Mais il ne faut pas oublier que, pour le pied bot paralytique, la cure produite par la ténotomie et les appareils de redressement n'est le plus souvent que palliative, et que le malade est presque toujours condamné à porter toute sa vie un appareil destiné à venir en aide aux muscles paralysés et à empêcher ceux qui ont conservé leur contractilité en tout ou en partie, d'entraîner de nouveau le pied dans une position défectueuse.

Lorsque la paralysie ne remonte pas au-dessus du genou, on peut se servir d'un des appareils indiqués pour la convalescence du pied bot congénital ou bien encore d'une guêtre lacée, en cuir moulé, qu'employait Duchenne, et qui se place dans la bottine. Cette guêtre, douée d'une assez grande rigidité, peut opposer une certaine résistance à l'action des muscles encore contractiles; néanmoins, je préfère les premiers appareils. Pour le choix à faire, je renvoie au chapitre où je les ai décrits.

Il n'est pas rare de rencontrer des sujets chez lesquels la paralysie a envahi les muscles de la cuisse et même ceux du bassin. On aura alors recours à un appareil approprié aux cas que l'on est appelé à traiter. Je ne décrirai pas ces appareils qui ne rentrent pas dans le traitement du pied bot ; je dirai seulement un mot de celui que j'ai fait fabriquer par Lebelleguic pour un petit malade atteint d'un varus paralytique et chez lequel les extenseurs de la jambe et de la cuisse étaient frappés d'impotence. Dans cet appareil, qui ne fut appliqué qu'après le redressement du pied, deux tiges d'acier partaient de la bottine. L'interne s'arrêtait au-dessous du genou, tandis que l'externe remontait jusqu'à une ceinture solide entourant le bassin. Cette tige était composée de quatre segments articulés : un podalique, un jambier, un fémoral et un pelvien.

Le segment podalique s'articulait avec le jambier de manière à permettre la flexion et à empêcher l'extension de dépasser l'angle droit. La portion fémorale était unie à la portion pelvienne par une articulation permettant à la cuisse de se fléchir, mais l'arrêtant dans le mouvement d'extension, lorsqu'elle tendait à dépasser la position qu'elle doit occuper dans la station verticale. Enfin l'articulation des deux segments fémoral et jambier pouvait à volonté maintenir le genou étendu ou permettre la flexion, grâce à un petit verrou que l'enfant manœuvrait très facilement à travers son pantalon.

§ 2. — Pied bot équin.

Le pied bot équin peut être congénital ou acquis.

A. — Équin congénital.

Je vais d'abord m'occuper du premier, et je déclarerai, en commençant, qu'il est très-rare à l'état de pureté, c'est-à-dire, de véritable équin sans complication de varus, ni de valgus.

Les développements assez étendus dans lesquels je suis entré à propos du varus, me permettront d'être ici beaucoup plus bref.

L'équinisme est constitué par le fait de la fixation du pied dans l'extension, bien qu'originellement le mot équin ait été surtout employé en raison de l'élargissement du pied que l'on rencontre souvent chez les individus atteints de cette difformité, et qui donne à l'extrémité terminale de leur membre inférieur une certaine analogie avec le sabot du cheval.

Je distinguerai quatre degrés d'équinisme :

1er Degré. — Le pied peut être fléchi à angle droit, mais la flexion ne peut aller plus loin.

2e degré. — Le pied fait avec la jambe un angle obtus à sinus antérieur.

3e degré (Fig. 63). — L'axe du pied se continue avec celui de la jambe.

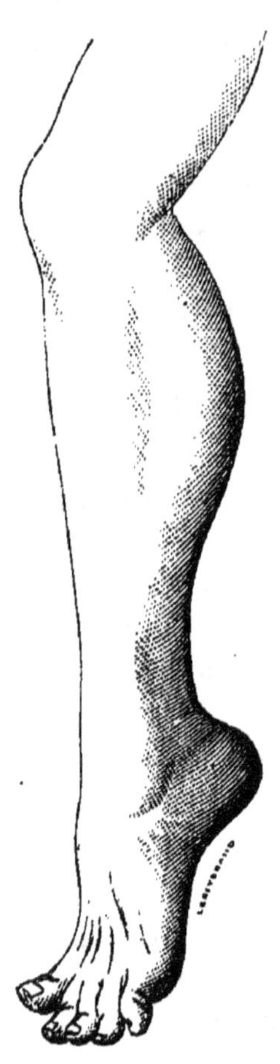

Fig. 63. — Pied bot équin du troisième degré.

4e degré. — L'axe de la partie du pied située en avant de l'articulation tibio-tarsienne forme avec celui de la jambe un angle à sinus postérieur, et le pied entre en contact avec le sol au niveau de la face dorsale du tarse. C'est ce que Duval a appelé la stréphopodie.

Lorsque les orteils sont étendus, soit dans toute leur longueur, soit seulement au niveau de l'articulation métatarso-phalangienne, le pied équin est dit plantaire. Quand, au contraire, les orteils sont dans la flexion et rencontrent le sol par leur face dorsale, le pied équin est dit dorsal.

La concavité de la plante du pied peut rester normale ou même diminuer, mais le plus souvent elle s'exagère, c'est-à-dire, que le pied équin est en général creux, surtout dans les degrés avancés de la difformité.

Dans ce cas, la rangée antérieure du tarse s'incline en bas sur la rangée postérieure, et on constate sur la face dorsale du pied une saillie formée par la tête de l'astragale, qui proémine au-dessus du scaphoïde. L'extrémité antérieure du calcanéum dépasse aussi en haut la facette postérieure du cuboïde.

La partie antérieure de la région métatarsienne est élargie, surtout quand les orteils étant dans l'extension le poids du corps repose sur la face plantaire des articulations métatarso-phalangiennes. Il se forme à ce niveau un durillon, qui se développe au contraire du côté de la face dorsale dans le pied équin dorsal. Le talon est élevé et, dans les cas extrêmes, vient toucher la partie postérieure de la jambe. Les orteils peuvent occuper différentes positions. Ils peuvent être complètement étendus, les premières phalanges peuvent être étendues et les secondes fléchies sur les premières, ce qui donne au pied l'aspect d'une griffe. Cette dernière disposition peut exister seulement sur le gros orteil, les autres étant étendus en totalité. On comprend qu'il doive en résulter pour le gros orteil une pression douloureuse contre la chaussure. Enfin les orteils sont quelquefois complètement fléchis.

Ces différents états se produisent selon que tels ou tels muscles sont contracturés; l'extension complète des orteils peut cependant être déterminée par le seul fait de la pression exercée sur le sol pendant la station et pendant la marche.

Anatomie pathologique. Os. — Les modifications se traduisent ici par des changements de position plutôt que par des changements de forme.

L'astragale n'entre plus en contact avec les os de la jambe que par la partie postérieure de ses facettes articulaires, et sa tête vient faire sur la face dorsale une saillie plus ou moins prononcée, suivant le degré de la déformation, saillie produite par la subluxation de cet os sur le scaphoïde qui est abaissé. La partie postérieure du calcanéum est élevée et vient, dans certains cas, se mettre en rapport avec le tibia et le péroné.

Il existe une disposition singulière dans l'union du calcanéum et de l'astragale. Dans quelques cas, le calcanéum suit purement et simplement l'inclinaison de l'astragale; mais, en général, il n'en est pas ainsi. Le calcanéum semble se déprimer à sa partie antérieure, de sorte que les deux os de la rangée postérieure du tarse paraissent se rapprocher en avant et s'écarter en arrière. Il s'ensuit que le calcanéum est placé dans une extension moins prononcée que l'astragale. La partie antérieure du calcanéum est, dans les cas avancés, subluxée sur le cuboïde au-dessus duquel elle s'élève.

Les cartilages articulaires ont de la tendance à disparaître dans les points où les surfaces articulaires cessent d'être en rapport avec les os voisins.

Ligaments. — Les ligaments sont distendus sur

la face dorsale et raccourcis du côté de la plante.

Muscles. — On trouve invariablement les jumeaux, le soléaire et le plantaire grêle rétractés. Ce ne sont pas les seuls muscles que l'on puisse trouver dans cet état là. Le long péronier latéral est souvent aussi atteint de rétraction, et c'est à sa rétraction que l'on attribue généralement le pied creux dans les cas où les orteils sont étendus. La rétraction peut encore atteindre le long extenseur commun et le long extenseur propre du gros orteil, ou bien le long fléchisseur commun et le long fléchisseur propre du gros orteil, et, suivant que la rétraction porte sur l'un ou l'autre de ces groupes de muscles, les orteils sont étendus ou fléchis.

Le court fléchisseur commun des orteils est souvent rétracté dans le pied équin, et, lorsque cet état est porté à un degré très prononcé, la plante du pied présente une concavité qui commence à l'extrémité libre des orteils pour se terminer au talon. C'est là une variété de pied creux bien distincte de celle qui est produite par l'action du long péronier latéral, et dans laquelle la concavité ne commence qu'au niveau de l'extrémité antérieure du métatarse.

La rétraction de l'aponévrose plantaire accompagne celle du court fléchisseur commun.

Je ferai observer ici que, si l'on admet que l'équin pur ait pour origine une rétraction musculaire, il faut admettre qu'en même temps que le triceps sural est rétracté, le long péronier latéral participe à cet état. On sait, en effet, que le triceps sural produit non-seulement l'extension, mais encore un certain degré d'adduction. Pour que le pied soit étendu directement, il faut qu'il y ait une action synergique du triceps et du long péronier.

Dans l'équin pur, on n'observe pas les déplacements musculaires et tendineux que j'ai signalés à propos du varus.

Symptomatologie. — Je n'ajouterai que quelques mots à ce que j'ai dit ci-dessus touchant les caractères extérieurs du pied équin. Le mollet est diminué de volume, ainsi que toute la jambe, et élevé. Lorsque l'extension est portée très loin, la peau forme souvent des plis au dessus du talon.

Il est rare qu'en relâchant les muscles extenseurs du pied on n'arrive pas à fléchir ce dernier un peu plus qu'il ne l'est quand ces muscles agissent, ce qui revient à dire que la rétraction musculaire produit un degré d'extension plus prononcé que les déformations articulaires et les rétractions ligamenteuses.

Le sujet marche en fauchant du pied difforme, en raison de la longueur prépondérante donnée au membre par l'extension du pied, ou bien il tient habituellement le genou dans un certain degré de flexion.

Contrairement à ce que l'on pourrait supposer, il ne se produit que très rarement une déviation latérale du rachis dans le cas de pied équin.

Diagnostic. — Le diagnostic ne présente pas de difficulté quant à la constatation de l'équinisme ; par contre celui de la nature de la difformité réclame quelque attention. On devra rechercher si l'on a vraiment affaire à un pied bot congénital où il s'est développé après la naissance, et, dans ce dernier cas, s'il est d'origine paralytique, s'il est dû à une rétraction musculaire de cause traumatique ou autre, s'il est le résultat d'une lésion articulaire, etc.

Pronostic. — Il ne présente de gravité qu'au point de vue des fonctions du membre ; de plus, jusqu'à un certain âge, le pied bot qui nous occupe est curable à l'aide d'un traitement qui n'est nullement dangereux.

Traitement. — Les moyens à employer sont les mêmes que pour le varus, sauf quelques modifications fondées sur la différence dans la position du pied. C'est ainsi que les mouvements communiqués se feront dans le sens de la flexion et de l'extension, qu'il suffira que les appareils produisent la flexion, ce qui permet de supprimer les articulations correspondant aux mouvements de latéralité, et qu'enfin dans la ténotomie on n'aura le plus souvent à diviser que le tendon d'Achille, l'aponévrose plantaire et une partie du court fléchisseur commun. Dans quelques cas exceptionnels, le chirurgien pourra être conduit à sectionner d'autres tendons, entre autres, les tendons extenseurs ou les fléchisseurs d'un ou de plusieurs orteils, les péroniers latéraux etc.

Je n'ai rien à ajouter à ce que j'ai déjà dit de la section du tendon d'Achille, si ce n'est qu'elle se fera dans de meilleures conditions que dans le varus, le tendon n'étant pas dévié dans le pied équin.

Lorsqu'on devra pratiquer la section de l'aponévrose plantaire et du court fléchisseur commun, on fera bien, ainsi que le conseille Adams, de commencer par cette dernière opération et de n'attaquer le tendon d'Achille que lorsqu'on a fait disparaître le pied creux ; le redressement du pied est ainsi rendu plus facile.

Je crois que pour l'équin pur congénital, on doit reculer d'au moins cinq ans de plus que pour le varus, c'est-à-dire, reporter à vingt ans l'époque à laquelle on ne doit plus compter pouvoir obtenir la guérison à l'aide des mouvements, de la ténotomie et des appareils.

Je dois maintenant signaler la tarsotomie postérieure,

ou, en d'autres termes, la résection de l'astragale appliquée à la cure du pied équin. Cette opération a été pratiquée, en 1877, par Lund (de Manchester), sur un enfant atteint d'équin varus. Le procédé opératoire consiste à découvrir la tête de l'astragale, à sectionner le ligament interosseux calcanéo-astragalien, à l'aide d'un crochet courbe à bord tranchant que l'on introduit entre l'astragale et le calcanéum et dont on se sert à la manière d'un levier, et enfin à extraire l'astragale.

La tarsotomie postérieure sera réservée pour les sujets ayant dépassé l'âge de vingt ans, et après que l'on aura constaté l'insuffisance des appareils et de la ténotomie.

En somme, pour le choix des moyens curatifs et leur mode d'application, j'engage le lecteur à se reporter à ce que j'ai dit à propos du varus, et j'ajouterai que, si l'équin au premier degré peut et doit être traité uniquement par les manipulations et les appareils, il nécessite la ténotomie lorsqu'il est plus prononcé.

B. Pied bot équin acquis.

Il faut distinguer l'équin paralytique et l'équin non paralytique.

1° — Équin paralytique.

L'équin paralytique, dû à la paralysie des extenseurs, est le plus souvent le résultat de la paralysie infantile. Ce que j'ai dit du varus paralytique me dispense de m'étendre sur ce sujet. Je ferai seulement observer que, si l'équin paralytique au premier degré peut être traité par les seuls appareils, il me paraît réclamer la ténotomie lorsqu'il est arrivé à un degré plus avancé.

2º — Equin acquis, par contracture ou par rétraction.

L'équin non paralytique peut être le résultat de causes multiples dont les unes portent sur les os, les articulations, les téguments, et dont les autres agissent primitivement ou secondairement sur les muscles. Je ne m'occuperai ici que du pied bot dans lequel l'état des muscles a toujours été la cause de la difformité ou continue à la maintenir, alors que les autres causes ont cessé d'agir. C'est ainsi que je laisserai de côté les pieds bots dûs à l'ankylose du cou-de-pied, et que je m'occuperai de ceux dans lesquels une lésion articulaire guérie sans ankylose a produit une contracture musculaire réflexe ou une rétraction qui survit à la maladie de l'articulation.

Les lésions qui déterminent l'équinisme par l'intermédiaire du système musculaire, ne peuvent, bien entendu, le faire qu'en agissant sur les extenseurs du pied.

Les contractures musculaires tenant à une névrose ou à une lésion matérielle du système nerveux peuvent produire cette difformité. Il en est de même des blessures des muscles entraînant la myosite et la formation du tissu cicatriciel. J'ai vu et opéré une femme chez laquelle une myosite des jumeaux avait donné naissance à un pied équin au second degré.

On voit quelquefois l'équinisme se développer à la suite des fractures de jambe, surtout quand, pendant le traitement, on a laissé le pied dans l'extension.

Le pronostic et le traitement doivent varier pour chaque cas, et si, lorsque le pied bot est consécutif à une fracture, le chirurgien doit s'en tenir à quelques manipulations, à l'électrisation des fléchisseurs du pied et à l'aide apportée par les efforts du malade et par la marche, il est d'autres circonstances dans lesquelles il faut recourir au même traitement que pour le pied bot congénital, quand, par exemple, la difformité est consécutive à une cicatrice musculaire ou résulte d'une véritable rétraction.

Je n'ai pas besoin de dire qu'il n'y a pas ici de limite d'âge pour la ténotomie et que le chirurgien doit se guider uniquement sur l'ancienneté de la lésion.

Il est une variété d'équinisme sur laquelle j'appellerai l'attention en terminant, c'est l'équinisme de compensation, celui que l'on observe du côté du membre le plus court, chez les individus dont les deux membres pelviens sont, pour une cause ou pour une autre, d'inégale longueur.

Il est bon de remédier à cet état en faisant porter au sujet une chaussure à semelle suffisamment élevée pour rétablir à peu près l'égalité entre les membres.

<h3 style="text-align:center">§ 3. — Pied bot valgus.</h3>

Le valgus est caractérisé par l'abduction du pied. Ce renversement du pied en dehors s'accompagne d'un affaissement de la voûte plantaire. Le valgus est l'opposé du varus, mais dans le premier la difformité n'atteint jamais un degré aussi prononcé que dans le second.

<h4 style="text-align:center">A. — Valgus congénital.</h4>

Le valgus congénital (FIG. 64) s'associe souvent au talus, mais je ne m'occuperai en ce moment que du valgus pur, de celui qui n'est associé à aucune autre déviation du pied.

Je distinguerai trois degrés dans le valgus, suivant l'étendue du mouvement de rotation décrit par l'avant-pied.

Dans le premier degré, je rangerai les cas dans lesquels le mouvement de rotation ne dépasse pas 20 degrés, dans le deuxième, ceux où le mouvement de rotation va de 20 à 45 degrés; le troisième comprendra les valgus dans lesquels la rotation dépasse 45 degrés, c'est-à-dire la moitié de l'angle droit.

Anatomie pathologique. Os. — Les déformations, comme le fait observer Adams, sont moins prononcées dans le valgus congénital, même porté à un degré avancé, que dans le varus congénital.

Calcanéum. — Il subit autour de son axe antéro-postérieur un mouvement de rotation en vertu duquel la concavité de la voûte formée par sa face inférieure est dirigée en bas, au lieu d'être dirigée en dedans, et la tubérosité calcanéenne regarde en dehors. A ce mouvement s'en ajoute un autre autour de l'axe vertical qui fait que la partie antérieure de cet os se porte en dedans et la partie postérieure en dehors. On a vu, dans quelques cas, le calcanéum, contracter une articulation avec la malléole externe.

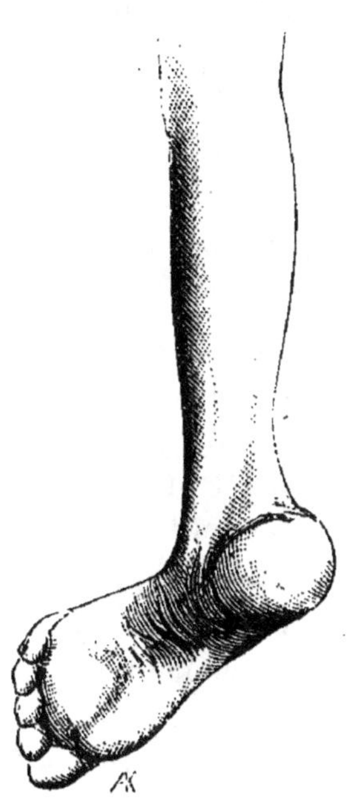

Fig. 64. — Pied bot valgus.

Adams signale l'élévation, dans une étendue variable, de la tubérosité du calcanéum.

Astragale. — Il est légèrement poussé en avant et en bas.

Scaphoïde. — Le scaphoïde est porté en dehors et en haut, en même temps qu'il subit autour de son axe antéro-postérieur un mouvement de rotation qui abaisse son extrémité interne et élève l'externe.

De ce déplacement il résulte que le scaphoïde laisse à découvert la partie supérieure et interne de la tête de l'astragale, ce qui fait que, dans les cas avancés de valgus, on trouve sur le bord interne du pied deux tubérosités formées, l'une par la tête de l'astragale, l'autre par le tubercule du scaphoïde.

Le cuboïde est aussi porté en dehors et son bord externe est élevé, mais ce déplacement est généralement peu prononcé.

Dans les cas où l'aplatissement de la voûte plantaire est très prononcé (la plante du pied peut même devenir convexe), on trouve sur le bord interne du pied trois saillies, tête de l'astragale, tubercule du scaphoïde, premier cunéiforme, séparées par des dépressions dues à l'écartement des surfaces articulaires des os correspondants.

Les orteils et les métatarsiens sont portés en haut et en dehors.

Ligaments. — Ceux de la région inféro-interne sont allongés, et ceux de la région supéro-externe sont rétractés.

Muscles. — Les muscles ne sont généralement pas altérés dans leur structure. On constate la contracture des faisceaux externes de l'extenseur commun, y compris le péronier antérieur, du court péronier latéral. Quant au long péronier latéral, il me paraît, quoiqu'on en ait dit, impossible d'admettre qu'il soit contracturé

dans le cas de valgus congénital, car le premier effet
de sa contraction est de produire un pied creux, et
nous savons que le valgus congénital s'accompagne de
pied plat.

Vaisseaux et nerfs. — Ils ne présentent pas de
modifications importantes.

Bouvier a signalé l'absence d'un ou de deux des
orteils externes, et dans un de ces cas il a constaté de
plus l'absence du péroné. Adams a aussi indiqué quelques
malformations accompagnant le valgus, entre autres,
l'absence de la malléole externe.

Symptomatologie. — On constate les déformations
du pied que j'ai indiquées ci-dessus, l'existence de durillons sur son bord interne devenu convexe, tandis
que l'externe est devenu concave. La marche est généralement plus pénible et plus douloureuse que dans le
varus, néanmoins les ulcérations et les eschares sont
moins à craindre que dans ce dernier.

Traitement. — Le traitement comporte l'emploi des
manipulations, des machines et des sections tendineuses.

Dans les cas légers, les manipulations exercées en
sens inverse de la déviation et les appareils viendront
généralement à bout de la difformité.

Je ne reprendrai pas ici la description fastidieuse des
appareils. Étant donné un appareil pour le varus, il est
très facile de comprendre les modifications qu'on doit
lui faire subir pour le transformer en appareil adapté
au valgus. Je citerai cependant un appareil employé par
Adams dans les cas peu prononcés de valgus (Fig. 65).
Une attelle en métal, légère et bien rembourrée, est fixée
sur le côté interne de la jambe. A l'extrémité inférieure
de cette attelle vient s'adapter un levier formant ressort
et correspondant au bord interne du pied. Un coussinet

15.

adapté sur le pied, au niveau du scaphoïde, repousse cet os en haut et en dehors, et une embrasse entourant les orteils s'attache sur le levier par ses deux extrémités.

Je signalerai aussi un appareil de Guillot qui me paraît bien remplir les indications. La tige jambière est placée en dedans; son articulation avec l'étrier est disposée de façon à limiter au besoin l'extension du pied. Une charnière à marteau correspondant à une division de l'étrier permet des mouvements de rotation du pied sur l'axe antéro-postérieur; une vis règle ces mouvements.

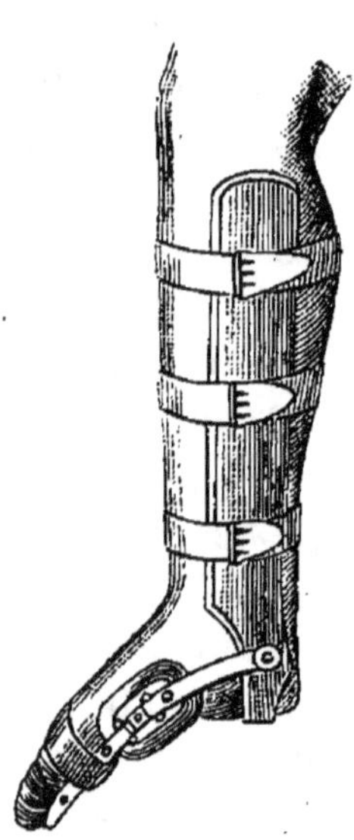

Fig. 65. — Appareil d'Adams. (Valgus splint).

La semelle porte en arrière une talonnière métallique, et sur ses bords sont cousues deux petites guêtres en cuir souple, lacées en avant et enveloppant, l'une l'avant-pied, sauf les orteils, l'autre les malléoles et le cou-de-pied. Cette semelle est brisée au milieu et pourvue à ce niveau d'une articulation qui permet à l'avant-pied des mouvements d'adduction et d'abduction et des mouvements de rotation autour de l'axe antéro-postérieur. Deux vis de pression sont annexées à cette articulation, en regard des deux ordres de mouvements qui peuvent s'y passer.

Dans les cas avancés, il faut en venir à la ténotomie. Les tendons que l'on a le plus souvent à sectionner sont ceux de l'extenseur commun et du court péronier latéral.

On coupera les tendons de l'extenseur commun, y compris le péronier antérieur, en faisant la ponction immédiatement en dedans du faisceau le plus interne de ce muscle, sur le dos du pied, un peu au-dessous du cou-de-pied, et en suivant la méthode sous-tendineuse.

On devra éviter de diviser les veines de la région et surtout l'artère pédieuse.

La ponction faite au point que je viens d'indiquer offre, ainsi que le fait remarquer Adams, cet avantage que, si l'on veut sectionner ensuite le tendon de l'extenseur propre du gros orteil, ce qui doit en effet avoir lieu dans un certain nombre de cas, on peut réintroduire le ténotome par la même piqûre.

Le tendon du court péronier latéral sera divisé sur le côté externe du pied. Dans ce point, il est situé au-dessus de celui du long péronier dont il est nettement séparé, tandis que derrière la malléole interne il est impossible de couper le court péronier, sans sectionner le long en même temps, et j'ai exposé les raisons qui me paraissent devoir empêcher de diviser ce dernier.

Si le tendon d'Achille est rétracté, on le coupera.

Après que le pied a été redressé, il est bon de faire porter un certain temps au malade un appareil contentif. Adams recommande, pour le jour, l'emploi d'une bottine munie sur le côté externe d'un tuteur en acier avec une articulation libre au niveau du cou-de-pied. Une lanière de cuir, fixée sur le côté interne de la bottine, croise le cou-de-pied et va s'attacher en dehors sur le tuteur. Un coussin de caoutchouc vulcanisé est placé en dedans de la chaussure, pour reconstituer la voûte plantaire. Le talon de la bottine est légèrement élevé et porté en avant sur le côté interne, de façon à fournir un point d'appui additionnel à la voûte du pied. Cet appareil doit être porté au moins un an.

Pour la nuit, Adams se sert, pendant six mois au

plus, d'une semelle de métal fixée invariablement sur une tige jambière.

B. — Pied bot valgus acquis.

1° *Valgus paralytique.* — La paralysie peut produire le pied valgus de deux façons, tantôt en agissant sur les adducteurs, tantôt en agissant sur le long péronier latéral.

a. *Valgus par paralysie des adducteurs.* — J'ai eu l'occasion d'observer un cas de ce genre sur un sujet de dix ans, qui avait été atteint d'une paralysie infantile, laquelle s'était localisée sur les adducteurs du pied, dont le plus puissant est, on le sait, le jambier postérieur. Chez cet enfant, l'action prédominante des péroniers et de l'extenseur commun fixait le pied dans l'abduction, en même temps que, sous l'influence du long péronier latéral qui n'était plus contre-balancé par le jambier antérieur, la concavité de la voûte plantaire était exagérée. Il y avait un valgus pied creux.

J'eus recours à la thérapeutique qui me paraît la plus rationnelle dans les cas de pied bot paralytique, c'est-à-dire, à la ténotomie des antagonistes des muscles paralysés. Je coupai les tendons des péroniers latéraux et je redressai le pied à l'aide d'un appareil approprié. Le petit malade fut ensuite pourvu d'une bottine *ad hoc*

b. *Pied valgus par paralysie ou impotence du long péronier latéral.* — Guérin, le premier, a signalé sous le nom de « pied plat valgus douloureux » un état particulier du pied, qui est porté dans l'abduction, en même temps que la concavité plantaire s'efface et qu'il se développe des douleurs au niveau du tarse ; mais c'est à Duchenne que revient le mérite d'avoir fait connaître

la physiologie pathologique de cette maladie, d'en avoir
établi d'une façon exacte les syndromes cliniques et
d'en avoir institué la thérapeutique. Guérin rapportait
la maladie au relâchement des ligaments tarsiens
engendrant le pied plat, la douleur et consécutivement
la contracture des péroniers et de l'extenseur commun;
il concluait à la ténotomie. Duchenne, possédant un
procédé d'exploration inconnu de Guérin, la faradisation, mieux édifié sur les véritables fonctions des muscles, démontra que, dans cet état pathologique, le fait
fondamental est la paralysie ou l'impotence du long
péronier latéral, et que, si le court péronier, le péronier antérieur, l'extenseur commun sont atteints de
contracture, cette contracture est purement réflexe.

Il est en effet impossible d'admettre que le valgus
pied plat est dû à la contracture du long péronier dont
le premier résultat est de produire le pied creux.

Le docteur Chalot, professeur agrégé à la Faculté de
Montpellier, a fait, dans sa thèse inaugurale (Montpellier 1877), une très intéressante étude de la maladie
en question.

L'évolution du pied plat valgus douloureux peut,
comme il l'indique, être divisée en trois périodes
rangées sous les chefs suivants :

Pied plat,

Pied plat valgus intermittent,

Pied plat valgus permanent.

Pied plat. — La voûte plantaire a disparu et les
malléoles sont plus saillantes et abaissées. La peau de
la partie interne de l'avant-pied s'amincit, tandis qu'en
dehors elle s'épaissit. Quelquefois le pied est le siège
d'une sueur fétide.

Lorsque le sujet étant assis ou couché on lui fait

étehdre le pied, on s'aperçoit que ce dernier a une certaine tendance à se porter en varus. Si, d'autre part, on presse avec le pouce sur la face plantaire de l'articulation métatarso-phalangienne du premier orteil, le pied étant placé dans l'extension, et qu'on engage le malade à résister à cette pression, on constate qu'il ne peut y réussir, et même qu'il ne peut produire aucun effort musculaire dans ce but. L'exploration faradique appliquée au muscle long péronier latéral démontre l'absence ou la diminution de la contractilité électro-musculaire dans ce muscle.

Les symptômes que je viens d'indiquer s'expliquent parfaitement par la paralysie ou la parésie du long péronier latéral, dont l'action, ainsi que je l'ai déjà exposé, est d'abaisser le bord interne de l'avant-pied, de creuser la voûte plantaire et de maintenir le premier métatarsien abaissé pendant l'extension produite par le triceps sural, puis de déterminer l'abduction du pied, l'élévation de son bord externe et un faible mouvement d'extension.

L'adduction que le pied présente dans l'extension chez les sujets atteints de la maladie qui nous occupe, s'explique très bien par ce fait que le triceps sural et le jambier postérieur qui sont extenseurs et adducteurs, n'ont plus alors à compter avec l'antagonisme du long péronier latéral qui rend l'extension directe.

Lorsque le malade est debout, son pied s'étale à la surface du sol; la saillie de son cou-de-pied est diminuée; il ne peut se soulever sur la pointe du pied. Pendant la marche, le pied ne rencontre pas le sol d'arrière en avant, comme cela se passe à l'état normal; il se pose à plat. Pour monter un escalier, le sujet est obligé de le placer tout entier sur chaque degré.

A une certaine période de l'évolution de la maladie, on voit, après la marche, se développer la douleur qui manquait au début. Il survient une série de points douloureux :

Le point douloureux péronéal, situé sur la face externe de la jambe et correspondant au long péronier;

Le point douloureux sous-astragalien, placé un peu en avant de la malléole externe, au niveau de l'articulation astragalo-calcanéenne et attribué à la pression irrégulière de certains points des surfaces articulaires, à une sorte d'écrasement du ligament interosseux, etc. ;

Le point douloureux pré-astragalien, correspondant à la tête de l'astragale, lequel est dû aux tiraillements qui se produisent au niveau de l'articulation astragalo-scaphoïdienne et qui tiennent au mouvement de dépression subi par l'astragale ;

Le point douloureux cunéo-métatarsien, siégeant sur le premier cunéiforme et le premier métatarsien. Le jambier antérieur, dont l'action n'est plus contrebalancée par le long péronier latéral, tend à relever le premier cunéiforme et le premier métatarsien; de là des froissements, des tiraillements qui engendrent la douleur ;

Enfin le point douloureux calcanéo-cuboïdien, produit par le tiraillement des fibres du ligament calcanéo-cuboïdien dont les extrémités s'écartent à mesure que la voûte plantaire s'affaisse.

Ces points douloureux ne se retrouvent pas dans tous les cas; le plus constant est le point sous-astragalien.

Les douleurs que je viens de signaler, diminuent ou disparaissent sous l'influence du repos suffisamment prolongé.

Pendant la marche, il survient dans la région plantaire de l'engourdissement et des fourmillements dus à la compression du nerf plantaire externe.

Pied plat valgus intermittent. — Le pied plat par impotence du long péronier latéral ne reste pas indéfiniment sans qu'il vienne s'y ajouter un élément nouveau, l'abduction, ou, en d'autres termes, sans passer à l'état de pied plat valgus. L'avant-pied n'étant plus maintenu en dedans appliqué sur le sol par la contraction ou la tonicité du long péronier, il se produit au niveau de l'articulation médio-tarsienne un mouvement de renversement en dehors qui est favorisé et exagéré par la contracture réflexe du court péronier latéral et de l'extenseur commun.

Lorsque le malade est au repos ou se tient debout sans fatigue, son pied est simplement plat; mais quand il marche un certain temps, les douleurs surviennent et le pied se porte en valgus. Si la fatigue est exagérée, il peut se développer du côté des articulations du tarse de véritables phénomènes phlegmasiques.

Par l'effet du repos, le valgus disparaît, pour se reproduire sous l'influence de la même cause.

Pied plat valgus permanent. — Ici l'état d'abduction du pied est continuel et ne cède pas au repos, ce qui tient à ce que les muscles court péronier latéral et extenseur commun sont passés à l'état de contracture permanente, parfois même de rétraction.

Étiologie. — Comme cause prédisposante du pied plat valgus, il faut au premier rang citer l'âge de l'adolescence; c'est en effet chez les adolescents qu'on observe le plus souvent cette maladie. Les professions qui obligent à faire des marches forcées ou à se tenir longtemps debout (commissionnaires, garçons mar-

chands de vins, blanchisseuses) y prédisposent. L'action
du froid humide, la fatigue agissent comme causes
déterminantes.

Diagnostic. — Lorsque la déviation du pied en
dehors ne s'est pas encore produite et qu'on n'a affaire
qu'à un simple pied plat, on doit établir le diagnostic
différentiel avec le pied plat congénital.

Dans le pied plat congénital, en dehors des anamnestiques, on constate en général que la déformation est
bilatérale, que le long péronier répond normalement à
l'excitation faradique, et que souvent le sujet peut se
soulever sur la pointe du pied et résister lorsqu'on presse
de bas en haut sur l'articulation métatarso-phalangienne de son gros orteil. Le pied plat acquis est le
plus souvent unique.

En présence d'un pied plat arrivé au degré où il
s'accompagne de valgus, on ne sera pas, j'imagine,
tenté de confondre le pied plat valgus dû à la paralysie
du long péronier avec le valgus qui est le résulta de
la contracture de ce muscle, et qui s'accompagne de
pied creux.

Il sera facile de reconnaître à quelle période est
arrivé le pied plat valgus.

Je dois maintenant dire un mot de la tarsalgie des
adolescents de Gosselin.

Le pied plat valgus douloureux que Duchenne considère comme symptomatique de l'impotence du long
péronier latéral, est rattaché par Gosselin à une arthro-
ostéite du tarse que ce chirurgien désigne sous le
nom de tarsalgie des adolescents.

Gosselin a rapporté une autopsie dans laquelle il a
constaté l'érosion et la disparition des cartilages des
articulations calcanéo-cuboïdienne et astragalo-sca-

phoïdienne. Les autopsies dues à Leroux (de Versailles) et à Maurice Reynaud ne me paraissent pas devoir entrer en ligne de compte, car les symptômes présentés par leurs malades n'étaient nullement ceux que Gosselin attribue à la tarsalgie.

Aux yeux de ce dernier, l'ostéo-arthrite est le point de départ, et les lésions fonctionnelles sont consécutives. Aussi traite-t-il la tarsalgie par le repos et les appareils inamovibles. Au dernier degré de la maladie, il pratique la ténotomie des péroniers latéraux.

On peut objecter à cette théorie de Gosselin que les lésions qu'il a constatées et qui sont celles de l'arthrite sèche, ne s'observent, en tant que lésions essentielles et primitives, qu'à un âge avancé et ne surviennent pas chez les adolescents; que le propre des arthrites de l'adolescence est de prendre rapidement les proportions d'une tumeur blanche, ce qui n'arrive jamais pour la tarsalgie.

La théorie de la laxité des ligaments, soutenue pour la première fois par Guérin, a été, dans ces derniers temps, reprise par Le Fort et par Tillaux. Le Fort accuse le relâchement du ligament en Y de la face dorsale du pied ou ligament calcanéo-scaphoïdo-cuboïdien, tandis que Tillaux met en cause les ligaments plantaires. Bonnet, après avoir d'abord invoqué la rétraction musculaire pour expliquer le pied plat valgus douloureux, semblait ensuite s'être rattaché à la théorie ligamenteuse.

A l'opinion qui veut voir l'origine du mal dans le relâchement des ligaments plantaires, on peut objecter que ce qui en prouve la fausseté, c'est la guérison des malades. Si cette opinion était vraie, la maladie serait à peu près incurable.

Quant à la théorie de Le Fort, elle me paraît reposer

sur une interprétation erronée de l'importance et du rôle du ligament en Y, importance et rôle que sa position ne lui permet pas d'avoir.

Je ferai observer, en terminant, que les lésions anatomiques constatées par Gosselin au niveau des articulations tarsiennes s'expliquent très aisément dans la théorie de Duchenne et ne la contredisent en rien ; la voûte tarsienne n'étant plus soutenue par le long péronier, les surfaces articulaires exercent les unes contre les autres des pressions exagérées d'où résultent les altérations signalées par Gosselin.

Pronostic. — Le pronostic du valgus pied plat par paralysie ou impotence du long péronier varie avec le degré de la maladie. Si elle n'est qu'au début, il est en général facile de remédier à cet état ; mais au second et surtout au troisième degré le pronostic acquiert une assez grande gravité relative, car on n'est jamais certain que le membre récupérera une complète aptitude pour les fonctions de locomotion. Il peut survenir des lésions articulaires et osseuses qui compliquent singulièrement l'état du malade.

Traitement. — Le repos doit, au début du traitement, être rigoureusement prescrit, et même à une période plus avancée le malade devra soigneusement éviter la fatigue.

L'agent le plus efficace que l'on puisse employer dans ces cas, je dirai même le seul efficace, consiste dans l'emploi de l'électricité (courants interrompus, courants continus ascendants) appliqués sur le long péronier latéral. On peut en même temps recourir aux appareils prothétiques, soit à tension fixe, soit à tension élastique, et notamment, à ceux que Duchenne a fait fabriquer tant pour le jour, que pour la nuit, et dans lesquels le long péronier latéral est représenté par un ressort en spirale. J'ai déjà parlé de ces appareils, je n'ai pas à y revenir.

On peut mettre en usage les injections sous-cutanées de sulfate de strychnine ou de sulfate d'ésérine faites snr le trajet du long péronier latéral.

Les manipulations seront aussi employées dans certains cas, pour rompre les brides qui ont pu se former au niveau des synoviales tendineuses, et enfin, on peut quelquefois être amené à pratiquer la ténotomie du court péronier latéral et de l'extenseur commun, lorsque ces muscles opposent trop de résistance au redressement.

2° *Pied creux valgus par contracture des péroniers latéraux.* — J'ai exposé précédemment la genèse du pied creux valgus consécutif à la paralysie des adducteurs du pied. Il arrive parfois que, sans qu'il y ait préalablement paralysie des adducteurs, le long péronier latéral est atteint d'une contracture à laquelle participent le court péronier et, dans certains cas, l'extenseur commun. Cette contracture d'abord intermittente peut ensuite devenir permanente et entraîner la formation d'un pied creux valgus, c'est-à-dire, une exagération de la voûte plantaire avec renversement du pied en dehors.

Les tendons des muscles contracturés sont saillants, la malléole externe est effacée, l'interne est plus apparente; sur la plante des pieds, on observe des plis obliques en avant et en dehors.

Le pied creux valgus est loin d'être aussi douloureux que le pied plat valgus.

Quand on se trouve en présence d'une pareille difformité, on doit d'abord rechercher si elle n'est pas congénitale, et quand elle ne l'est pas, examiner s'il n'y a pas paralysie des adducteurs du pied, et si la contracture des péroniers n'est pas consécutive à cette paralysie.

Une fois établi que le pied creux valgus est bien dû à, une contracture primitive des péroniers latéraux, on emploie les courants continus descendants, pratique qui me paraît infiniment préférable à la faradisation des antagonistes. Pour appliquer les courants descendants, on plonge le pied du malade dans un bain d'eau salée dans lequel on immerge le pôle négatif, et on applique le pôle positif à la partie supérieure de la région externe de la jambe.

Si au bout de quelque temps de cette médication, on n'a pas obtenu le relâchement des péroniers, on aura recours à la ténotomie et à l'application d'un appareil approprié.

§ 4. — Pied bot talus. (Calcaneus des Anglais.)

Le pied bot talus est constitué par le fait de la flexion permanente du pied.

A. — Talus congénital.

Le talus congénital est rare. Dans la très grande majorité des cas, la flexion est associée à l'abduction et c'est à un talus valgus que l'on a affaire. Le talus congénital direct (Fig. 66), sans complication de valgus, ne se rencontre que d'une façon tout à fait exceptionnelle.

On peut admettre trois degrés dans le talus :

1er degré : Le pied est à angle droit sur la jambe et l'extension ne peut être portée au delà.

2e degré : Le pied est à angle aigu sur la jambe.

3e degré : La face dorsale du pied est relevée de façon

à venir s'appliquer sur la face antérieure de la jambe.

Dans le talus, la saillie du talon est effacée, le tendon d'Achille est appliqué contre le tibia.

Bien que le déplacement se passe presque en totalité dans l'articulation tibio-tarsienne, il y a cependant, au niveau de l'articulation medio-tarsienne, une légère déviation de la région antérieure du tarse sur la postérieure, déviation qui a pour effet de diminuer la convexité de la région dorsale du pied et la concavité de la région plantaire.

En avant du cou-de-pied, on observe la saillie des tendons de l'extenseur commun, de l'extenseur propre du gros orteil et du tibial antérieur.

Anatomie pathologique. — Les déformations osseuses sont pour très peu dans la difformité, qui est constituée surtout par la disposition des articulations. C'est ainsi que l'astragale semble avoir été repoussé d'avant en arrière sous la mortaise tibio-péronière, qui recouvre une partie de son col, tandis que la partie postérieure de sa facette articulaire supérieure reste à nu en arrière du tibia.

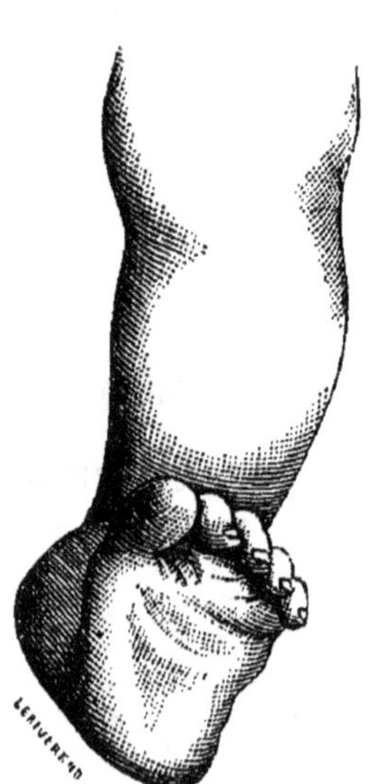

Fig. 66. — Pied bot talus.

Sur un nouveau-né atteint de talus, Lannelongue a trouvé cet os aminci en avant et développé en arrière.

Le calcanéum suit l'astragale dans son mouvement vers la partie postérieure. Sur la pièce examinée par Lannelongue, l'astragale semblait s'être rapproché de la partie postérieure du calcanéum.

En général, au bout d'un certain temps, c'est l'inverse qui se produit ; il se fait entre ces deux os une légère subluxation qui laisse à découvert la partie la plus reculée de la facette articulaire inférieure et postérieure de l'astragale, et les axes de ces deux os tendent à former un angle à sinus postérieur. Chez l'adulte, le calcanéum paraît allongé, et sa partie postérieure se rapproche de la forme conique.

Comme complication du talus, je rappellerai les cas cités par Adams, dans lesquels les genoux étaient fixés dans l'extension.

Traitement. — Le talus n'offre généralement pas au redressement la même résistance que les autres espèces de pied bot, et, à moins que la difformité ne soit très prononcée, on peut en venir à bout à l'aide des manipulations et des appareils.

Si on le juge nécessaire, on pratiquera la section des tendons des muscles de la région jambière antérieure.

Pour cela, par une piqûre faite en avant du cou-de-pied, sur le bord interne de l'extenseur commun, on introduit le ténotome sous les tendons de ce muscle, y compris le péronier antérieur, et on les divise d'arrière en avant. On retire ensuite l'instrument et, par la même piqûre, on l'introduit en sens opposé sous les tendons de l'extenseur propre du gros orteil et du tibial antérieur que l'on sectionne également par la méthode sous-tendineuse.

Comme appareils, on se servira d'appareils dans le genre de ceux dont on use pour l'équin ; cela me paraît préférable aux attelles matelassées placées sur la partie antérieure du membre.

La guérison est en général rapidement obtenue et la difformité n'a pas de tendance à se reproduire. Aussi peut-on le plus souvent, après la cure, se dispenser d'une chaussure spéciale.

B. — Pied-bot talus acquis.

Le pied talus acquis est presque toujours d'origine paralytique. Il est dû à la paralysie du triceps sural et à la prédominance d'action des fléchisseurs qui ont conservé leur contractilité. C'est une forme assez rare de la paralysie infantile, et la flexion du pied n'est jamais portée très loin. Il y a constamment un valgus de l'arrière-pied dû à la paralysie du triceps.

Il peut se présenter des variétés dans la forme de la plante du pied, dont la concavité est toujours exagérée.

La paralysie du triceps sural s'accompagne toujours de pied creux, mais ce pied creux varie dans sa forme, suivant que la paralysie a envahi ou respecté tels ou tels muscles. Si tous les muscles, sauf le triceps, sont indemnes, il se produira un pied creux direct dont le mode de formation a été très bien expliqué par Duchenne. En même temps que le jambier antérieur, le long extenseur des orteils, l'extenseur propre du gros orteil portent le pied dans la flexion, le long péronier latéral et le long fléchisseur des orteils infléchissent l'avant-pied sur l'arrière-pied et forment un talus pied creux direct, c'est-à-dire, dans lequel la face plantaire de l'avant-pied regarde directement en bas.

Si le long péronier latéral est atteint par la paralysie, l'action des fléchisseurs des orteils n'étant plus contrebalancée par celle de ce muscle, il se produira, sous leur influence, un talus pied creux, varus de l'avant-pied, c'est-à-dire, avec renversement en dedans de la face plantaire de l'avant-pied. Quand, au contraire, les fléchisseurs étant paralysés, le long péronier latéral est demeuré intact, il se forme un pied creux valgus ou, en d'autres termes, un pied creux avec renversement en dehors de l'avant-pied.

On comprend que dans ces divers pieds creux l'abaissement du talon, qui est le fait du talus, doit encore augmenter la concavité de la voûte plantaire.

Les orteils sont relevés vers le dos du pied, lorsque les interosseux sont intacts; ils sont au contraire disposés en griffe, dans le cas de paralysie de ces muscles. On sait que la griffe est constituée par l'extension des premières phalanges sur les métatarsiens, les deux dernières étant fléchies.

L'anatomie pathologique démontre qu'en dehors des déplacements articulaires analogues à ceux du talus congénital il peut, au bout d'un certain temps, survenir une diminution dans les dimensions antéro-postérieures du scaphoïde et du cuboïde, du côté de la plante du pied.

Traitement. — Si l'on a affaire à un cas dans lequel le talus acquis est le résultat de la rétraction des muscles de la région antérieure de la jambe, on pourra recourir à la ténotomie de ces muscles; mais, pour le talus paralytique, la ténotomie est très rarement employée, et il suffit, dans la grande majorité des cas, du traitement mécanique, pour permettre au sujet de marcher. Il faut, autant que possible, recourir à ce traitement alors que la déformation n'est pas très prononcée.

Adams recommmande une série d'appareils suivant le degré de la difformité. Lorsqu'elle est au début, il se sert, pendant le jour, d'une bottine à talon élevé avec deux montants latéraux articulés, mais ne permettant pas à la flexion de dépasser l'angle droit. Pendant la nuit, le pied est chaussé d'une pantoufle pourvue d'une semelle métallique plate.

Dans les cas un peu plus avancés, le chirurgien anglais a recours à un appareil dont la semelle est maintenue par deux montants latéraux qui vont s'attacher autour du mollet et qui sont pourvus, au niveau du cou-de-pied, d'une articulation susceptible d'être réglée. Cette semelle est décomposée en deux parties réunies par une articulation qui permet de fixer la partie antérieure sur la postérieure dans la position voulue. Pour marcher, le malade met un appareil analogue, avec un arrêt correspondant au cou-de-pied. Adams préfère cependant faire porter, pour la marche, un appareil dans lequel l'extension du pied est produite par un lacs de caoutchouc placé derrière la jambe, attaché en bas au niveau du talon, à l'aide d'une lanière de cuir, et fixé en haut sur une plaque métallique à la hauteur du mollet.

Dans deux cas de talus pied creux paralytique très prononcés, Little, ainsi que le rapporte Adams, afin de raccourcir le tendon d'Achille et de déterminer une rétraction de la peau au-dessus et en arrière du calcanéum, Little excisa une portion du tendon et un segment de peau. Le résultat ne fut, paraît-il, que médiocrement avantageux.

On trouve aussi mentionné dans le même auteur un procédé opératoire mis en usage par Little dans un cas de talus dû à une section du tendon d'Achille suivie de réunion incomplète. Ce chirurgien, à l'aide d'un ténotome, incisa largement les extrémités du tendon sectionné et lacéra [la substance intermédiaire insuffisamment développée. Le pied fut ensuite fixé dans l'extension, et le raccourcissement du tendon d'Achille fut obtenu.

Dans son traité du pied bot, Adams donne la description de pieds de femmes chinoises conservés au Musée du Collège Royal des chirurgiens et à celui du Collège de l'Université (FIG. 67). Leur forme est analogue à celle du talus pied creux direct, et cette déformation est produite artificiellement. Les phalanges des quatre derniers orteils sont fléchies et tournées latéralement vers la ligne médiane de la plante du pied. Le gros

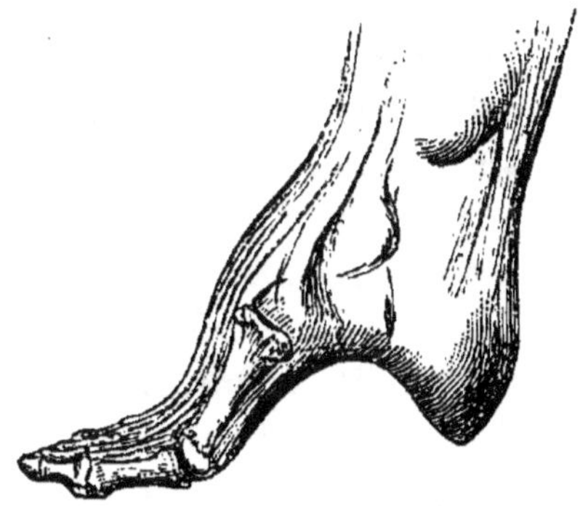

FIG. 67. — Pied de chinoise.

orteil reste seul dans l'extension, donnant ainsi au pied une forme pointue.

§ 5. — Pieds bots composés.

Je ne me suis occupé jusqu'ici que des pieds bots simples, c'est-à-dire, de ceux dans lesquels la difformité est constituée par la fixation du pied dans une position correspondant à un des mouvements suivants : extension, flexion, adduction, abduction.

Mais, dans la pratique, on est loin de rencontrer toujours ces types à l'état de pureté et de simplicité. La difformité peut résulter de l'adjonction de deux types correspondants à l'extension coïncidant avec l'adduction ou l'abduction, de la flexion réunie à l'abduction ou à l'adduction. Ces déformations composées que je viens de signaler, correspondent, en somme, à des mouvements normaux, mais il se produit, dans certains cas, des déviations qui ne se rapportent à rien d'analogue dans l'état hygide.

Dans certains pieds bots on observe, en effet que l'arrière-pied étant porté dans un sens, l'avant-pied est dirigé en sens inverse. C'est là une autre série de pieds bots dans laquelle il peut y avoir trois déformations associées. Je dois dire que ces pieds bots à trois éléments sont fort rares, tandis que ceux qui n'en comportent que deux, sont, au contraire, très fréquents.

Pour dénommer les pieds bots composés, on se sert d'un nom formé de la réunion des mots qui caractérisent les difformités réunies, en plaçant d'abord, comme l'indique Bouvier, celui qui correspond à la déviation la plus prononcée ou la plus importante, et, en cas d'égalité, en procédant d'arrière en avant.

Les quatre formes les plus communes de pied bot composé sont formées :

1° Par la combinaison de l'extension et de l'adduction (équin varus ou varus équin) ;

2° Par la combinaisons de l'extension et de l'abduction (équin valgus).

3° Par la combinaisons de la flexion et de l'abduction (talus valgus).

4° Par la combinaison de la flexion et de l'adduction (talus varus).

Les noms des pieds bots à trois éléments se forment de la même façon.

Je ne décrirai ni la symptomatologie, ni le traitement des pieds bots composés. Les descriptions que j'ai données ci-dessus des espèces fondamentales suffisent pour faire connaître les déformations correspondant à ces pieds bots composés et instituer une thérapeutique qui est la combinaison des moyens employés pour chacune des difformités combinées.

ARTICLE II

PIED PLAT CONGÉNITAL

Le pied plat, je l'ai déjà dit, est caractérisé par l'affaissement de la voûte plantaire.

L'empreinte de la plante d'un pied plat (Fig. 68), prise en faisant appuyer le pied du sujet sur le sable ou sur une feuille de papier noirci à la fumée, ou enfin par tout autre procédé, cette empreinte représente une surface ressemblant à peu près à un triangle, dont les angles seraient arrondis et dont les côtés seraient formés par des lignes un peu courbes et un peu sinueuses, triangle dont la base se trouve en avant, au niveau des têtes des métacarpiens, et dont le sommet correspond au talon. Quand, au contraire, on prend l'empreinte d'un pied normal (Fig. 69), on voit que ce pied repose sur le sol par le talon, la région plantaire externe et toute la région plantaire antérieure. L'empreinte, en ce cas, commence en arrière par une partie étalée et arrondie (talon postérieur), s'excave du côté interne et s'élargit surtout en dedans, au niveau de la partie antérieure. Il y a donc deux portions élargies, l'une en arrière, l'autre

16.

en avant (cette dernière s'élargissant surtout en dedans), et une portion intermédiaire, étranglée du côté interne. En examinant la face dorsale de ce pied (Fig. 70), on observe un abaissement de la saillie du cou-de-pied, correspondant à l'affaissement de la voûte plantaire.

L'histoire du pied plat congénital est encore, je dois l'avouer, fort peu avancée, et les documents relatifs à

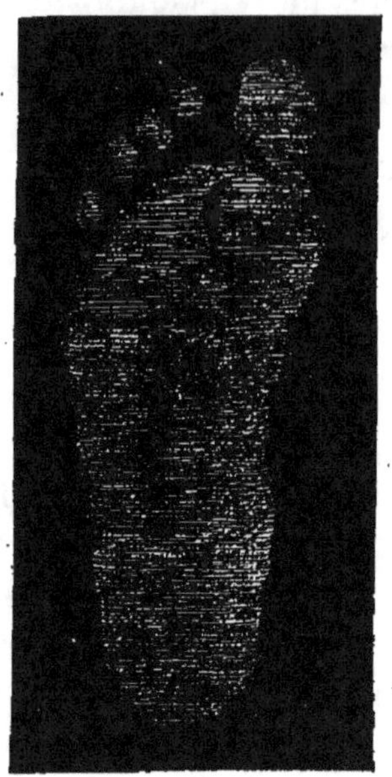

Fig. 68. — Empreinte d'un pied plat.

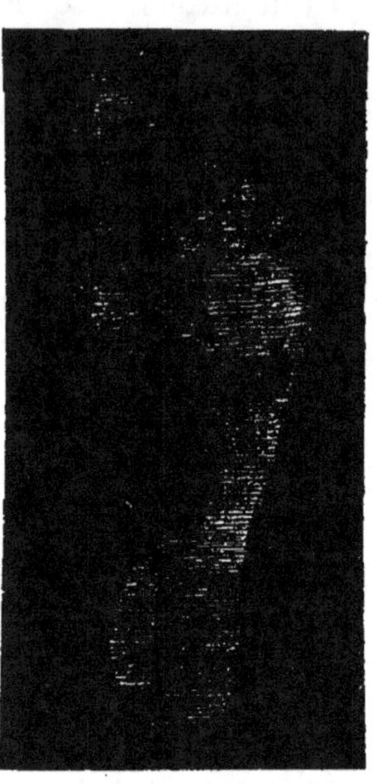

Fig. 69. — Empreinte d'un pied normal.

l'anatomie pathologique sont insuffisants. Sur un pied plat disséqué par Rognetta, cet auteur put constater que la tubérosité postérieure du calcanéum était très courte, très mince et déjetée en dehors, ainsi que le tendon d'Achille. Le corps du calcanéum était plus mince et plus court qu'à l'état normal, et ses facettes articulaires supérieures étaient moins prononcées. La tubérosité antérieure participait à l'atrophie générale de l'os et était dirigée en dedans. Le scaphoïde et le cuboïde avaient subi un mouvement de rotation en dedans sur leur axe antéro-postérieur. Les cinq os antérieurs du tarse avaient perdu de leur longueur et de leur épaisseur. Rognetta a noté en outre le relâchement des ligaments du tarse, qui permettait aux os une mobilité anormale.

Lacour, sur un pied plat ayant appartenu à un sujet déjà avancé en âge, a trouvé que la tête de l'astragale

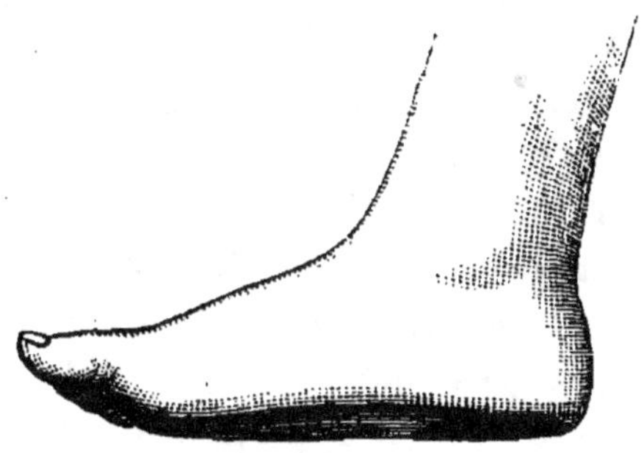

Fig. 70. — Pied plat.

était déprimée du coté externe, ce qui changeait la direction de l'articulation astragalo-scaphoïdienne.

Chez les individus atteints de pied plat, les malléoles sont abaissées.

Bouvier fait observer avec raison qu'au point de vue morphologique on peut diviser les pieds plats congénitaux en deux catégories : celle dans laquelle les pieds sont purement et simplement étalés, et celle dans laquelle il y a de plus un peu de renversement en dehors, un léger degré de valgus.

La physiologie pathologique du pied plat congénital est loin d'être bien connue. On a invoqué l'allongement et le relâchement des ligaments, l'impotence du long péronier latéral. La description de Rognetta autoriserait à mettre en cause le défaut de volume des os et surtout de la partie postérieure du calcanéum.

Pendant longtemps on a considéré tous les sujets atteints de pied plat congénital (vice de conformation qui est le plus souvent bilatéral) comme impropres à la marche. Il est certain que chez un certain nombre d'entre eux la marche tant soit peu prolongée développe des douleurs au niveau de la région plantaire, mais par contre, ainsi que Gama l'a établi, il est des pieds plats qui sont excellents marcheurs.

D'autre part, certains pieds plats peuvent manifestement produire les mouvements dus à la contraction du long péronier latéral, presser fortement sur le sol avec la partie antérieure du premier métatarsien, s'élever sur la pointe du pied, tandis que d'autres sont incapables de ces mouvements. Enfin, suivant Duchenne, la faradisation appliquée sur le trajet du long péronier fait chez quelques-uns de ces individus contracter ce muscle, tandis que chez les autres cette contraction ne se produit pas.

A quoi donc faut-il attribuer cette différence que nous voyons entre les pieds plats, les uns étant indolores, permettant les marches forcées, les autres au contraire devenant douloureux sous l'influence d'un léger exercice.

Je ne puis ici que citer l'opinion des auteurs.

Suivant Bouvier, le simple pied plat (pied large) ne serait pas douloureux; le pied plat douloureux serait celui qui s'accompagne d'un certain degré de valgus.

Pour Duchenne, les pieds plats douloureux seraient ceux dans lesquels la cause de la difformité réside dans un défaut originel de développement du long péronier latéral.

Contre le pied plat congénital douloureux, on peut recourir aux chaussures à talon élevé qu'employait Dupuytren.

ARTICLE III

PIED CREUX CONGÉNITAL

Le pied creux est constitué, je l'ai déjà dit, par l'exagération de la concavité de la voûte plantaire, avec

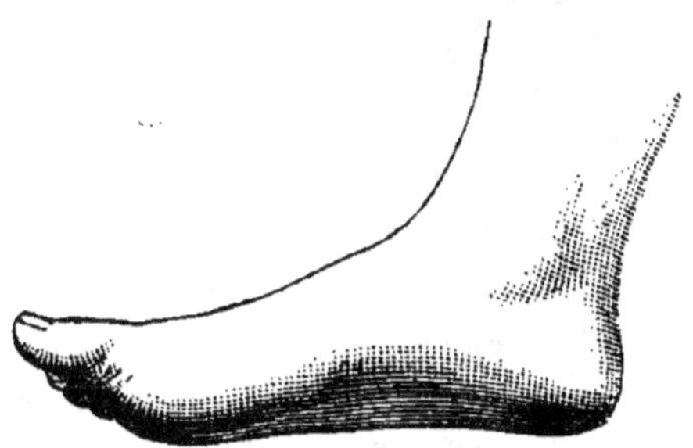

Fig. 71. — Pied creux.

augmentation de la saillie du cou-de-pied, de la cambrure (Fig. 71.) Si l'on prend l'empreinte d'un certain nombre de pieds creux (Fig. 72), on voit que chez quelques-uns, bien que la portion de cette empreinte qui correspond au côté externe du pied et qui unit le talon postérieur à l'antérieur, soit très-rétrécie, cependant elle existe, sauf de légères interruptions, tandis que chez d'autres l'empreinte fait complètement défaut entre les deux talons.

Sur la plante d'un pied creux on observe des durillons

très prononcés au niveau du talon postérieur, de la tête du premier métatarsien.

Quant à l'anatomie pathologique de cette malformation, elle est encore moins connue que celle du pied plat ; c'est probablement à la disposition primitive des os et des ligaments du tarse qu'il faut en rapporter l'origine.

Certains individus atteints de pied creux congénital marchent sans gêne, ni douleur, tandis que chez d'autres une course un peu longue fait développer des douleurs au niveau du pied. Je crois que cette différence tient au degré de concavité de la voûte plantaire, et que le pied creux douloureux est celui qui n'entre en contact avec le sol qu'au niveau des talons antérieur et postérieur.

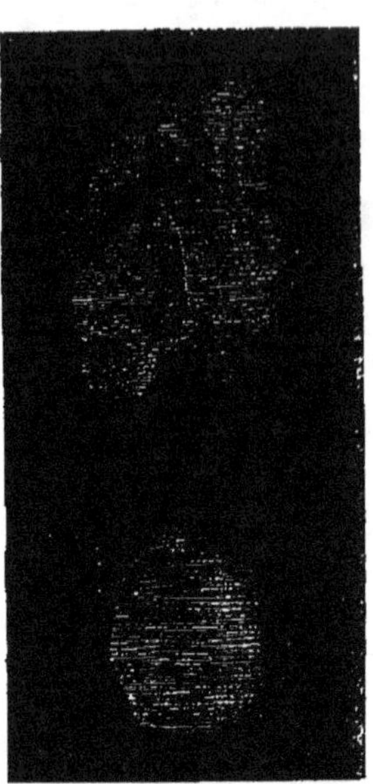

Fig. 72. — Empreinte d'un pied creux.

Le seul traitement qui me paraisse devoir être mis en usage consiste à faire porter aux individus atteints de ce vice de conformation une semelle convexe en haut, à peu près moulée sur la concavité de la plante du pied, de façon à amener une répartition plus exacte de la pression.

CHAPITRE VI

MAIN BOTE

(Club hand des Anglais, *Klumphand* des Allemands)

La main bote est caractérisée par le fait de la fixation de la main dans une des positions (flexion, extension, adduction, abduction) qu'elle peut occuper sur le poignet, position portée assez loin pour que l'avant-bras se termine par une extrémité arrondie.

On divise donc les mains botes en dorsales, palmaires radiales, cubitales, suivant que la main est dans l'extension, dans la flexion, dans l'abduction ou dans l'adduction. La position de la main peut être intermédiaire à une de ces quatre positions principales, et l'on se sert alors, suivant les cas, des désignations de dorso-radiale, dorso-cubitale, radio-palmaire, cubito-palmaire.

La main bote peut être congénitale ou acquise.

A. — Main bote congénitale.

Elle est beaucoup plus rare que le pied bot correspondant.

On peut, au point de vue anatomo-pathologique, ranger les mains botes congénitales en trois catégories, suivant que le squelette de la main et de l'avant-bras est normal, suivant qu'il est complet comme nombre, mais anormal comme forme, ou qu'enfin il y a absence d'un ou de plusieurs os.

Dans la deuxième catégorie (FIG. 73), on trouve certains os du carpe à l'état rudimentaire. La disposition des surfaces articulaires du poignet est anormale du côté du carpe et du côté de l'avant-bras.

Dans la troisième (FIG. 74), la plus commune, on constate des anomalies de forme et, en même temps, une absence complète ou presque complète du radius; le

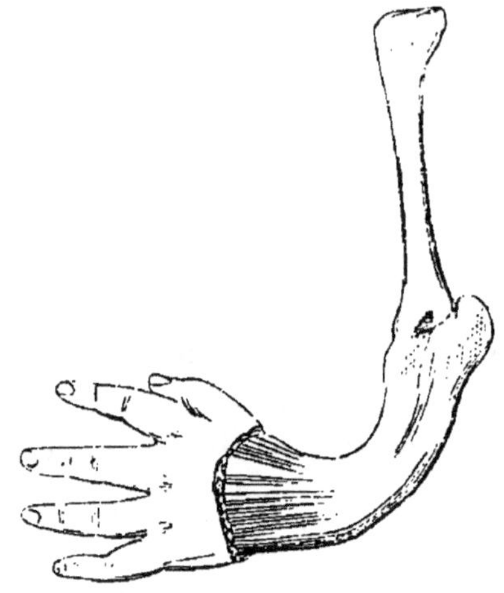

FIG. 73. — Main bote radio-palmaire.

carpe est quelquefois incomplet, le pouce manque dans certains cas. Le cubitus est souvent plus court et incurvé en arrière ou en dedans, avec augmentation de volume L'articulation du poignet est ici, à proprement parler, une néarthrose. Les anomalies de conformation retentissent quelquefois jusque sur l'humérus, et il n'est pas rare de rencontrer d'autres vices de conformation sur différentes parties du corps, notamment sur les membres inférieurs.

Quant au système musculaire, il n'offre rien de bien remarquable dans les ·deux premières variétés. Les muscles ne paraissent ni tendus, ni raccourcis.

Dans la troisième variété, il y a presque toujours des muscles qui font défaut.

Le système artériel, le système nerveux présentent aussi des anomalies.

La forme la plus commune dans la main bote congénitale est la radiale, surtout la radiale avec flexion, c'est-à-dire, la radio-palmaire.

Le sinus de l'angle formé par la réunion de la main et de l'avant-bras regarde en dehors ou en avant et en dehors. On voit, dans certains cas, le bord externe de la main venir s'appliquer sur l'avant-bras. C'est l'extrémité inférieure du cubitus qui forme le coude correspondant au poignet. Le pouce fait souvent défaut.

Le type cubital, fort rare à l'état de pureté, se présente plus souvent combiné avec la déviation palmaire (cubito-palmaire).

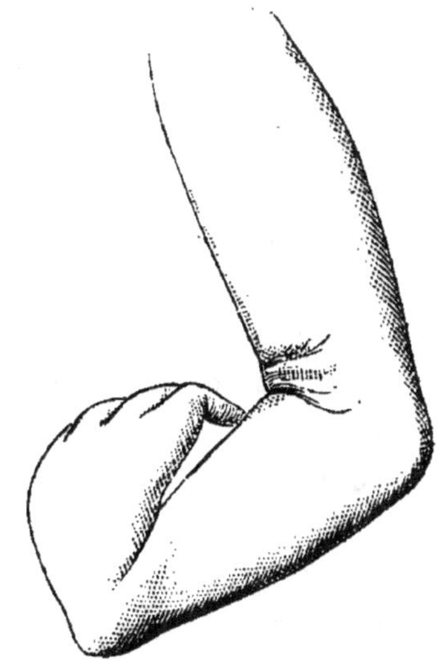

Fig. 74. — Main bote radio-palmaire.

Dans la main bote palmaire, on voit le coude du poignet formé tantôt par l'extrémité inférieure des os de l'avant-bras, tantôt par le carpe ; cela dépend de la situation de la rangée antibrachiale des os du carpe. Du reste, la main bote palmaire existe le plus souvent combinée avec une inclinaison latérale.

La main bote dorsale est la plus rare de toutes.

Rarement la main bote congéniale existe à l'état de lésion complètement isolée ; le plus souvent elle coïncide avec une paralysie siégeant sur le membre anomal, paralysie d'intensité variable et d'ordinaire n'existant pas au même degré sur les différents ordres de muscles.

Comme étiologie on retrouve ici la théorie nerveuse et la théorie osseuse, sur lesquelles j'ai suffisamment insisté à l'article pied bot pour ne pas y revenir.

Les détails dans lesquels je suis entré relativement à l'anatomie pathologique, font assez pressentir qu'on ne peut pas espérer grand'chose du traitement, et que la ténotomie ne doit pas être appliquée. On doit s'en tenir aux manipulations et à l'application d'appareils appropriés.

Les manipulations seront faites de façon à porter la main dans la position opposée à celle qu'elle occupe. Les appareils sont formés d'une portion antibrachiale représentée par un brassard, une gouttière ou deux tuteurs latéraux, et d'une portion manuelle diversement disposée, suivant qu'elle doit s'appliquer sur la face palmaire, auquel cas elle est représentée par une palette rembourrée, ou bien qu'elle doit correspondre à un des côtés de la main, et alors elle affecte la forme d'une gouttière. Pour la main bote dorsale, la pièce manuelle doit être disposée de façon à s'adapter sur la partie postérieure du métacarpe.

La portion antibrachiale de l'appareil, qui fournit le point d'appui, est unie à la portion manuelle au moyen d'une articulation pour laquelle on peut employer les différents systèmes mis en usage dans les appareils à pied bot pour l'union de la tige jambière avec la portion podale.

Mellet, dans le but de redresser une main bote radio-

palmaire, eut recours au levier en fer doux appliqué
par Venel **au redressement du pied bot.** L'appareil se
composait d'une plaque porte-levier conformée de façon
à s'adapter sur la face dorsale de l'avant-bras et [du
carpe, d'une palette palmaire re-
liée par deux courroies latérales à
la pièce antibrachiale, et enfin
d'un levier en fer doux, fixé à l'aide
d'une douille sur la plaque porte-
levier, et se dirigeant en dedans et
un peu en arrière, jusqu'au delà d e
l'extrémité des doigts. Une large
courroie unissait la palette au levier.

Robert et Collin, pour un cas de
main bote palmaire, ont construit
un appareil (Fig. 75) dans lequel le
point d'appui est fourni par deux
montants latéraux appliqués le long
de l'avant-bras et de la partie inférieure du bras. Ces montants sont
articulés au niveau du coude de façon à laisser libres les mouvements
de flexion et d'extension de cette
articulation, et ils sont réunis par
des embrasses métalliques à la
hauteur de la partie inférieure
du bras, de la partie moyenne et de
la partie inférieure de l'avant-bras.

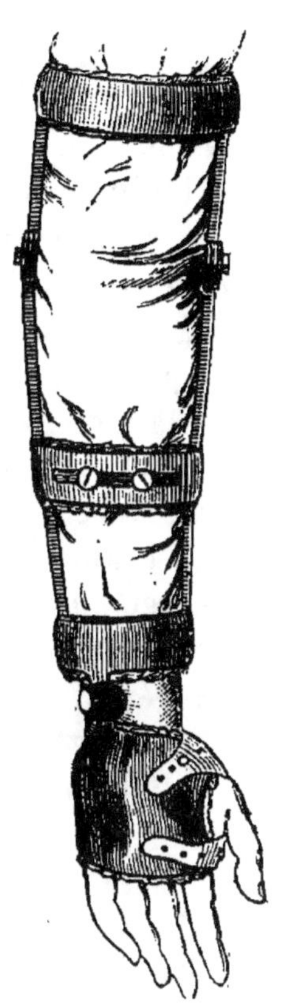

FIG. 75. — Appareil de
Robert et Collin.

L'embrasse qui correspond au milieu de l'avant-bras,
est pourvue de vis destinées à limiter le mouvement de
rotation de la partie inférieure de l'appareil.

L'embrasse inférieure supporte une palette métallique

sur laquelle la main est fixée par des courroies. L'union de cette embrasse et de la palette se fait au moyen d'une articulation en genouillère, qui permet de mettre et de maintenir la main dans la position voulue.

B. — Main bote acquise.

Je n'ai pas à m'occuper des mains botes dues à une lésion articulaire ou résultant d'une cicatrice.

La main bote peut être le résultat d'affections portant ou retentissant sur les muscles et déterminant leur contracture, leur rétraction ou bien leur paralysie.

Dans les lésions cérébrales qui déterminent l'hémiplégie, la main bote palmaire peut se produire en vertu de la tonicité prédominante des fléchisseurs.

La paralysie infantile donne bien plus rarement naissance à la main bote qu'au pied bot.

L'examen des muscles, les anamnestiques permettent de remonter à la cause de la déformation et de reconnaître si l'on a affaire à une paralysie ou à une contraction exagérée.

Comme toujours, on pourra distinguer la rétraction de la contracture à ce que cette dernière cesse pendant le sommeil anesthésique, tandis que la pemière persiste.

La thérapeutique variera suivant les indications. En dehors des manipulations et des appareils, on pourra, lorsqu'on a affaire à une paralysie, recourir à l'électricité, s'il en est encore temps. Si la déformation est très gênante et résiste à tous les autres moyens, il sera permis de pratiquer la ténotomie.

Dans les cas de contracture, on aura recours aux manipulations, au redressement de la main pendant le sommeil anesthésique, redressement qui sera maintenu ensuite à l'aide d'appareils. On pourra aussi utiliser l'action des courants continus descendants.

Si la déviation est due à une rétraction, la ténotomie se présente comme une ressource ultime. Les muscles moteurs de la main sont-ils seuls rétractés, ceux des doigts restant indemnes, les indications de la ténotomie ne sont pas douteuses, quand il est bien démontré que les muscles moteurs de la main sont bien réellement rétractés.

Pour la main bote radiale on recourra à la section du premier radial, à celle du cubital postérieur dans le cas de main bote cubitale. Lorsqu'on a affaire à une déviation palmaire, c'est sur le cubital antérieur, le grand et le petit palmaires que doit porter le ténotome.

Enfin, à la déviation dorsale, on opposera la section des tendons du cubital postérieur et des deux radiaux. Dans les cas de déviations mixtes, on associera les sections tendineuses suivant les indications.

Lorsqu'on divise les tendons du grand et du petit palmaires, il faut éviter le nerf médian qui correspond à l'intervalle qui les sépare; pour la section du grand palmaire, on doit se préoccuper des vaisseaux et nerfs radiaux qui avoisinent son bord externe. Le chirurgien n'a pas de dangers analogues à éviter en pratiquant la section des radiaux et du cubital postérieur.

La ténotomie doit, au bout de quelques jours, être suivie de l'application d'un appareil redresseur que l'on fera agir graduellement.

La section des tendons des muscles moteurs de la main est acceptable sans discussion, parce qu'il n'est pas à craindre que les tendons divisés ne se soudent pas. Une certitude aussi grande n'existe pas, il est vrai, quand il s'agit des tendons des extenseurs et surtout de ceux des fléchisseurs des doigts, mais en choisissant avec discernement lè lieu de la ténotomie, en procédant avec précaution au redressement, on peut, je le crois, sectionner ces tendons sans s'exposer à la perte des mouvements qu'ils sont destinés à produire.

Dans les cas de main bote dorsale où la section des deux radiaux externes et du cubital postérieur n'aura pas suffi et où la déviation persistera sous l'influence de la rétraction des extenseurs des doigts, on divisera les tendons extenseurs au niveau des métacarpiens.

Dans la déviation en dehors, on fera, au besoin, suivre la section du premier radial de celle du grand adducteur et du court extenseur du pouce.

Pour la main bote palmaire, on pourra être obligé de recourir à la section des tendons du fléchisseur superficiel et de ceux du fléchisseur profond.

Les tendons du fléchisseur superficiel seront divisés à la partie inférieure, de l'avant-bras, et il faudra avoir soin de les couper à des hauteurs inégales, pour éviter qu'ils se fusionnent, ou bien les sectionner au niveau de la tête des métacarpiens.

Quant aux tendons du fléchisseur profond, s'il est absolument nécessaire de les diviser, on pratiquera la section au niveau de la moitié inférieure de la phalangine. Dans ce point, le tendon est fixé à l'os par un repli synovial qui, si on le ménage et c'est ce que l'on doit faire, sert à éviter un trop grand écartement entre les deux bouts du tendon, et, au besoin, à transmettre au bout inférieur la traction du bout supérieur.

Pour une raison analogue, le long fléchisseur propre du pouce sera, au cas échéant, divisé à la hauteur de la partie inférieure de la première phalange.

Je n'ai pas besoin de faire observer que lorsque les

doigts sont déviés, l'appareil doit être disposé de façon
à agir sur eux.

CHAPITRE VII

FLEXION PERMANENTE DES DOIGTS

La flexion permanente des doigts peut être déterminée par des lésions des os, des articulations, de l'aponévrose palmaire ou mieux de ses dépendances, des
muscles, des gaines tendineuses.

Je n'ai à m'occuper ici que de la flexion dérivant de
l'état des languettes aponévrotiques qui émanent de
l'aponévrose et de celle qui se rattache au système
musculaire.

ARTICLE PREMIER

RÉTRACTION DE L'APONÉVROSE PALMAIRE

Avant d'étudier la maladie connue sous le nom de
rétraction de l'aponévrose palmaire, je crois devoir
rappeler la disposition de cette aponévrose, et j'em-
prunterai cette description à un mémoire de Sevestre
intitulé : *Note sur un cas de rétraction permanente des
doigts. (Journal de l'anatomie et de la physiologie
normales et pathologiques de l'homme et des animaux*,
1867, p. 249.) « L'aponévrose palmaire moyenne, dési-

» gnée encore sous le nom de ligament palmaire, forme
» au devant des muscles, des vaisseaux et des nerfs de
» la région palmaire moyenne un plan fibreux très ré-
» sistant. Elle commence, en haut, par une extrémité
» rétrécie qui semble être la continuation du tendon
» du petit palmaire, mais qui s'insère aussi sur le bord
» inférieur du ligament annulaire antérieur du carpe.
» Elle va ensuite en s'élargissant progressivement et,
» arrivée à quatre ou cinq centimètres des replis inter-
» digitaux, se divise en quatre faisceaux. La face anté-
» rieure ou superficielle de cette aponévrose est en
» rapport avec le derme cutané auquel elle est reliée
» par de nombreux tractus fibreux.

» Par sa face profonde, elle répond aux tendons, aux
» vaisseaux, aux nerfs destinés aux doigts. A la partie
» supérieure et interne de cette face postérieure, ainsi
» qu'au bord interne de l'aponévrose, s'insère le muscle
» palmaire cutané.

» De la partie inférieure de ce bord interne se déta-
» che un faisceau très fort qui vient s'insérer sur le
» bord interne du cinquième métacarpien, séparant
» ainsi les muscles de la région hypothénar de la région
» palmaire moyenne. D'autres fibres se rendent à la
» peau de la région hypothénar, et quelques-unes, en
» petit nombre, vont contribuer à la formation de
» l'aponévrose palmaire interne.

» Du bord externe de l'aponévrose se détachent aussi
» des fibres qui vont renforcer les fibres propres de
» l'aponévrose palmaire externe. Ce sont les fibres lon-
» gitudinales de l'aponévrose qui se contournent de
» façon à devenir à peu près transversales. Il existe
» encore, comme au côté interne, des fibres destinées
» aux téguments de la région latérale externe, et ces

» fibres sont surtout remarquables au niveau du pli qui
» sépare le pouce de l'index ; quelques-unes s'étendent
» même jusque sur la face externe du pouce. Enfin on
» trouve aussi un faisceau qui se porte au côté externe
» du deuxième métacarpien. Il existe donc une analogie
» complète entre les deux côtés quant à la disposition
» des fibres qui se détachent de l'aponévrose palmaire,
» mais elles sont toujours plus abondantes au côté
» externe.

« Depuis son origine jusque vers sa partie moyenne,
» l'aponévrose palmaire moyenne est uniquement for-
» mée de fibres longitudinales. A ce niveau, on trouve
» des fibres transversales entrecroisées avec les précé-
» dentes et généralement plus profondes. Ces fibres
» transversales, qui relient entr'eux les faisceaux lon-
» gitudinaux, naissent en dehors du bord externe du
» deuxième métacarpien, au point où viennent s'insérer
» les fibres longitudinales. Les plus superficielles arri-
» vent jusqu'au bord interne de l'aponévrose palmaire
» et se fixent, les unes à la peau, les autres au bord
» interne du cinquième métacarpien. Quand aux fibres
» profondes, elles s'étendent d'un métacarpien à l'autre,
» et concourent à former la gaîne des fléchisseurs. En
» haut, ces fibres diminuent peu à peu de nombre,
» mais en bas elles forment entre les faisceaux de
» fibres longitudinales un bord nettement tranché,
» au-dessous duquel émergent les vaisseaux et nerfs
» collatéraux des orteils et les muscles lombri-
» caux. »

« L'aponévrose palmaire, par son extrémité infé-
» rieure, se divise en quatre faisceaux sur la distri-
» bution desquels il est nécessaire d'insister. Les fibres
» les plus superficielles et médianes de chaque faisceau

17.

» sont destinées à la peau où elles s'insèrent à un cen-
» timètre ou un centimètre et demi de la racine des
» doigts ; quelques-unes descendent jusqu'à la peau qui
» recouvre les phalanges. Maslieurat-Lagémard a
» aussi décrit des fibres intermédiaires aux faisceaux,
» lesquelles iraient s'implanter sur la peau dans l'in-
» tervalle des doigts, au niveau des articulations
» métacarpo-phalangiennes. »

« Le reste du faisceau semble se diviser en deux
» faisceaux plus petits. Des fibres dont ils se compo-
» sent, les plus profondes vont entourer les tendons des
» muscles fléchisseurs et s'insèrent, soit aux bords des
» métacarpiens, soit aux ligaments des articulations
» métacarpo-phalangiennes, soit à l'aponévrose inter-
» osseuse. Elles contribuent, avec les fibres transver-
» sales et des fibres propres, nées sur les bords des
» métacarpiens et des phalanges, à constituer la gaîne
» des tendons fléchisseurs des doigts. C'est à quelques
» millimètres au-dessus du point où commencent les
» gaînes synoviales digitales de ces tendons que cette
» gaîne se constitue.

» Plus bas, les fibres aponévrotiques vont encore en
» partie sur la gaîne fibreuse des tendons ; mais d'au-
» tres, peut-être plus nombreuses, se rendent sur les
» côtés des doigts, et se fixent, les unes à la peau, les
» autres aux bords du tendon de l'extenseur. Ces fibres
» s'arrêtent en général au niveau de la phalange, mais
» parfois elles arrivent jusqu'à la phalangine. Aux fibres
» aponévrotiques viennent en ce point s'ajouter d'autres
» fibres qui se détachent, soit de la gaîne des fléchis-
» seurs, soit des bords de la phalange. C'est à ces fibres
» très développées dans le cas de rétraction des doigts
» que Goyraud fait jouer le principal rôle. On en

» trouve toujours quelques vestiges à l'état normal,
» ainsi que l'a constaté Sanson. »

« J'ai dit plus haut que les faisceaux destinés aux
» doigts semblaient se bifurquer. C'était en effet l'opi-
» nion de Dupuytren, Blandin, Vidal (de Cassis), Cru-
» veilhier, qui faisaient insérer ces deux faisceaux, soit
» sur les côtés de la phalange, soit exclusivement sur
» les ligaments des articulations métacarpo-phalan-
» giennes. Mais Maslieurat-Lagémard fait observer
» avec raison que ce n'est qu'une apparence et qu'en
» réalité les fibres existent aussi bien en avant que sur
» les parties latérales, mais sont seulement beaucoup
» plus abondantes sur les côtés. Elles descendent aussi
» beaucoup plus bas que ne l'avaient indiqué les auteurs
» que je viens de citer.

« Telle est la description générale de l'aponévrose
» palmaire, mais au niveau de l'auriculaire et surtout
» de sa face interne, les fibres aponévrotiques sont
» beaucoup moins abondantes; il est même assez rare
» qu'elles dépassent le niveau de l'articulation méta-
» carpo-phalangienne. Elles sont, il est vrai, rempla-
» cées par des fibres d'un autre ordre, dont il me reste
» maintenant à parler. Ces fibres, signalées par Gerdy,
» sont situées transversalement à la racine des doigts, et
» s'étendent du côté externe de l'index au côté interne
» de l'auriculaire. Il n'y en a qu'un petit nombre qui
» mesurent toute cette étendue, mais au moment où le
» faisceau qu'elles forment par leur ensemble passe au
» niveau d'un espace interdigital, il s'en détache de
» petits fascicules qui vont sur les côtés de chaque
» doigt où ils se distribuent de la même façon que les
» fibres venues de l'aponévrose palmaire. Ces fibres
» formant entre chaque doigt une sorte d'arcade dont

» la concavité, tournée en bas, répond au repli inter-
» digital, limitent les mouvements d'adduction et d'ab-
» duction et s'opposent à ce que l'écartement soit porté
» trop loin. Elles sont surtout développées au niveau
» de l'auriculaire, qui ne reçoit que quelques filaments
» de l'aponévrose palmaire. »

La description exacte et minutieuse que l'on vient de lire, a un grand intérêt au point de vue de la genèse de la lésion décrite sous le nom de rétraction de l'aponévrose palmaire. Cette rétraction (FIG. 76) se traduit par les symptômes suivants : la première phalange est fléchie sur le métacarpien, la deuxième sur la première. Quant à la troisième phalange, elle ne participe pas à la flexion. Le malade peut fléchir les doigts envahis par la rétraction,

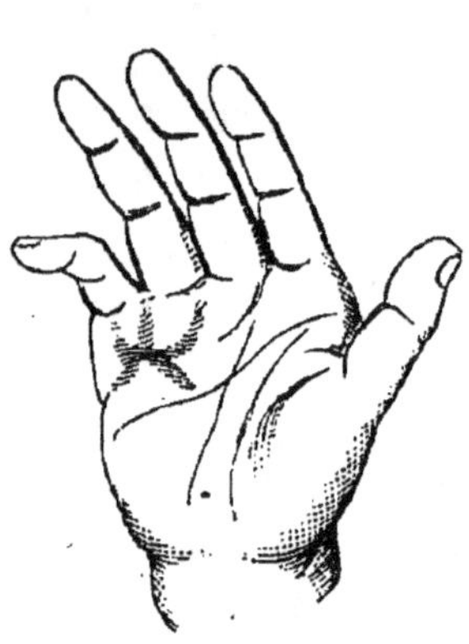

FIG. 76. — Rétraction de l'aponévrose palmaire.

mais ne peut les étendre.

Lorsque la maladie est arrivée à une certaine période, on constate au niveau de la paume de la main l'exis-tence de brides sous-cutanées longitudinales, allant se terminer à la partie antérieure des deux premières phalanges des doigts envahis. Ces brides présentent une courbure à concavité antérieure. Sur leur trajet, la peau a perdu sa mobilité; elle est épaissie, sèche et présente des plis transversaux. Les deux der-niers doigts sont le plus souvent atteints, et c'est presque toujours par eux que la maladie débute.

L'index et le médius sont plus rarement affectés.

Quant au pouce, ce n'est qu'exceptionnellement qu'il participe à la rétraction. On cite cependant quelques cas authentiques dans lesquels il était fléchi.

Lorsqu'on cherche à forcer l'extension des doigts, on voit que les brides se tendent, et que cette tension se communique à l'aponévrose, ainsi qu'au petit palmaire. Dans le cas de rétraction très prononcée, les doigts peuvent venir s'appliquer sur la paume de la main.

Les doigts sont généralement fléchis à des degrés inégaux, et ils sont d'autant plus fléchis qu'ils ont été plus tôt atteints.

La maladie existe des deux côtés ou sur une seule main. Elle se développe en général dans l'âge adulte, rarement pendant la jeunesse, et débute par des douleurs, de la chaleur à la paume de la main et de la gêne dans l'extension des doigts, qui ne tardent pas à présenter des indurations du côté de leur face palmaire.

La rétraction des doigts peut, dit-on, disparaître, lorsqu'elle ne fait que commencer et que le malade peut être soustrait aux causes qui ont donné naissance à la maladie; mais le plus souvent elle a une certaine tendance à s'accroître.

L'origine de la maladie ne réside pas dans un état de desséchement, d'endurcissement, de rigidité du tendon et de la peau, comme le supposait Boyer, ni dans une tension exagérée de l'aponévrose palmaire, ainsi que le pensait Dupuytren, mais bien dans le raccourcissement et l'hypertrophie des brides qui vont de l'aponévrose aux premières, quelquefois même aux secondes phalanges, et de celles qui s'étendent des premières aux deuxième phalanges. Ces dernières dont l'existence avait d'abord été considérée par Goyrand comme pathologique, existent normalement sous de faibles proportions, ainsi que l'a établi Sanson.

La peau, au niveau des brides, conserve sa souplesse, mais le tissu adipeux sous-cutané est atrophié. Dans les cas où la lésion n'est pas très prononcée, l'aponévrose palmaire ne présente souvent rien de particulier.

Quant aux brides qui offrent un développement exagéré, elles sont formées par l'hypertrophie et la rétraction des prolongements de l'aponévrose qui vont aux doigts, auxquels s'ajoutent des fibres qui naissent au niveau de la première phalange, soit de la gaîne des fléchisseurs, soit des bords de la phalange elle-même, et vont à la hauteur de la phalangine s'insérer soit à la peau, soit aux gaînes tendineuses. Ces brides longitudinales constituent quelquefois de véritables fibromes. Dans certains cas, on voit une sorte de chapelet de tumeurs fibreuses sur la même bride. Concurremment avec les brides longitudinales, il existe des fibres transversales au niveau des articulations métacarpo-phalangiennes. Les tendons fléchisseurs sont à l'état normal, sauf un peu de raccourcissement lorsque la maladie date de très loin. Dupuytren a trouvé les ligaments latéraux plus rapprochés de la partie antérieure de l'articulation. Les surfaces articulaires sont plus étendues en avant.

La maladie que j'étudie se rencontre rarement avant l'âge adulte et s'observe beaucoup plus souvent chez les hommes que chez les femmes. Les pressions réitérées, les chocs violents auxquels les mains sont exposées, surtout chez les individus qui se livrent à des travaux manuels, paraissent en favoriser le développement. Mais on l'observe aussi sur des personnes chez lesquelles on ne peut invoquer ce genre de causes.

Les diathèses rhumatismale et goutteuse ont été considérées comme pouvant donner naissance à la rétraction de l'aponévrose palmaire, qui est quelquefois héréditaire et que l'on a même observée à l'état congénital.

La seule maladie avec laquelle on pourrait peut-être confondre celle qui nous occupe, c'est la contracture ou la rétraction du fléchisseur superficiel des doigts, le fléchisseur profond restant indemne. Dans ce cas en effet, la phalange et la phalangine seraient fléchies. Mais les signes suivants serviront à différencier ces deux lésions : dans la rétraction d'origine musculaire, on ne rencontrera pas les brides superficielles que l'on observe dans la rétraction de l'aponévrose, car les tendons rétractés sont plus profondément situés. En cherchant à redresser les doigts, dans le cas où c'est le muscle qui est en cause, on sentira les tiraillements se transmettre au fléchisseur superficiel à l'avant-bras. Il est vrai que, dans le cas de rétraction de l'aponévrose, il y a pendant ces manœuvres une certaine traction exercée sur le petit palmaire, mais on ne la confondra pas avec celle qui retentit sur le fléchisseur sublime.

Traitement. — Lorsqu'on soupçonnera l'existence d'une diathèse, on prescrira un traitement approprié.

Au début on pourra employer des applications émollientes, résolutives et recourir à la gymnastique, au massage, à un appareil propre à empêcher la flexion. On ordonnera l'usage interne de l'iodure de potassium. Mais il ne faut pas se dissimuler qu'il n'y a pas beaucoup à compter sur l'emploi de ces moyens, et quand la maladie est arrivée à une certaine période, c'est à la médecine opératoire qu'il faut recourir.

La section sous-cutanée de la bride, préconisée par A. Cooper, est difficile et donne de mauvais résultats. Le procédé de Dupuytren qui consiste à diviser la peau par une section transversale au niveau de la portion la plus saillante de la bride, c'est-à-dire, à la hauteur de l'articulation métacarpo-phalangienne, puis à redresser le doigt, à couper la bride et à recommencer sur un autre point, si besoin en est, le procédé de Dupuytren expose à l'inflammation des gaînes tendineuses. De plus il entraîne la formation de tissu cicatriciel et les inconvénients qui s'y rattachent.

L'opération de Goyrand est incomparablement préférable. Dans ce procédé, on découvre par une incision longitudinale la bride préalablement tendue, on dissèque les lèvres de la plaie de façon à détacher les adhérences de la peau et de la bride, et enfin on sectionne ces dernières ou même on les excise. Au besoin, comme l'a fait Richet, on peut, au lieu de s'en tenir à une simple incision longitudinale, faire tomber sur chacune de ses extrémités une incision transversale, de façon à avoir deux lambeaux, ce qui permet d'exciser facilement la bride lorsqu'elle constitue une véritable tumeur. Après l'opération, on réunira les lèvres de la plaie, et il est bon, pour éviter la suppuration, de s'entourer de toutes les précautions de la méthode antiseptique.

Il faut ensuite maintenir les doigts étendus pendant toute la durée de la cicatrisation et même quelque temps après.

L'appareil le plus simple pour remplir ce but est une attelle digitée, fixée sur la face dorsale de l'avant-bras et de la main, et aux digitations de laquelle on attache les doigts. Dupuytren se servait de l'appareil suivant : un cylindre de carton entourant l'avant-bras porte sur la face dorsale quatre tiges métalliques, qui peuvent être raccourcies ou allongées. A l'extrémité libre de chacune de ces tiges est placée une sorte de dé à coudre destiné à recevoir le bout du doigt correspondant.

La simple attelle digitée me paraît préférable à cet appareil. Elle est plus simple et moins exposée à se déranger.

ARTICLE II

FLEXION DES DOIGTS D'ORIGINE MUSCULAIRE

Je rangerai dans cette catégorie, non-seulement les flexions des doigts dont l'origine première réside dans les muscles, mais encore celles dans lesquelles l'état des muscles produisant la flexion est sous la dépendance de celui des cordons ou des centres nerveux.

Un mot sur ces dernières, qui ne doivent pas nous occuper. Dans les paralysies d'origine centrale, en vertu de la prédominance des fléchisseurs sur les extenseurs, les doigts demeurent fléchis. *A fortiori* en est-il ainsi dans la paralysie saturnine, qui atteint spécialement les extenseurs, dans les paralysies traumatique ou rhumatismale du nerf radial. Lorsque les interosseux sont paralysés, la première phalange est étendue sur le métacarpien, tandis que les deux autres sont fléchies. Je laisse de côté ces rétractions secondaires.

Restent les contractures ou les rétractions d'origine vraiment musculaire (FIG. 77), les seules dont l'étude incombe à l'orthopédiste.

Les traumatismes peuvent de deux manières différentes entraîner la flexion permanente des doigts : en produisant une solution de continuité des extenseurs, ou bien en déterminant sur les fléchisseurs la formation d'un tissu cicatriciel doué, on le sait, de propriétés rétractiles.

La myosite, le rhumatisme peuvent produire la rétraction. Ricord a signalé des faits de rétraction d'origine syphilitique, qui ont cédé à l'usage de l'iodure de potassium.

Il est certains cas où il est difficile de reconnaître si la maladie est purement musculaire ou d'origine nerveuse.

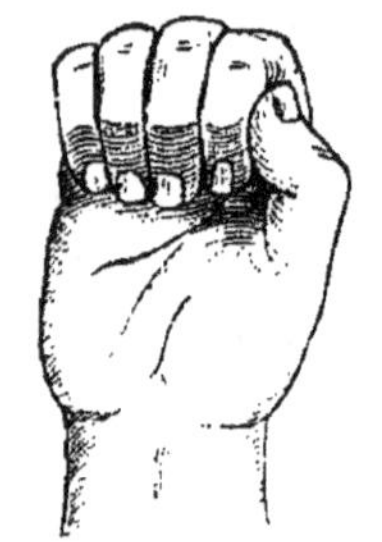

FIG. 77. — Flexion des doigts d'origine musculaire.

Le diagnostic devra établir si c'est à une lésion musculaire que l'on a affaire ; les circonstances dans lesquelles s'est développée la lésion, les signes tirés de l'examen du malade serviront au chirurgien à s'édifier à ce sujet.

J'ai déjà dit comment on différenciait la flexion due aux muscles fléchisseurs de celle qui tient à l'aponévrose. On recherchera si c'est dans les extenseurs ou les fléchisseurs que réside la lésion. Lorsqu'on aura acquis la certitude que c'est dans les fléchisseurs, on devra déterminer si c'est dans le superficiel ou dans le profond. On distinguera la flexion due au fléchisseur superficiel de celle qui est due au profond à ce que dans la première le mouvement d'extension de la phalangette sera conservé, tandis qu'elle restera fléchie dans la seconde. Si les deux fléchisseurs sont pris en même temps, on sentira, en cherchant à redresser les doigts, deux cordes superposées se tendre en même temps.

L'anesthésie, en permettant le redressement des

doigts dans la contracture, servira à la distinguer de la rétraction.

Dans les cas de contracture, on aura recours au redressement pendant le sommeil anesthésique et aux divers appareils que je signalerai tout à l'heure, aux courants continus descendants, au massage, à la gymnastique.

Quand, au contraire, les muscles fléchisseurs sont rétractés, les moyens précités sont insuffisants ou inutiles, et il faut recourir à la ténotomie. Mais on doit, en pratiquant cette opération, se rappeler qu'il ne suffit pas seulement de redresser les doigts, qu'il faut encore obtenir une réunion des tendons assurant la conservation des mouvements qu'ils sont destinés à produire.

J'exclurai d'une façon absolue la section des tendons fléchisseurs pratiquée à l'avant-bras, en raison des lésions vasculaires et nerveuses auxquelles elle expose. Restent donc la main et les doigts.

Je supposerai d'abord qu'on n'ait à diviser que le fléchisseur superficiel. Pour la section des tendons de ce muscle, il n'y a pas de véritable lieu d'élection, et je crois qu'en somme le point le plus favorable se trouve à la hauteur de la tête des métacarpiens.

Pour le fléchisseur profond, la section devra être pratiquée au niveau du repli synovial qui unit le tendon à la moitié inférieure de la phalangine. Je désignerai donc comme lieu d'élection le point qui a été indiqué par Fort, c'est-à-dire, quatre millimètres au-dessus du pli articulaire qui sépare la face palmaire de la phalangette de celle de la phalangine, et je recommanderai, en outre, d'épargner soigneusement le repli synovial en question qui, d'une part, n'est pas assez

résistant pour opposer un obstacle sérieux au redressement, et qui, d'autre part, peut être de la plus grande
utilité en empêchant les deux bouts du tendon de s'é-
carter outre mesure et assurant ainsi leur réunion, ou
même en transmettant au bout inférieur la traction
exercée par le supérieur, dans le cas où la réunion
tendineuse viendrait à faire défaut.

En présence d'une rétraction simultanée du fléchisseur superficiel et du profond, on commencera par
couper les tendons du profond au niveau de la partie
inférieure de la phalangine, et on sectionnera ensuite
ceux du superficiel à la hauteur de la tête des
métacarpiens.

Je n'ai pas besoin de dire que ces opérations devront
être faites suivant les règles ordinaires de la méthode
sous-cutanée, qu'il faudra, au moment de l'opération,
faire étendre le doigt, afin de rendre le tendon plus
saillant. La méthode sous-tendineuse me paraît ici
préférable. Dans le cas où l'on n'aura à diviser que le
fléchisseur superficiel, son tendon étant seul rétracté et
saillant, il sera facile d'introduire le ténotome entre ce
tendon et celui du fléchisseur profond, qui n'est pas
rétracté. Si les deux fléchisseurs sont simultanément atteints de rétraction, en commençant par sectionner le
profond on le met dans le relâchement.

L'opération faite, il faut attendre au moins quarante
huit heures avant de commencer le redressement
graduel. En se conformant rigoureusement aux règles
que j'ai indiquées, on pourra, je le pense, après la
ténotomie, conserver aux doigts les mouvements
produits par les tendons divisés.

Si l'on avait à couper le tendon du long fléchisseur
propre du pouce, on devrait le faire au niveau de la

partie inférieure de la phalange, à laquelle il est uni, en ce point, par un replis synovial analogue à celui qui, pour les autres doigts, attache le tendon du fléchisseur profond à la moitié inférieure de la phalangine.

Pour redresser progressivement les doigts après la ténotomie, on peut recourir à l'appareil de Dupuytren que j'ai déjà décrit, à ceux de Mellet et de Bigg. Mellet se servait d'appareils différents, selon qu'il avait à combattre la flexion d'un ou de deux doigts seulement ou bien qu'ils étaient tous fléchis.

Dans le premier cas, l'appareil était constitué de la façon suivante : sur une courroie entourant le poignet venait s'adapter l'extrémité supérieure d'une tige d'acier trempée en ressort dont l'extrémité inférieure se fixait à l'aide d'une douille, d'une vis ou d'une rivure, sur la partie dorsale d'un large anneau métallique analogue au dé des tailleurs, dans lequel était engagé le doigt malade, de façon que l'anneau corresponde à la phalange située au-dessous de l'articulation fléchie. Sur la convexité de l'articulation métacarpo-phalangienne était placée une petite pelote servant de point d'appui au ressort dont la force devait être exactement en rapport avec la résistance opposée par la rétraction.

En raison de la difficulté qu'on éprouve à donner au ressort une force suffisante sans lui enlever la plus grande partie de son élasticité, Mellet employait, au début du traitement, un levier en fer doux susceptible de prendre toutes les courbures voulues. Quand le doigt était redressé, il se servait d'une simple palette en acier et, en dernier lieu, d'un gant muni d'un ressort à boudin ou d'une bande de caoutchouc pour favoriser l'extension.

Dans les cas où la rétraction portait sur plusieurs

doigts, Mellet avait recours à une simple palette avec prolongements digitaux, dont l'extrémité supérieure était fixée à l'avant-bras à l'aide d'une courroie. Un coussin épais était assujetti sur l'attelle au niveau de la région palmaire, et d'autres petits coussins étaient placés à l'extrémité des digitations, de façon à correspondre aux phalangettes. Chaque doigt était appliqué à l'aide d'un lien sur la digitation correspondante.

Dans l'appareil de Bigg (Fig. 78), une gaîne en cuir enveloppe le poignet et le métacarpe. A sa face dorsale,

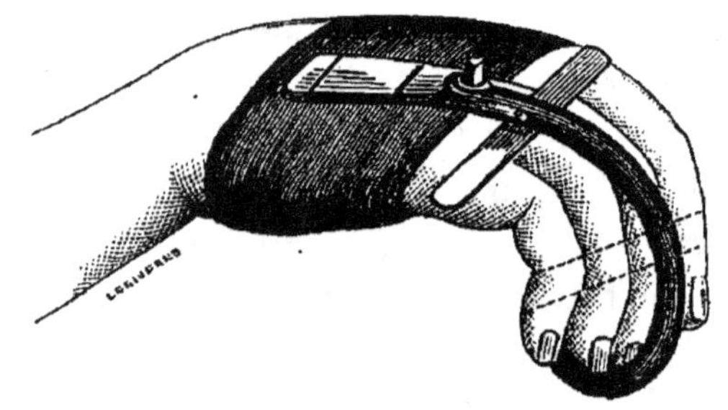

Fig. 78. — Appareil de Bigg.

elle est pourvue d'une emboîture sur laquelle vient s'adapter l'extrémité supérieure d'un levier courbe qui porte deux barres transversales ; l'une de ces barres, placée à l'extrémité du levier, correspond à la face palmaire des phalanges. Elle doit presser au dessous des articulations que l'on cherche à étendre. L'autre barre est placée sur la face dorsale, au niveau des premières phalanges et de leurs articulations avec les métacarpiens. A la jonction du levier avec l'emboîture est fixée une roue dentée à pignon qui, en agissant sur le levier, en relève l'extrémité inférieure, ainsi que la barre correspondante, et partant permet de redresser les doigts. Une gymnastique appropriée devra être mise en usage afin d'assurer la cure.

Pour les cas de paralysie des extenseurs, il existe une série d'appareils imaginés par Delacroix, Ferdinand Martin, Mathieu, Duchenne.

CHAPITRE VIII

DÉVIATIONS DES ORTEILS

On comprend qu'en raison de la différence de fonctions qui existe entre le pied et la main, les difformités des orteils offrent moins d'importance que celles des doigts. Cependant les orteils déviés peuvent être l'origine de douleurs pendant la station verticale et la marche qu'elles gênent ainsi plus ou moins; les articulations subluxées peuvent être envahies par une phlegmasie qui nécessite l'intervention chirurgicale, de telle sorte que l'étude de ces déviations doit fixer l'attention de l'orthopédiste. Je laisserai de coté les déviations des orteils produites par des cicatrices de la peau, des lésions osseuses ou articulaires, pour ne m'occuper que de celles qui peuvent être considérées comme d'origine musculaire ou mécanique; je dis musculaire ou mécanique parce que, si certaines déviations se développent incontestablement sous l'influence des muscles, il en est qui, regardées par certains auteurs comme résultant d'actions mécaniques, sont considérées par d'autres comme étant d'origine purement musculaire.

Je diviserai les déviations des orteils en deux classes, suivant qu'elles se produisent dans le sens transversal ou bien dans le sens vertical.

ARTICLE PREMIER

DÉVIATIONS DES ORTEILS DANS LE SENS TRANSVERSAL

Cette déviation existe le plus souvent sur le gros orteil (Fig. 79), quelquefois sur le cinquième, plus rarement sur les orteils intermé-diaires. Les orteils déviés ne restent pas dans le même plan que les autres; ils se placent au-dessus ou au-dessous et, en somme, les orteils sont divisés en deux couches, l'une supérieure ou dorsale, l'autre inférieure ou plantaire.

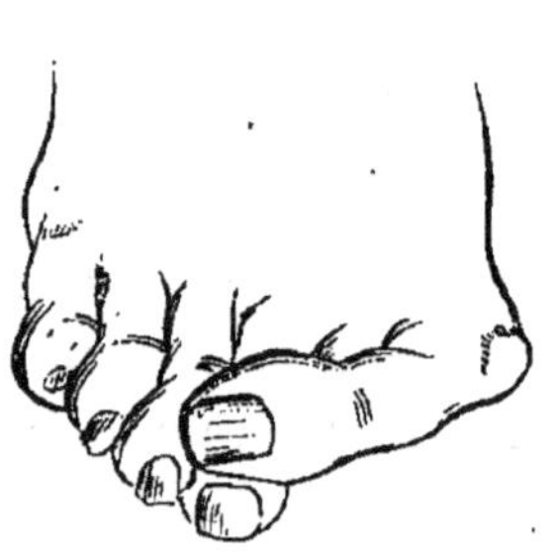

Fig. 79. — Déviation du gros orteil en dedans.

Les changements anatomiques qui accompagnent la déviation du gros orteil en dehors (par rapport au plan médian du corps) ont été étudiés avec soin par Broca. La tête métasartienne, qui a cessé d'être coiffée en dedans par l'extrémité de la phalange, est dépourvue de cartilage dans la portion qui n'est en rapport ni avec le ligament latéral interne, ni avec la phalange.

L'extrémité antérieure du métatarsien est portée en sens inverse de la phalange, c'est-à-dire, en dedans; de plus cet os subit souvent un mouvement de rotation autour de son axe, mouvement de rotation qui a lieu de haut en bas et de dehors en dedans.

Sur le côté interne de l'articulation métatarso-phalangienne, il se développe une bourse séreuse accidentelle, qui devient le centre d'un oignon et communique dans certains cas avec la séreuse articulaire.

Les nerfs sont hypertrophiés à ce niveau, et l'oignon, qui est le siège de fréquentes douleurs, est susceptible de s'enflammer; cette inflammation, dans le cas de communication avec la séreuse articulaire, se propage à cette dernière.

Le gros orteil dévié est quelquefois affecté d'onyxis et, chez les vieillards peu soigneux, d'hypertrophie de l'ongle ou onycogriphose.

Cette déviation du gros orteil en dehors est mise par la plupart des auteurs qui s'en sont occupés, et entre autres par Broca, sur le compte de la pression des chaussures. Voici, suivant Camper, la façon dont agit cette pression : pendant la station et la marche, la voûte du tarse s'affaisse et le pied s'allonge, ce qui fait que le talon est poussé en arrière et les orteils sont projetés en avant. Dans le cas où les chaussures ont des dimensions suffisantes, les orteils peuvent se placer sans subir de déviation ; mais, si elles n'ont pas une longueur convenable, les orteils sont refoulés en arrière et obligés d'affecter une direction oblique relativement à l'axe du pied. Le gros orteil étant, en général, le plus long, c'est lui qui le premier est atteint par la déviation et se porte en dehors.

Qu'au défaut de longueur de la chaussure se joigne un défaut de largeur, les orteils chevauchent les uns sur les autres, en convergeant vers l'axe du pied (cet axe se confond avec celui du deuxième métacarsien) et formant deux couches, une dorsale, une plantaire.

Malgaigne, qui n'accepte pas l'influence de la pres

sion des chaussures, invoque, pour expliquer la déviation du gros orteil, la faiblesse du ligament latéral interne, la rétraction musculaire, l'influence de l'oignon, l'action des diathèses rhumatismale et goutteuse. Quant à moi, je suis beaucoup plus disposé à attribuer la déviation du gros orteil à la contracture ou à la rétraction musculaire qu'à faire intervenir la pression des chaussures ou toute autre cause, sauf les diathèses, qui peuvent agir par l'intermédiaire des muscles. Voici les raisons sur lesquelles je me fonde : si la pression d'une chaussure trop petite était la cause efficiente de cette déformation, on devrait rencontrer cette dernière plus fréquemment chez les personnes des classes riches ou aisées que chez les ouvriers, car ceux-ci se préoccupent beaucoup moins, en général, de se chausser de façon à donner à leurs pieds de petites dimensions; ils préfèrent des chaussures larges et non gênantes. Tout au contraire, la déviation du gros orteil est plus communes chez les pauvres et les ouvriers que chez les bourgeois et les riches.

C'est là un premier ordre de faits tendant à infirmer l'opinion qui rattache la déviation latérale du gros orteil à une pression mécanique. Les considérations suivantes viennent encore à l'encontre de cette opinion : si on recherche quelle doit être la résultante de l'action des muscles qui agissent sur le premier orteil et que l'on compare les adducteurs aux abducteurs (je considère l'adduction et l'abduction par rapport au plan médian du corps), on constate la prédominance évidente de ces derniers.D'abord, les deux muscles qui de la jambe vont au gros orteil, c'est-à-dire, le long extenseur propre et le long fléchisseur propre, sont tous deux abducteurs.

Le faisceau interne du pédieux, qui s'insère sur la

première phalange du gros orteil, a une action analogue. A la région plantaire, comme congénères des muscles précédents au point de vue de l'abduction, nous rencontrons l'abducteur oblique et l'abducteur transverse.

Pour produire le mouvement d'adduction, quels muscles trouvons-nous ? Un, seulement, situé à la plante du pied et de peu de volume, l'adducteur, et encore est-il plus fléchisseur qu'adducteur.

A l'état statique, en vertu de la seule tonicité musculaire et de la prépondérance d'action des abducteurs, le gros orteil a donc une certaine tendance à s'incliner en dehors. Plus les muscles de la jambe et du pied agiront, plus les mouvements seront étendus, les contractions seront fréquentes, plus aussi s'accroîtra la prédominance des abducteurs sur l'adducteur, et plus l'inclinaison de l'orteil en dehors deviendra manifeste.

Or, les contractions des muscles des membres inférieurs, comme celles de tous les muscles du corps, sont, sans contredit, plus étendues et plus fréquentes chez les individus des classes inférieures de la société que chez ceux qui appartiennent aux classes élevées, et cela peut servir à expliquer la plus grande fréquence chez les premiers de la déviation qui m'occupe.

Telles sont les raisons qui me paraissent militer en faveur de l'origine musculaire de la difformité en question.

La disposition des muscles du petit orteil pour lequel on trouve l'extenseur, le long fléchisseur agissant de façon à produire l'adduction, tandis qu'un seul muscle est affecté l'abduction, me paraît pouvoir très bien expliquer la déviation de cet orteil en dedans.

Quant aux orteils intermédiaires, leur déviation latérale doit être consécutive à celle des orteils extrêmes.

Duchenne invoque, pour expliquer la direction vicieuse des orteils, la paralysie ou l'atrophie de certains muscles, mais il ne donne à ce sujet que des détails insuffisants pour étayer son opinion.

Traitement. — Lorsque la maladie est au début, il suffira de faire porter des chaussures assez larges, assez longues et carrées du bout, de prescrire le repos et des manipulations dirigées de façon à ramener l'orteil dévié à sa position normale.

On pourra aussi, avec une bande, fixer contre l'orteil voisin l'orteil malade préalablement redressé. Si la maladie est trop avancée pour céder à l'emploi de ces moyens, on aura recours à un des nombreux appareils inventés pour le redressement du gros orteil. On peut se servir d'une chaussure pourvue d'une cloison fixée à la semelle et disposée de façon à former une loge spéciale pour contenir le gros orteil. Broca recommande l'usage d'une semelle en cuir, munie à son extrémité antérieure d'un ressort formé de deux lames métalliques formant un V à ouverture supérieure et interposé entre le premier et le second orteils.

Une petite attelle fixée au niveau du bord interne du pied et sur laquelle on attache l'orteil dévié, a aussi été mise en usage ; on peut, comme l'a fait Mathieu, décomposer cette attelle en deux, au moyen d'une articulation placée au niveau du point de jonction du métasartien et de l'orteil.

Appareils de Mellet. — Ces appareils sont au nombre de deux. L'un, assez simple, est formé d'une sandale en bois sur laquelle, à l'aide d'une petite bande, on fixe le gros orteil, après avoir préalablement placé au-dessous un petit coussin, au niveau de l'articulation métatarso-phalangienne. Cet appareil empêche la flexion des orteils, en raison de la rigidité de la semelle, et prive le malade de sortir.

Le second appareil ne condamne pas le malade à rester chez lui, mais il s'oppose également à la flexion des orteils. Voici comment il est constitué : le pied, recouvert d'un bas pourvu de doigts séparés, comme un gant, est placé dans un brodequin à semelle de bois, dont l'empeigne, lacée sur le cou-de-pied, s'arrête à la partie antérieure, un peu en avant de l'articulation du métatarse et des orteils. Le gros orteil, redressé par des manipulations, est engagé dans l'anse d'une petite courroie dont les chefs vont se fixer sur des boutons placés sur le bord interne de la semelle, qui présente un élargissement à ce niveau. Le malade doit porter cet appareil nuit et jour.

Appareil de Bigg (Fig. 80). — Il est formé d'un levier d'acier placé sur le côté interne du pied, commençant au niveau de la malléole et dépassant en avant l'extrémité onguéale du gros orteil. Ce levier est fixé en arrière par une bande de coutil dont les chefs, après avoir passé sous la plante du pied et derrière le talon, vont se lacer sur le cou-de-pied. A la hauteur de l'articulation du métatarsien et de la première phalange, ce levier affecte la forme d'une cupule évidée à son centre, de façon à ne pas comprimer la tête du métatarsien. Le cercle de cette cupule est brisé en haut et en bas et présente une sorte de charnière à tiroir, de façon que la portion antérieure du cercle peut exécuter sur la

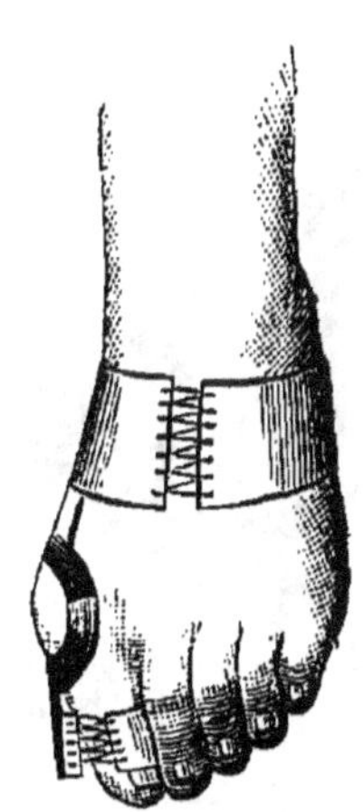

Fig. 80. — Appareil de Bigg.

18

postérieure des mouvements circulaires en haut et en bas ou, en d'autres termes, dans le sens de la flexion et de l'extension, mais point de mouvements de latéralité. La portion du levier qui est en avant du cercle, est trempée en ressort, et c'est sur elle que vient s'attacher une courroie lacée qui entoure transversalement le gros orteil. On voit que cet appareil qui, suivant Bigg, peut être placé dans une chaussure de dimensions suffisantes et permettre la marche, porte le gros

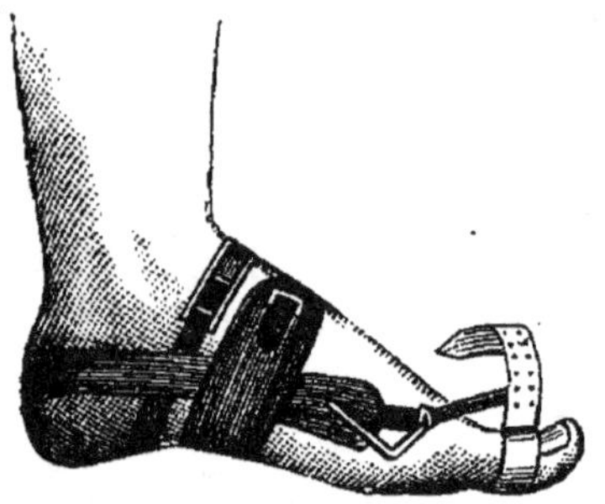

Fig. 81. — Appareil (redresseur) de Goldschmidt.

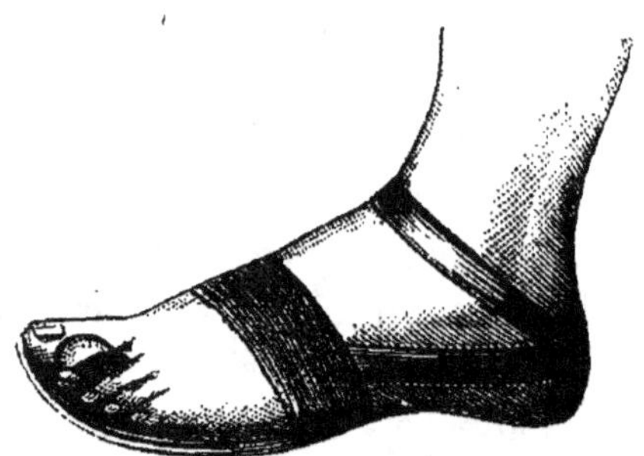

Fig. 82. — Appareil (contentif) de Goldschmidt.

orteil en dedans et laisse libres les mouvements de flexion et d'extension.

Appareils de Goldschmidt (de Berlin). — Il y en a deux : l'un, appareil de redressement (Fig. 81), condamne le malade au repos, tandis que l'autre, qui permet la marche, n'excerce qu'une action purement contentive. Le premier est composé de la façon suivante : un étrier en métal garni embrasse le talon et est maintenu exactement appliqué par une courroie transversale, qui passe autour du cou-de-pied.

Un levier d'acier vient, du côté interne, s'adapter sur l'extrémité antérieure de l'étrier. Ce levier est pourvu sur sa longueur d'une articulation à roue dentée ; sur cette roue vient s'engrener un petit ressort placé au-dessous d'elle et formant clavette. Une courroie fixe le gros orteil sur la partie antérieure du levier, laquelle peut, à l'aide du mécanisme indiqué, être élevée ou abaissée. C'est surtout lorsque le gros orteil, dévié en dehors, a passé sous le deuxième, que cet appareil est applicable.

Quant au second appareil (Fig. 82), il est tout simple-ment formé d'une semelle pourvue en avant d'une cloi-son verticale en métal, en cuir ou en liège, disposée de façon à correspondre au premier espace interdigital et à maintenir le gros orteil dans sa position normale. Cette semelle, adaptée au pied à l'aide de courroies, peut se placer dans la chaussure.

ARTICLE II

DÉVIATIONS DES ORTEILS DANS LE SENS VERTICAL

Ces déviations sont de trois ordres :
1° L'orteil entier est dans la flexion ;
2° L'orteil entier est dans l'extension ;
3° La première phalange est étendue, les deux autres sont fléchies.

§ 1. — Flexion de l'orteil tout entier.

Cette déformation peut atteindre les orteils en totalité ou en partie. Quand elle est partielle, elle porte de pré-férence sur le second ou le troisième, ou sur les deux en même temps.

La flexion bornée au second orteil s'observe souvent

sur les deux pieds; dans ce cas, elle est d'ordinaire congénitale et fréquemment héréditaire.

Quand la flexion est très prononcée, la pression exercée par l'extrémité de l'orteil sur la semelle de la chaussure et sur le sol est l'origine de douleurs très vives.

Cette déformation peut être consécutive à des lésions du membre inférieur qui condamnent ce membre à un repos prolongé. J'ai ici surtout en vue la flexion idiopathique, dont les causes sont sans doute multiples, mais qui, dans la majorité des cas, est attribuée à l'usage de chaussures trop courtes. La rétraction des fléchisseurs ne se développerait que consécutivement.

Les personnes chez lesquelles le deuxième orteil dépasse les autres en avant, sont exposées à la flexion de cet orteil.

Si l'on est appelé à traiter la déformation au début, on pourra y remédier en recommandant l'emploi de chaussures suffisamment grandes. On pourra aussi avoir recours à l'appareil de Mellet ou à ceux de Bigg.

L'appareil de Mellet est une modification du brodequin employé par le même auteur pour les déviations latérales. Deux fentes longitudinales sont pratiquées sur la semelle, une en dedans, l'autre en dehors de l'orteil rétracté, fentes destinées toutes les deux à livrer passage à une bande de flanelle qui doit passer sur cet orteil et le maintenir étendu sur la semelle. Un petit tampon est placé au-dessous de l'orteil, au niveau de son extrémité antérieure, afin d'adoucir la pression.

Des appareils de Bigg, l'un (FIG. 83) est destiné aux cas ou plusieurs orteils sont fléchis. Il est formé d'une semelle rigide qui s'attache au pied, à l'aide d'une talonnière et de courroies, et dépasse en avant l'extrémité libre des orteils. Des fentes sont pratiquées sur cette

semelle au niveau des côtés des orteils fléchis, de façon
à laisser passer des lacs destinés à les redresser.

L'autre appareil (Fɪɢ. 84), applicable aux cas de
flexion d'un seul orteil, se compose d'une semelle analogue à la précédente. Un levier coudé, qui doit arriver
jusqu'au niveau de la tête du métatarsien, se fixe dans une
douille adaptée à un des bords latéraux de la semelle.
Ce levier est pourvu à sa partie antérieure d'un ressort
mis en mouvement par un engrenage qui permet de le
relever, et, à son extrémité libre, il supporte un lacs

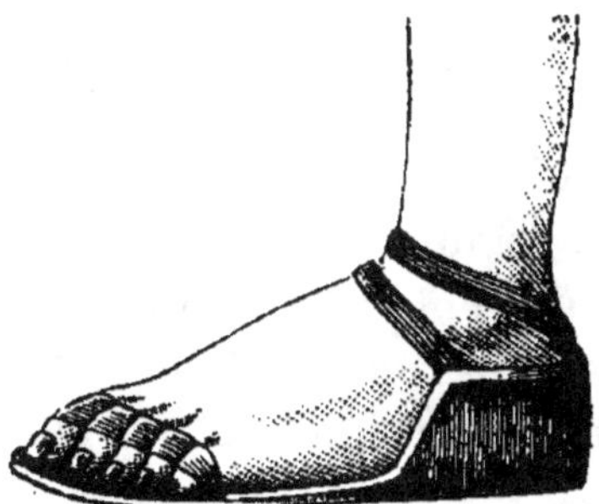

Fɪɢ. 83. — Appareil de Bigg.

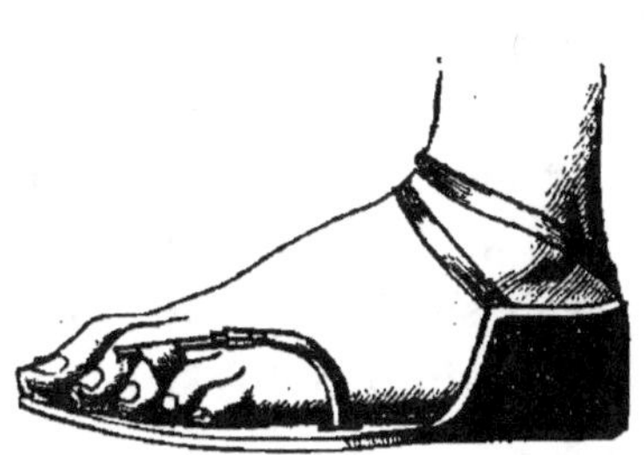

Fɪɢ. 84. — Appareil de Bigg.

qui va passer sous la dernière phalange de l'orteil et la
soulève.

Le métatarse doit être maintenu à l'aide d'une courroie
transversale, qui l'empêche de suivre le mouvement
d'élévation imprimé à l'orteil.

A une période plus avancée de la déformation, il faut
recourir à la ténotomie sous-cutanée des fléchisseurs,
qui se fait à la hauteur de la première phalange. On
divisera simultanément les deux tendons fléchisseurs.
Si cette section, suivie de l'application d'un des appareils sus-mentionnés, ne suffit pas pour obtenir le re-

dressement, et si les douleurs persistent, ce qui arrive dans un certain nombre de cas, il faut recourir à l'amputation de l'orteil ou des orteils fléchis.

§ 2. — Extension de l'orteil tout entier.

Cette extension, qui peut atteindre un ou plusieurs orteils, siège surtout sur le premier, qui est alors en même temps dévié en dehors.

Au début, des manipulations appropriées, la fixation de l'orteil dévié sur une semelle peuvent réussir. Mais, quand la maladie est déjà d'ancienne date, il faut recourir à la section du tendon extenseur ou mieux à sa résection, dont le résultat est plus sûr.

Le tendon découvert, on divise d'abord la portion attenante au muscle, car, si on commençait par couper la portion terminale du tendon, on s'exposerait à le voir se rétracter, ce qui rendrait l'excision fort difficile.

Enfin l'amputation restera comme un moyen ultime.

§ 3. — Extension de la première phalange et flexion des deux dernières.

La première phalange est redressée vers la face dorsale et forme avec le métatarsien un angle obtus à sinus supérieur, tandis que les deux dernières phalanges sont fortement fléchies. Les orteils affectent la forme désignée sous le nom d'orteils en marteau. Si la lésion siège sur le gros orteil, la phalangette est seule fléchie.

L'angle saillant formé par l'articulation de la phalange et de la phalangine, soumis à la pression de la chaussure, ne tarde pas à devenir le siège d'un durillon au-dessous duquel se trouve une bourse séreuse, séparée de la synoviale articulaire par le tendon extenseur. Ce durillon qui reste souvent indolent, est susceptible de s'enflammer. Il devient alors l'origine d'une lésion que j'ai décrite sous le nom de *mal dorsal des orteils* et dont voici les périodes successives : formation d'un abcès dans la petite bourse séreuse sous-jacente au durillon, ouverture de cet abcès et établissement d'une fistule, communication de la phlegmasie à la synoviale articulaire et altération des surfaces de l'articulation. Lorsque la maladie est avancée, on voit l'orteil effilé à son point d'attache, se renfler ensuite considérablement.

En dehors de ces accidents, la pression de la dernière phalange sur la semelle de la chaussure et sur le sol, pression qui porte généralement au niveau de l'ongle, est l'origine de douleurs très violentes.

Cette déformation des orteils a été attribuée par Boyer à la rétraction simultanée des extenseurs et des fléchisseurs.

La difformité commençante sera traitée par les manipulations, les appareils que j'ai déjà indiqués à propos de la rétraction des extenseurs.

Lorsque ces moyens sont insuffisants, on doit recourir aux sections tendineuses. Boyer et quelques chirurgiens après lui ont pratiqué avec succès l'excision du tendon extenseur. Dans un cas analogue, je me suis borné à la ténotomie sous-cutanée de l'extenseur, et j'ai obtenu un bon résultat. Guyon a eu recours à la section des fléchisseurs. L'orteil fut en partie redressé, mais il resta toujours une disposition anguleuse au niveau de l'articulation phalango-phalanginienne.

En somme, la section ou l'excision du tendon extenseur est, selon moi, préférable, parce que, dans cette déformation, l'extenseur me paraît atteint à un plus haut degré que le fléchisseur. Après la section, on recourra à un des appareils que j'ai indiqués pour redresser et maintenir les orteils.

Si les surfaces articulaires déformées ne permettent pas le redressement, et surtout, si le mal dorsal des orteils s'est développé, en dernier ressort on pratiquera l'amputation.

FIN

TABLE DES MATIÈRES

DUBRUEIL. Orthopédie.   19

FIN DE LA TABLE DES MATIÈRES